Der „erfolgsfit*Code*“ TEAM

Günther Panhölzl

Der *„erfolgsfit**Code**“* TEAM

Die Entschlüsselung des organischen
Bauplans erfolgreicher ***Teams***

Bildnachweis: iStockphoto LP - pialhovik
Umschlaggestaltung: IT-Center & Powernight GmbH, Ybbs/Donau
Satz: MEDIA DESIGN: RIZNER.at, Salzburg
Druck- & Bindearbeiten: adpl-solutions Druckdenker GmbH, Wels
Printed in Austria
ISBN 978-3-9501482-7-5

Inhalt

Die „*erfolgsfitCode*“-Bausteine für erfolgreiche TEAMS

Widmung für Frau Mag. Sandra Merkinger

Aktive und zielorientierte Partner sind wie Perlen: selten und etwas Besonderes

Die meisten Menschen, die in der Wirtschaft tätig sind, wissen, wie schwer es ist, gute, engagierte und zielorientierte Partner zu finden. Mit Partner meine ich alle möglichen Konstellationen: z.B. wenn Chefs Führungskräfte und Mitarbeiter suchen; wenn Führungskräfte Mitarbeiter einstellen wollen oder ob es darum geht, dass Mitarbeiter in einer Firma gute Kollegen an ihrer Seite haben, usw. Immer dreht es sich in der Wirtschaft um Folgendes: im täglichen Alltag mit den Partnern die geplanten Ziele erfolgreich zu verwirklichen.

Gerade bei der Anbahnung von Partnerschaften stehen verführerisch wohlklingende Botschaften im Vordergrund. Partnersuchende schmücken sich gerne als attraktive Braut. Oft wird viel versprochen. Leider muss man in der Praxis später feststellen, dass davon wenig gehalten wurde. Viele Menschen, die sich als attraktive Partner präsentieren und später das Versprochene oft nicht einmal im Ansatz halten können, tun dies nicht immer mit böser Absicht. Viele überschätzen sich einfach oder erkennen in ihrem zukünftigen Aufgaben-Potential nicht die damit oft verbundenen großen Anstrengungen und Herausforderungen usw.

Als Wirtschaftstrainer diagnostiziere ich persönlich sehr häufig die aus meiner Sicht zwei **größten Mankos**: **Die fehlende Einsatzbereitschaft** und **den wirklich ausgeprägten Willen**, das zu tun, was man sich vorgenommen hat. Diese Erkenntnis bedeutet dann oft in der Praxis: Nicht die besser Ausgebildeten sind immer die Gewinner im Alltag, sondern **JENE**, die bereit sind, sich voll und ganz für eine **Aufgabe zu engagieren** und die damit verbundenen Ziele konsequent anzusteuern. Diese lassen sich durch nichts ablenken; sie führen tagtäglich die notwendigen Aufgaben und Aktivitäten konsequent durch.

Während ich diese Zeilen schreibe, steht der **15. Geburtstag** von SimulationsManagement unmittelbar bevor. Am 20. November 1997 war die Weltpremiere in Wien. Dies war gleichzeitig die Grundsteinlegung für eine bis heute anhaltende, dauerhafte **Erfolgsstory**.

Es ist für mich persönlich immer noch etwas Außergewöhnliches, dass **ich das Produkt** der Firma bin. Das fühlt sich irgendwie ungewohnt an. Denn so wie viele Leserinnen und Leser habe auch ich in der Wirtschaft schon einige Etappen hinter mir, in denen ich andere Produkte und Dienstleistungen verkauft habe. Dass man nun ganz alleine dieses Produkt ist, ist doch etwas Anderes, als wenn man andere Produkte und Dienstleistungen vermarktet. Doch **ohne einen starken Partner** an der Seite wäre diese Erfolgsstory nicht möglich. Ich wusste bereits am Anfang, als ich die Strategie von SimulationsManagement entwickelte, dass nur **ein Weg** gewinnbringend ist: Ich konzentriere mich auf die Produkte, auf die ständig marktorientierte Weiterentwicklung, damit unsere Kunden bestmöglich davon profitieren können. Für die Vermarktung und Organisation muss ein anderer Partner zuständig sein, der mir den Rücken im hektischen Alltag frei hält und gleichzeitig eine optimale Auslastung sicherstellt. In Mag. Thomas Merkinger habe ich diesen Geschäftspartner gefunden. Und er hat maßgeblich daran mitgewirkt, dass SimulationsManagement heute das ist, wie Sie es kennen.

Nach einem schweren Unfall, der leider dazu führte, dass Herr Mag. Thomas Merkinger nicht mehr seine Funktion ausüben kann, hatte die Firma einen **Schutzengel**, der in Gestalt von Frau Mag. Sandra Merkinger menschliche Realität wurde.

Ich kann mich noch gut an ihre Worte erinnern, die sie in der Zeit, als ihr Mann, Herr Mag. Thomas Merkinger, noch aktiv tätig war, sagte: *„Ich könnte das nie wie du, einen Wirtschaftstrainer verkaufen."* Das war Gott sei Dank ein gewaltiger Irrtum!

Meine hochgeschätzte Geschäftspartnerin, Frau Mag. Sandra Merkinger, hat ohne Übertreibung wirklich das Unmögliche möglich gemacht. Sie ist im wahrsten Sinne des Wortes ins kalte Wasser gesprungen, hat alle Agenden 1:1 von Herrn Mag. Thomas Merkinger übernommen und dadurch gezeigt, wie man mit **konsequentem, unbeirrbarem Vorgehen** eine Erfolgsstory nahtlos weiterführt.

Ich hatte vor SimulationsManagement, während der Phase mit Herrn Mag. Thomas Merkinger und habe auch jetzt mit vielen, vielen **externen Partnern** zu tun. Immer wieder kam es vor, dass sich dabei auch große Enttäuschungen abzeichneten. Vieles wurde versprochen – wenig davon gehalten. Diese Erfahrungen musste auch Frau Mag. Merkinger immer wieder machen. Selbstverständlich auch mit den damit einhergehenden menschlichen Enttäuschungen. Gerade wenn in der Akquisition von externen Partnern vieles versprochen und manches davon nicht einhalten wird, kann das für die Firma nicht nur empfindliche Folgen haben, sondern sie finanziell stark schwächen. Man hat sich einem Partner anvertraut und dadurch auf andere Aufgaben konzentriert. Man ist vielleicht durch die Zusagen auch größere Risiken, umfangreichere Veranstaltungen usw. eingegangen. Wenn es dann nicht klappt, ist die Enttäuschung groß. In der Folge muss man sich noch mehr engagieren, um durch nicht aufgegangene Partnerschaft eingetretene Schwächen wieder zu beseitigen.

Konsequent, zielstrebig und unglaublich einfühlsam – das ist Frau Mag. Sandra Merkinger

Weder diese oft unbekannten Herausforderungen noch die damit verbundenen Misserfolgs-Abschnitte konnten Frau Mag. Merkinger aus der Bahn werfen. Ganz im Gegenteil: Auf jede Schwächung folgte ein **noch konsequenteres Engagement**, um nicht nur diese zu beseitigen, sondern die nächste Erfolgsstufe zu erreichen und abzusichern.

Ich habe selten einen Menschen kennen gelernt, der tagtäglich in der Früh die Firma mit einer so positiven Einstellung betritt und sich sofort an die Arbeit macht, **das zu tun, was getan werden muss.** Wenn Frau Mag. Sandra Merkinger z.B. Termine mit Veranstaltern, Unternehmern und Führungskräften ausmacht, um mich als Produkt zu verkaufen, dann bleibt sie von Telefonat zu Telefonat 100 %ig mit voller Begeisterung am Ball. Sie können sich mit Sicherheit vorstellen, dass darunter auch Telefonate sind, in denen die Gesprächspartner – ich sage es charmant – nicht gerade freundlich sind. Man versteht das natürlich auch oft, denn viele werden aus ihrem Alltag, aus ihrem Tun herausgerissen und wissen nach den ersten Worten: *„Da kommt jemand, der mir etwas verkaufen will."*

Darunter gibt es auch Menschen, die fast bösartig agieren oder die einfach einen schlechten Tag haben. Frau Mag. Sandra Merkinger verletzt sich dabei nicht. Ganz im Gegenteil: Sie bleibt stets höflich, versteht oft auch das negative Verhalten der Gesprächspartner, verabschiedet sich, und nur wenige Augenblicke später telefoniert sie bereits mit der nächsten Zielperson. Das nenne ich **mentale Stärke in Vollendung**.

Bei einem Jubiläum wie dem 15-jährigen blickt man gerne zurück. Und heute kann ich voller Ehrfurcht an dieser Stelle nur eines festhalten: Ohne Sandra und Thomas Merkinger wäre mein Erfolg nicht möglich. Ohne die beiden hätte ich bis heute auch nicht so viele schöne, berufliche Stunden erleben dürfen.

Mein größtes Privileg in der Wirtschaft war, dass ich diese beiden Personen treffen durfte, und ich hoffe auch mit ihnen gemeinsam in der Zukunft die Erfolgsstory von SimulationsManagement fortsetzen zu können.

Widmung für Frau Karin Winkler

Wenn der erste positive Eindruck zum Dauerbrenner wird

Ich bin sehr stolz, dass wir noch nie einen Mitarbeiter in unseren Firmen kündigen mussten. Natürlich gibt es trotzdem Phasen der Trennung, weil z.B. unsere weiblichen Mitarbeiter ein Baby bekamen oder sich jemand beruflich verändern wollte. Bis es zu solchen Veränderungen gekommen ist, war die jeweilige Mitarbeiterin bzw. der Mitarbeiter meistens sehr lange ein Teil unserer Firma. Ganz besonders freut es mich, dass wir von allen Mitarbeitern, die bis heute bei uns gearbeitet haben, als Arbeitgeber, als Chef und somit als Mensch **besonders positiv beurteilt wurden**. Gerade als Wirtschaftstrainer steht man immer wieder im Blickpunkt der Teilnehmer. Diese achten besonders darauf, ob das, was sie hören, vom Wirtschaftstrainer selbst gelebt wird. Aufgrund dieser genannten, positiven Beurteilungen kann ich voller Stolz sagen: *„Ja, was ich in meinen Vorträgen, Büchern, Seminaren usw. aufzeige und an Empfehlungen präsentiere, wird auch bei uns tagtäglich gelebt.“*

Mitte Jänner 2012 war es wieder einmal so weit. Die Phase eines Wechsels im Sekretariat wurde eingeleitet. Nach zweiwöchiger, intensiver Einschulung nahm Frau Karin Winkler endgültig auf dem **Sekretariats-Sessel** von SimulationsManagement Platz.

Schon beim Vorstellungsgespräch mit Frau Mag. Sandra Merkinger hatte sie einen besonders positiven Eindruck hinterlassen. Bereits vor Frau Karin Winkler haben sich viele Personen um die ausgeschriebene Stelle beworben. Um optimal herauszufiltern, wer zum SimulationsManagement-Team am besten passt, hat sich Frau Mag. Sandra Merkinger Schnupper-Arbeitsstunden einfallen lassen, damit sich beide Seiten besser kennen lernen können. Dann kamen die Schnupper-Stunden mit Frau Karin Winkler, und **sie überzeugte** auf der ganzen Linie.

Ich war zu diesem Zeitpunkt geschäftlich in Stuttgart. Unmittelbar nach dieser Schnupper-Phase teilte mir Frau Mag. Sandra Merkinger telefonisch mit, dass sie sich bereits fix für Frau Karin Winkler entschieden habe. Sie können sich wahrscheinlich vorstellen, dass ich sehr erstaunt war, denn bei den anderen Kandidaten wollte sie ein wenig darüber nachdenken, die Ergebnisse der Schnupper-Stunden miteinander vergleichen, und auch nach Frau Winkler waren noch einige Runden festgelegt. Selbst die Vorgängerin von Frau Winkler war sehr überrascht, dass es plötzlich so schnell zu einer Entscheidung kam.

Die Einschätzung von Frau Mag. Sandra Merkinger war total richtig. Sie hatte, wie so oft, das **richtige Bauchgefühl**. Und das, was Frau Winkler in den Schnupper-Phasen präsentierte und über sich erzählte, hat sie später im täglichen Einsatz bis heute mehr als übertroffen.

Voller Stolz kann ich heute behaupten, dass sie **eine wichtige** und **positive Säule** im **SimulationsManagement-Team** ist. Sie engagiert sich tagtäglich mit voller Begeisterung dafür, dass der positive Weg von SimulationsManagement von innen nach außen weiter fortgesetzt werden kann. An dieser Stelle möchte ich mich für die bisherige, erstklassige Zusammenarbeit bei Ihnen, Frau Winkler, bedanken und freue mich auf noch viele begeisternde und spannende wirtschaftliche Jahre, die vor uns liegen.

Der „*erfolgsfitCode*" TEAM – Der Weg zur Entschlüsselung des organischen Bauplans erfolgreicher Teams

15 Jahre SimulationsManagement – 15 Jahre tiefgehende Einblicke hinter die Kulissen von Firmen

Innerhalb der letzten 15 Jahre habe ich mich im Zuge meiner maßgeschneiderten Firmentrainings, Vorträge, offenen Seminare, usw. intensiv mit Firmen beschäftigt und mit deren Menschen zusammen gearbeitet. Ich durfte unter anderem vorhandene Stärken und Schwächen der Teams und daraus resultierend der Firma analysieren. Auf dieser Basis habe ich dann gemeinsam mit Mitarbeitern, Führungskräften und Inhabern erfolgreiche und nachhaltige Lösungen entwickelt.

Dabei habe ich es immer vermieden, ausnahmslos meine Vorstellungen und Erkenntnisse aus Forschung, Wissenschaft usw. in den Vordergrund zu rücken und den jeweiligen Teilnehmern aufs Auge zu drücken. Mir war es **ganz wichtig**, dass ich meine Erfahrungen mit den Einschätzungen der Teilnehmer optimal verzahne und auf dieser Basis **gemeinsam umsetzbare Lösungen entwickle**. Genau diese Vorgehensweise war in den letzten 15 Jahren **enorm fruchtbar.** Denn Menschen, die sich verstanden fühlen, die in diesem Prozess aktiv mitwirken können, sind auch **später bereit**, die Erkenntnisse, Lösungen und Beschlüsse im Alltag **umzusetzen**.

Aufgrund meines breiten Repertoires habe ich die Firmen aus den verschiedensten Blickwinkeln gesehen. Meine Schwerpunkte bei den Trainings drehen sich um

- Unternehmens- und Mitarbeiterführung;
- Lebens- und Erfolgsplanung;
- Entwicklung von Firmenkonzepten mit allen dazugehörigen emotionalen Zutaten;
- die umfangreichen Themen um die Kundengewinnung und Kundenbindung
- vom strategischen Marketing-Konzept bis hin zum roten Faden für das Verkaufs-Gespräch.

Diese breite Aufstellung als Wirtschaftstrainer wurde durch meine Tätigkeit in aktuell 138 Branchen optimal abgerundet. Dieser breit **gefächerte Einblick** in die verschiedensten Branchen mit ihren Abläufen, Produkten, Dienstleistungen hat es mir ermöglicht, einen **geschärften Blick** für Folgendes zu bekommen: *„Was macht Firmen erfolgreich und was hemmt sie?"*

Vor diesem Buch habe ich bereits 5 Bücher (darunter 2 Bestseller-Bücher) geschrieben sowie über insgesamt 27 Vorträge und Tagesseminare Skripten verfasst, die einen Umfang zwischen 100 und 300 Seiten haben. Bereits in den letzten 15 Jahren war ich stets bestrebt, Folgendes herauszufiltern: Warum entwickelt sich die eine Firma in der gleichen Branche erfolgreicher als eine andere, obwohl beide unter den gleichen Rahmenbedingungen exakt die gleichen Ziele verfolgen? Ich wollte wissen: **Wo liegen** denn die **feinen, ausschlaggebenden Unterschiede**, die bei gleicher Ausgangsposition doch zu **sehr unterschiedlichen Ergebnissen führen**?

Eine Erkenntnis habe ich bereits in anderen Büchern, Vortrags- sowie Seminarskripten präsentiert: Bezüglich der Fähigkeiten, der Produktzusammenstellung sind sehr **viele Firmen** wirklich **vergleichbar**. In der gleichen Branche – man kann ohne weiteres sagen: Firmen, die sich auf gleicher Augenhöhe treffen – sind die Unterschiede in den meisten Fällen wirklich winzig. Die vorher angesprochenen Rahmenbedingungen sind auch in den meisten Fällen ident, weil die Firmen exakt am gleichen Marktschauplatz agieren. Die beruflichen Fähigkeiten und der Standort bzw. die Auswahl des Einzugsgebietes der Zielgruppe konnten somit mit Sicherheit nicht markant dafür verantwortlich sein, warum die eine Firma das erreichte, was sie erreichen wollte, und die andere Firma oft ums Überleben kämpfte.

Ich ging in meiner Beurteilung sehr häufig auch so weit, dass junge Unternehmer oft traditionsreiche Betriebe, die bereits Generationen bestehen und viele Jahrzehnte erfolgreich tätig sind, zum Schwitzen bringen. Obwohl gerade gestartete Jung-Unternehmer kaum über Referenzen, Erfahrungen in der Branche, eingespielte Abläufe verfügen, schaffen es immer wieder einige, sehr schnell einen **wirklich kometenhaften Start hinzulegen**.

In persönlichen Gesprächen teilen mir erfahrene Geschäftsführer, Führungskräfte sowie deren Mitarbeiter von etablierten Firmen mit, dass sie das nicht nachvollziehen können. Denn gerade sie behaupteten oft schon Jahre zuvor, dass der Markt besetzt ist, es bereits Überkapazitäten gibt und dass man nur mehr auf Basis der Verdrängung gute Geschäfte machen kann. Und da sind wir auch schon beim Knackpunkt: Es kommt oft deswegen kein gutes

Geschäft zustande, weil man durch einen selbst forcierten, starken Preisverfall häufig versucht, der Konkurrenz Kunden wegzunehmen. Genau mit diesem Vorgehen – und da sind sich viele erfolgreiche Unternehmer mit ihren Mitarbeitern einig – bringt man eine **negative Spirale** in Gang. Denn einmal an der Preisspirale nach unten geschraubt, kann man diese nur mehr sehr schwer zurück- bzw. nach oben drehen. Meistens passiert genau **das Gegenteil**: Die Konkurrenz – das kann man direkt aussprechen – rächt sich, indem sie ebenfalls den Weg der Preisschlacht einschlägt. Somit arbeitet man sich im heißen Wettbewerb kontinuierlich und konsequent nach unten.

Es wundert somit keinen, dass genau diese Personen aus dem Staunen nicht mehr herauskommen, wenn sich plötzlich unter den von ihnen ständig hinausposaunten schweren Rahmenbedingungen **Jungstars etablieren** und **wirklich vorzeigbare Gewinne erzielen**.

Obwohl ich bereits durch meine Tätigkeit als Wirtschaftstrainer über solch erlesene Erfahrungen verfügte, war mir das zu wenig. Ich wollte noch einen Schritt weiter gehen, um wirklich exakt herauszufiltern: Was unterscheidet die dauerhaft erfolgreiche Firma – ungeachtet, welche Rahmenbedingungen gerade vorhanden sind – von jenen, die zwar am Start auch gerne mit Absichtserklärungen glänzen, wohin sie wollen, es jedoch nicht schaffen, dorthin zu gelangen.

18 Monate / 33 Zukunftslotsen = Wie sieht sie aus, die erfolgreiche Firma in der Zukunft?!

Am 10. Jänner 2011 startete ich eines der herausforderndsten und mit Sicherheit intensivsten Projekte in der bisherigen Geschichte von SimulationsManagement: Ich wollte Firmen dazu bewegen, an dem Projekt *„Wie sieht sie aus, die erfolgreiche Firma in der Zukunft?!“* teilzunehmen. **Mein Ziel** war es, Firmen innerhalb von 18 Monaten mit einem 14-tägigen Zukunftslotsen zu versorgen, der ihnen mittels Schritt-für-Schritt-Anleitung ermöglicht, ihre wichtigsten Unternehmensbereiche zu durchleuchten, um herauszufiltern: Sind wir fit oder gibt es einen Optimierungsbedarf?

Gesagt, getan! Eines stellte sich dabei sehr schnell heraus: Es war wesentlich einfacher, sich für so eine Initiative zu entscheiden, als dass es uns gelang, Firmen vom Mitmachen zu überzeugen. Das Erstaunliche war, dass nicht der Preis das ablehnende Argument für die Teilnahme war, sondern meistens **der Zeitaufwand**. Immer wieder haben die Entscheidungsträger von Firmen Frau Mag. Sandra Merkinger mitgeteilt, dass sie es zeitlich einfach nicht schaffen, an diesem doch interessanten und sicher notwendigen Projekt mitzuwirken.

Denn eines wollten sie schon vom Start an gewährleistet haben: Wenn sie daran teilnehmen, wollen Sie das Projekt optimal umsetzen. Viele sagten, dass sie das wahrscheinlich nicht schaffen werden. Sie alle fanden die Initiative gut und waren der Meinung, dass es sicher ein Gewinn für sie wäre, daran mitzuwirken. Doch sie sahen sich aus ihrer aktuellen Sicht außerstande, dies im Alltag unterzubringen. Das ging sogar so kurios weiter, dass manche sagten: *„Ich kann mir vorstellen, dass das sogar notwendig ist, hier mitzumachen, denn dadurch können wir bestehende Fehler vermeiden bzw. solche, die uns gar nicht auffallen, endlich aufspüren."*

Egal, ob Führungskraft, Mitarbeiter oder Unternehmer: Jeder weiß, dass Fehler, die eintreten, oft noch mehr Aufwand bedeuten, wenn man sie eliminieren muss. Besonders heikel wird es dann, wenn solche Fehler beim Kunden sichtbar werden. Die Entscheidungsträger haben klipp und klar Folgendes festgehalten: *„Ja, wir wissen, dass Fehler zu einem erhöhten Mehraufwand führen. Wir wollen aber vorweg nicht einen Mehraufwand einsetzen, um Fehler zu vermeiden, besser zu werden usw."* Das ist paradox! Denn letztendlich könnte die Rechnung so aussehen, dass man durch die Teilnahme zwar am Anfang ein wenig Mehraufwand akzeptieren muss, jedoch sehr schnell dafür entschädigt wird, späteren vermeidbaren und somit sinnlosen Mehraufwand zu vermeiden.

Das absolute Schwergewicht, warum eine Firma die Teilnahme am Projekt abgelehnt hat, war jedoch der **Faktor Mitarbeiter**. Viele Entscheidungsträger haben eindeutig gesagt: *„Wir können uns nicht vorstellen, dass es uns gelingt, die Mitarbeiter an Bord dieses Projektes zu holen. Wir können uns auch nicht vorstellen, dass sie bereit sind, aktiv in diesem Prozess mitzuwirken."* Somit war für diese Entscheidungsträger eine Teilnahme auch nicht sinnvoll. Denn die Mitarbeiter würden sich mit aller Kraft dagegenstemmen, weil sie durch diese Teilnahme sicher einen unnötigen Mehraufwand sehen, der unter allen Umständen zu vermeiden ist. Sie würden, so die Entscheidungsträger weiter, alles daransetzen, dass sie intern die Teilnahme am Projekt zu Fall bringen. Viele Firmen haben das gar nicht ausprobiert, sich auf dieses Abenteuer gar nicht eingelassen, obwohl dessen Ausgang nicht immer so klar war. Sie haben den einfachen Weg gewählt und mussten leider eine Teilnahme ablehnen.

Dass dies kein Honiglecken wird, hätten wir uns sehr bald denken können. Denn auch viele Vertreter von öffentlichen und privaten Gruppierungen, die die Wirtschaft stärken und nach außen vertreten, haben uns diese Botschaft immer wieder bei Gesprächen mitgegeben.

Sie meinten: *„Sie werden sehen, obwohl es so wichtig ist, was Sie vorhaben, werden die Entscheidungsträger und deren Mitarbeiter dafür kaum ein offenes Ohr haben."* Sie sollten Recht behalten.

Aufgrund dieser Tatsache bedanke ich mich mit tiefer Verbeugung bei jenen Firmen, die daran teilgenommen haben. Am Ende waren wir sehr begeistert, dass es doch wesentlich mehr waren, als manche uns prophezeit hatten.

Das Projekt konnte planmäßig am 10. Jänner 2011 starten. **Das Ziel**: In 18 Monaten gemeinsam mit den teilnehmenden Firmen herauszufiltern: *„Was hat Firmen bisher erfolgreich gemacht, und was ist zu tun, damit dieser Zustand auch morgen unter den sich ständig ändernden Rahmenbedingungen abgesichert werden kann?"*

Wie geplant, erhielten die Firmen 14-tägig (Winter- und Sommerpausen berücksichtigt) einen der 33 Zukunftslotsen per E-Mail zugesendet. Die insgesamt 33 Zukunftslotsen haben auf über 600 Seiten **alle wichtigen Unternehmensbereiche** behandelt. Weiters wurden auch funktionierende Lösungen und erfolgreiche Methoden präsentiert, die ich bereits in vielen Firmen sehr erfolgreich durchgeführt und umgesetzt habe.

Besonders aufgewertet wurden meine Zukunftslotsen durch **Leitgedanken**, **effektive Übungs-Checklisten**, die es den teilnehmenden Firmen ermöglichten, exakt herauszufiltern: Wo sind Schwächen vorhanden, und über welche Stärken verfügen sie, um diese noch verstärkter einzusetzen?

Alle teilnehmenden Firmen hatten auch während dieser 18 Monate die Möglichkeit, mir unter anderem per E-Mail mitzuteilen, wie es ihnen beim Einsatz meiner Empfehlungen geht, welche Schwächen sich auftun, welche Antworten sie suchen usw. Dabei konnten mir die Firmen auch die bereits seit Jahren bekannten Schwächen übermitteln, die ich immer wieder beim nächsten Zukunftslotsen behandelt habe.

Selbstverständlich war es mir nicht möglich, auf jede Einzelschwäche direkt einzugehen. Ich habe passend zum jeweiligen Zukunftslotsen die häufigsten Schwächen-Nennungen herausgepickt und aufgrund dieser Basis meine Rezepte und Empfehlungen beim jeweiligen Zukunftslotsen zusammengestellt. Am Ende des jeweiligen Zukunftslotsen habe ich dann auch noch die sinngemäß häufigsten Schwächen-Nennungen aufgelistet und meine Einschätzungen dazu übermittelt.

Während des gesamten 18-monatigen Projektes wurde somit ein optimaler Dialog zwischen den teilnehmenden Firmen und Günther Panhölzl angeboten und von teilnehmenden Firmen auch gerne wahrgenommen.

Das Ergebnis: Der *„erfolgsfitCode"* Team

Bereits mit meinem Buch *„Unsere Firma – Unsere Zukunfts-Oase"* habe ich die – aus meiner Sicht – **drei wichtigsten Unternehmenssäulen präsentiert**:

- das TEAM
- die FIRMA
- der KUNDE

Mein Buch *„Unsere Firma – Unsere Zukunfts-Oase"*, welches ich in zwei Versionen = zwei Sichtweisen – einmal aus der Führungskräfte-Sicht und einmal aus der Mitarbeiter-Sicht – auf den Markt gebracht habe, hat den Lesern sowie den Vortrags- und Seminar-Teilnehmern eindeutig aufgezeigt, wie man die jeweilige Säule in der Firma stärken kann.

Zur optimalen Umsetzung in der Firma war es somit für mich klar, dass ich auch den *„erfolgsfitCode"* in diese drei Säulen aufteile, und Sie halten gerade aktuell die **„erste Säule: das TEAM"** in Ihren Händen.

Vor Ihnen liegt nun also der ***„erfolgsfitCode"* TEAM.** In diesem präsentiere ich Ihnen jene Erfolgszutaten, die Firmen **unbedingt erfüllen müssen**, um intern die Weichen so zu stellen, dass die geplanten Ziele und die damit verbundenen wirtschaftlichen Erfolge Realität werden können.

Begleiten Sie mich nun auf die spannende Reise des ***„erfolgsfitCode"* TEAM** und schauen sich mit mir gemeinsam an, was **getan werden muss**, damit **TEAMS in der Lage** sind, **geplante Erfolge zu verwirklichen**.

Wie Sie die einzelnen *„erfolgsfitCode“*-Bausteine erfolgreich aktivieren

Der *„erfolgsfitCode“*-Baustein kann seine Wirkung nur mit meinem Lieblingsmotto *„Ehrliche ernten Erfolge“* entfalten

Damit Sie mit den einzelnen *„erfolgsfitCode“*-Bausteinen optimal arbeiten können, die Aktivierung erstklassig und nachhaltig im Team funktioniert, müssen Sie mein Lieblingsmotto zu 100 % beherzigen.

Immer wieder mache ich die Feststellung, dass Menschen sehr wohl in der Lage sind, Erfolgsrezepte, Empfehlungen, Gedankengänge, Ideen, Impulse usw. erfolgreich für sich zu nutzen. Das Einzige, was dagegen spricht, ist: Sie wollen es nicht. Das klingt zwar auf den ersten Blick paradox, ist aber tägliche Realität.

Auf dieses **gefährliche Manko** weise ich unter anderem auch immer wieder in meinem KMU-Blog hin, den Sie unter www.panhoelzl.com finden. Eines muss Ihnen, Ihren Kollegen, Ihren Mitarbeitern usw. klar sein: **Wenn Sie nicht innerlich bereit sind**, meine Empfehlungen auszuprobieren, sie mit der persönlichen Note Ihrer Firma, Ihren Angebotsstrukturen zu verfeinern usw., dann werden Sie die gewünschten Ergebnisse nicht erhalten.

Wenn Sie als Entscheidungsträger, Unternehmer, Führungskraft usw. diese Zeilen gerade jetzt und später mein Buch lesen, dann akzeptieren Sie bitte ebenfalls dieses Lieblingsmotto zu 100 %. Immer wieder mache ich Erfahrungen, dass sich gerade Personen in führenden Positionen nicht gerne selbst durchleuchten, ob nicht auch sie das eine oder andere Mal bei einer unrunden Sache der Verursacher sind. Genau das müssen Sie aber vorbehaltlos tun. Es muss Ihnen klar sein, Sie werden nur dann in den Genuss der Vorteile kommen, die Sie durch den *„erfolgsfitCode“* und dessen Entschlüsselung anschließend kennen lernen, wenn Sie wirklich bereit sind, ihn **100 %ig anzuwenden**. D. h., dass Sie sich auch selbst, wenn notwendig, kritisch durchleuchten. Dass Sie unter anderem Ihre Verhaltensmuster, wenn nicht mehr angemessen, verändern uvm.

Bitte akzeptieren Sie: Nur „Ehrliche ernten Erfolge". Diejenigen, die wirklich bereit sind, Wissen anzunehmen, um auf dessen Basis dort Optimierungen durchzuführen, wo es sinnvoll und notwendig ist.

Wenn Sie als **Mitarbeiter** diese Zeilen lesen, dann bitte ich Sie, in Ihrem Sinne, weil mir Ihre Zukunft am Herzen liegt, ebenfalls mein Lieblingsmotto *„Ehrliche ernten Erfolge"* zu akzeptieren. Ich weiß aus eigener Erfahrung, dass viele Mitarbeiter lieber die Freizeit, die man als Unternehmer in Aus- und Weiterbildung steckt, genießen würden, da viele sagen: Jede finanzielle Ausgabe für gewisse Aus- und Weiterbildungseinheiten wäre besser angelegt, wenn man sie ihnen als Prämie ausbezahlt. Ich weiß das, da ich selbst einmal ein Lehrling war: Das ist angenehm, bequem und situationsbedingt oft nachvollziehbar.

Doch ich bin mir auch sicher, dass Sie Folgendes gewährleisten wollen: einen sicheren Arbeitsplatz zu haben. Dass es Unternehmen gibt, die Ihnen einen Job anbieten können, vor allem wenn Sie einen suchen, wenn Sie arbeitslos sind, wenn Sie sich verändern wollen usw.

Viele Mitarbeiter haben aktiv daran mitgewirkt, dass ich heute in der Lage bin, Ihnen den ***„erfolgsfitCode"* zu präsentieren**. Ich möchte Sie **auf gar keinen Fall belehren**, nicht bevormunden oder zu etwas zwingen.

Ich reiche Ihnen mit diesem Buch nur die Hand und lade Sie mit Ihren Führungskräften, Ihren Chefs ein, gemeinsam aktiv die Zukunft Ihrer Firma so zu gestalten, die Weichen in die richtige Richtung zu stellen, damit auch Sie in der Zukunft davon profitieren können.

Leitgedanke Führungskraft

Als Einleitung und damit Sie optimal mit dem jeweiligen *„erfolgsfitCode"*-Baustein arbeiten können, finden Sie unter dieser Rubrik Hinweise, Empfehlungen und Gedankengänge, damit Sie den Inhalt, der Sie erwartet, sehr schnell verstehen. Insbesondere werde ich immer wieder darauf Bezug nehmen, worauf es bei den verschiedenen *„erfolgsfitCode"-Bausteinen* aus der Sicht der Führungsrolle ankommt.

Leitgedanke Mitarbeiter

Hier präsentiere ich Ihnen, liebe Mitarbeiter, warum es wichtig ist, dass Sie sich mit dem jeweiligen *„erfolgsfitCode"-Baustein* auseinandersetzen. Ich will auch Sie immer dazu einladen, die jeweiligen wertvollen Erkenntnisse in Ihrer Firma zu aktivieren, damit auch Sie in den Genuss der daraus resultierenden Vorteile kommen.

Die Baustein-Herausforderung

Hier finden Sie alles Wissenswerte rund um das Thema Herausforderung. Was schwächt Firmen beim jeweiligen *„erfolgsfitCode"-Baustein?* Welche Herausforderungen bringen Zeitwenden mit sich? Welche Rolle spielen die täglich kleinen Marktveränderungen? Wie beeinflussen Sie die jeweiligen Herausforderungen auch mental und schwächen somit auch unter anderem Ihre Einsatzbereitschaft, Ihren Glauben, Ihre positive Sichtweise uvm.?

Sie werden diesbezüglich sehr häufig einen Spiegel vorfinden, in den Sie hineinsehen und immer wieder erkennen werden: *„Ja, so läuft es auch in unserer Firma. Ja, das ist mir bekannt und vertraut."*

Die Baustein-Aktivierung

Hier finden Sie optimal aufbereitet alle Erkenntnisse, wie man den jeweiligen ***„erfolgsfitCode"-Baustein*** **optimal aktiviert**, die Vorteile **für sich nutzt** und in die täglichen Abläufe **erfolgversprechend einbettet**.

Weiters finden Sie meine kurze und bündige Anleitung, wie Sie **Schritt für Schritt** die **Aktivierung durchführen**. Ich werde Ihnen auch immer wieder aufzeigen, dass Sie bei der Aktivierung eines nicht übersehen dürfen: Wie Sie optimal die persönliche und somit einzigartige Note Ihres Teams in diesem Prozess optimal einbetten. Abgerundet werden dann noch die Hinweise, wie Sie Ihre aktuelle Produkt- und Dienstleistungspalette mit den *„erfolgsfitCode"-Baustein-Erkenntnissen* verzahnen müssen.

Unsichere Zeiten; nicht vorhersehbare Risiken; Krisen, die man so noch nie in der Geschichte der Menschheit bewältigen musste, uvm. So werden uns tagtäglich Meldungen präsentiert. Genährt und gestärkt von führenden, renommierten Meinungsbildnern.

Sehr häufig auch wirklich mit fundierten Zahlen, Daten und Fakten untermauert. Auf den Punkt gebracht bedeutet das: „Nichts wird mehr so sein, wie es einmal war." Befreien Sie sich von solchen Ängsten. Befreien Sie sich von solchen düsteren Zukunftsprognosen, indem Sie ganz einfach immer die aktuellen Rahmenbedingungen akzeptieren und das Beste daraus machen.

Der *„erfolgsfitCode"* begleitet, unterstützt Sie und zeigt Ihnen immer wieder auch Wege auf, wie Sie das Heute und das Morgen erfolgreich meistern.

Unser SPIRIT – Die erfolgsfördernde TEAM-Energie

Leitgedanke Führungskraft

Gemeinsam entwickeln, erleben & Erfolge genießen

Der **SPIRIT Ihres Unternehmens** ist die **Quelle aller Erfolge im 21. Jahrhundert**. Reines Kosten-Denken, die technischen Abläufe von Konzepten und das damit verbundene kühle Aufteilen von Aufgaben und Aktivitäten führen nicht zu den dauerhaften Erfolgen. Unternehmen wie Apple oder deren momentan schärfste Konkurrenten Samsung und neuerdings auch SAP beweisen es aktuell gerade eindrucksvoll. Der **TEAM-SPIRIT** entscheidet darüber, ob sich eine Firma erfolgreich in die Kunden-Herzen verankert oder nur als ein Marktteilnehmer wahrgenommen wird, der **auch** da ist.

Der SPIRIT hat vorweg eine **wichtige interne Funktion**. Es geht hauptsächlich darum, in welchem Geiste und Sinne alle in der Firma zusammenwirken, um die selbstgesteckten Ziele optimal zu erreichen. Mit dem SPIRIT verbindet man auch die **Seele eines Unternehmens**. Diese kann man nur spüren. Denn so, wie es auch bei jedem einzelnen Menschen auf dieser Welt ist, gibt es keine 100 %igen Beweise, dass es eine Seele gibt. Experten, die sich intensiv mit diesem Thema beschäftigen, behaupten genau das Gegenteil: **Die Seele macht aus uns das, was wir sind.** Die Seele ist das Besondere. Der feine, entscheidende Unterschied.

Für Sie als Führungskraft ist es besonders wichtig, dass sich alle in der Firma wohl fühlen. Nur so gewährleisten Sie, dass es zu einem Funkensprung Richtung Geschäftspartner und Kunde kommt. Es geht also hauptsächlich darum, dass Sie als Führungskraft gemeinsam mit Ihren Kollegen und allen Mitarbeiterinnen und Mitarbeitern den **SPIRIT** definieren und **somit entwickeln**. Bei dieser Entwicklung müssen Sie besonders darauf achten, dass dieser SPIRIT auch **täglich erlebbar** ist. Es bringt nichts, wenn man den SPIRIT auf einem Blatt Papier definiert. Wenn man diesbezüglich z.B. bereits vorhandene Zutaten, wie die Firmenphilosophie, die internen Leitbilder usw. heranzieht. Es geht wirklich darum: Wie erleben alle, die in

Ihrer Firma tätig sind, inkl. Ihrer Person, die Firma? Wie fühlt man sich in der Firma? Mit welcher Einstellung kommt man tagtäglich in der Früh in die Firma? Mit welcher Einstellung sind die Mitarbeiter tagtäglich für die Firma unterwegs? In welchem Geiste und Sinne übermitteln sie Botschaften? Wie wirken sie von ihrem Innersten tagtäglich nach außen?

Wie weit dieser **SPIRIT** gehen kann, beweisen Konzerne wie Apple, Red Bull usw. Wir werden uns in diesem Buch noch mit dem *„erfolgsfitCode"*-Baustein Mythos Motivation – Was wirkt wirklich!? auseinandersetzen. Für mich war diesbezüglich bei meinen Analysen und bei der Entwicklung des Buches sehr interessant, Folgendes festzustellen: Journalisten haben bei ihren Recherchen herausgefunden, dass z.B. Konzerne, wie Apple, oft ihre Mitarbeiter schlechter bezahlen als die Konkurrenz. Dass manche von ihnen sogar unter dem Durchschnitt bezahlen. Verkäufer in den Apple-Stores, z.B. in Amerika, wissen von vorneherein, dass sie woanders mehr Geld verdienen könnten. Trotzdem kämpfen die Bewerberinnen und Bewerber mit allen ihnen zur Verfügung stehenden Mitteln darum, dass sie ein Teil des Apple-Teams werden. Genauso verhält es sich bei Red Bull. Die Journalisten hinterfragen das natürlich dann bei Experten, die sich mit Unternehmensführung, Mitarbeiterführung & Motivation beschäftigen. Hier bekommen sie **immer die gleiche Antwort**: Dass Geld alleine nicht motiviert. Sondern viele emotionale Erfolgs-Zutaten sind ausschlaggebend dafür, ob sich eine Person für oder gegen eine Firma entscheidet. Das trifft auch dann zu, wenn eine Person bereits in einer Firma tätig ist, wobei die Position kaum eine Rolle spielt. Menschen wollen sich in einer Firma wohl fühlen. Menschen wollen lieber in einer Firma tätig sein, **die etwas Besonderes** ist, als in der 08/15-Version.

Ein gutes Beispiel dafür ist auch die Firma Zotter mit ihrem **kompromisslosen Qualitäts-Vorgehen** rund um die Schokolade. Sie hat sich als kleiner Anbieter gegenüber den großen Big-Playern bis heute wunderbar behaupten können. Auch Zotter zeichnet sich durch einen besonderen SPIRIT aus. Der **Firmeninhaber** lässt keine Zweifel aufkommen, worum es geht:

- Menschlichkeit
- Zugehörigkeitsgefühl
- ressourcenschonender Umgang mit Rohstoffen usw.

Zotter meinte einmal in einem Interview, dass ihm auch die steigenden Kakao-Preise nichts ausmachen, obwohl diese zum damaligen Zeitpunkt extrem stiegen. Seine Antwort verwunderte den Journalisten, denn sie lautete: *„Ich zahle ohnehin schon seit vielen, vielen Jahren einen wesentlich höheren Kakao-Preis, weil ich auch gewährleisten will, dass die Lieferanten vor Ort für ihre Tätigkeit optimal entlohnt werden."*

Entscheiden Sie sich als Führungskraft **für den Spirit in Ihrem Unternehmen**. Wenn Sie als Chef, hauptverantwortlicher Entscheidungsträger in Ihrer Firma diese Zeilen lesen, dann sind Sie **DERJENIGE, der nun die Weichen stellen muss**. Es beginnt mit der **ersten Entscheidung**: **PRO SPIRIT**. Danach müssen Sie die Führungskräfte-Mannschaft an Bord holen, und dann geht es in die Final-Runde. Das bedeutet: die optimale Integration aller Mitarbeiter. Am Ende des Weges muss ein unverwechselbarer und täglich erlebbarer SPIRIT stehen.

Leitgedanke Mitarbeiter

08/15 oder das Besondere nach innen & außen sichtbar machen

Wenn Sie, liebe Mitarbeiterinnen & Mitarbeiter, den Leitgedanken von der Führungskraft lesen, dann wissen Sie bereits, worum es geht. Sie möchten, dass in Ihrer Firma ein besonderer SPIRIT entsteht. Machen Sie bitte **aktiv mit**, dass aus Ihrer Firma etwas **Besonderes** wird. Sie wissen mit Sicherheit durch Produkte, die Sie privat verwenden, dass das etwas Besonderes ist. Viele Menschen umgeben sich gerne mit Markenartikeln, wunderbaren Designs, mit klingenden Namen. Es geht dabei allerdings nicht nur um materialistische Veredelungen und Botschaften, sondern auch z.B. um soziale Anliegen. Vielen Menschen ist es ein besonderes Anliegen, anderen Menschen zu helfen. Sie engagieren sich z.B.

- ✈ beim Rettungsdienst
- ✈ bei der freiwilligen Feuerwehr
- ✈ in Non-Profit-Organisationen,
  - die die Umwelt/Tiere schützen
  - die sich für ein besseres Leben einsetzen
  - die daran mitwirken wollen, dass es älteren Menschen besser geht
  - dass es eine optimale Pflege gibt
  - dass junge Menschen in ein erfolgreiches Leben starten können
  - uvm.

Ich bin überzeugt, dass auch Sie sich in meinen Aufzählungen wiederfinden. Ich bin überzeugt, Sie haben gesagt: *„Ja, da bin ich dabei. Dafür engagiere ich mich. Ja, diese Marke forciere ich. Ja, das macht mir Freude.“*

Warum, liebe Mitarbeiterinnen und Mitarbeiter, sind dann oft so wenige bereit, das Gleiche zu tun, wenn es um ihre Firma geht? Machen Sie sich bitte nichts vor. Ihre Firma ist **eine der wichtigsten Quellen in Ihrem Leben**. Sie versorgt Sie in unserem aktuellen Wirtschaftssystem mit den

Zutaten, die Sie benötigen, um auch privat ein lebenswertes Leben zu führen. Stellen Sie sich einmal vor: Ihre Firma würde nicht existieren. Was wäre dann? Ich habe in meiner Tätigkeit auch sehr häufig mit Leuten zu tun, die am Rande der Gesellschaft stehen, die aktuell keine Arbeit finden. Die vielleicht durch ein körperliches Gebrechen oder durch eine gewisse Altersgrenze für den Arbeitsmarkt nicht mehr IN sind. Können Sie sich vorstellen, wie Ihr Leben aktuell aussehen würde, wenn die Quelle Firma versiegen würde? Wenn man Sie nicht mehr braucht. Wenn man Sie z.B. durch ein technisches Gerät leichter austauschen könnte. Ich glaube, Sie spüren gerade, dass dies kein besonders positiver Zustand wäre.

Der Geist und die Seele Ihrer Firma sind Sie. Warum sollten Sie aus Ihrer Firma, die eine so große Rolle auch in Ihrem privaten Leben spielt, nicht etwas Besonderes machen? Was spricht denn dagegen? Ich glaube, gar nichts. Selbstverständlich könnten Sie jetzt sagen: *„Schön gesagt, doch ich bin nur ein kleines Rädchen in meiner Firma. Ich verdiene gar nicht so viel, wie ich mir das vorstelle. Ich mache auch viel Unbezahltes in meiner Firma. Oft werde ich von den Vorgesetzten blöd angesprochen. Der Druck steigt ständig."*

Sie haben Recht. So läuft es in vielen Firmen, die ich kennen gelernt habe. Bei manchen mehr **ins Negative ausgeprägt**. Bei anderen noch verträglich. Es kann nicht immer alles „eitle Wonne" sein. Doch ich verstehe, wenn Sie solche Gedanken haben. Doch wäre nicht genau das der Anlass, **jetzt die Stopp-Taste zu drücken** und **zu sagen**: *„Muss es denn so weitergehen? Können wir das nicht ändern?"* Ich glaube schon.

Sie müssen nur alle im Team bereit sein, **sich dafür einzusetzen**. Machen Sie aus Ihrer Firma doch etwas **Besonderes**. Was spricht denn dagegen? Sie können Ihren Job, wie gerade beschrieben, mehrheitlich im Negativen durchziehen. Sie können aber auch **etwas Wunderbares, Positives daraus machen**.

Ich selbst war einmal Lehrling und habe auch nicht üppig verdient. So war das einfach in den 80er-Jahren, als ich Lehrling war. Mir hat aber mein Job damals irrsinnig Spaß gemacht. Vieles war interessant, und meine Firma war ein Konzern mit traditionellen Wurzeln, der unter anderem das Besondere bei Produkten und Dienstleistungen in den Vordergrund rückte. Der für Spezialitäten bekannt war uvm. Ich wollte auch **Teil dieser wunderbaren Geschichte werden**. Ich habe damals bei der Firma Julius Meinl AG gearbeitet, die unter anderem für ihre Tee- & Kaffee-Spezialitäten, ihre besonderen Waren im Delikatessen-Bereich uvm. bekannt war. Leider haben das Management und auch die Mitarbeiter viele, viele Jahre später eines nicht begriffen: dass man sich als Firma **weiterentwickeln muss**. Dazu gehört auch, dass der SPIRIT immer wieder aufs Neue entfacht werden muss, um sich den neuen Herausforderungen gestärkt zu stellen.

Jede Veränderung – das Umsetzen von Konzepten, das Erreichen von Zielen etc. – lebt letztendlich nur von einem: **Von den Menschen**, die dahinter stehen und täglich bereit sind, das zu tun, was getan werden muss, damit die selbst geplanten Ziele erfolgreiche Realität werden.

Warum also immer mit Bitterkeit in die Zukunft oder in das Heute blicken? Sie können das Heute und das Vergangene nicht mehr verändern. Sie können nur Folgendes machen: die Weichen in eine besondere Zukunft stellen.

Damit Sie die Zukunft mit ihrem Umfeld erfolgreich gestalten können, benötigen Sie die **Definition Ihres SPIRITS**, den **Sie wirklich leben wollen**. Bei der Entschlüsselung des organischen Bauplans erfolgreicher TEAMS konnte ich mich immer wieder davon überzeugen, dass sich jene aus eigener Kraft erneuern, sich dem Markt anpassen konnten, immer dann zu den Erfolgreichen gehörten, wenn sie innerlich bereit waren, **sich dafür einzusetzen**. **Diese Bereitschaft entsteht aus dem SPIRIT**. Alles ANDERE kommt danach.

Die Baustein-Herausforderung

Alle in der Firma müssen sich für eine hohe Lebens- & Arbeitsqualität engagieren

Damit dauerhafte Firmenerfolge entstehen können, muss ein Team bereit sein, sich für eine hohe Arbeitsqualität zu engagieren. Jedem Einzelnen in der Firma muss klar sein: Der Kunde wird nur jener Firma den Vorzug geben, die seine Vorstellungen optimal erfüllen kann! Jeder muss sich also seiner Qualitätsrolle bewusst sein. Damit eine optimale Arbeitsqualität entstehen kann, müssen alle innerlich bereit sein, sich für eine hohe Lebensqualität in der Firma zu engagieren. Für die Führungskräfte in einer Firma bedeutet dies: Es muss glasklar festgelegt werden, was täglich zu tun ist, damit eine hohe Lebensqualität entstehen kann und sich dauerhaft etabliert.

Von der Umfeld-Bitterkeit nicht anstecken lassen

Steht im Dialog Bitterkeit im Vordergrund, kann sich die vorhandene Team-Energie nicht optimal entfalten. Alle werden damit beschäftigt sein, sich mit den Umständen dauerhaft auseinanderzusetzen, die zu der Bitterkeit geführt haben. Der Zugang zum Jammertal ist dadurch ständig geöffnet. Ein TEAM-SPIRIT kann nur entstehen, wenn sich nicht alle ständig gegenseitig mit Botschaften der Bitterkeit anstecken.

Wohlfühlen im TEAM – kein Schlagwort sondern gelebte Realität!

In vielen Unternehmen gibt es eine Firmenphilosophie. Diese beinhaltet auch Zutaten, Vorgehensweisen, Empfehlungen uvm. rund um das Thema: Wohlfühlen im Team. Leider sind diese positiven Absichtserklärungen nur Schlagwörter und haben nichts mit der täglich forcierten Realität zu tun. Diese Kluft zwischen Theorie und Praxis verhindert häufig das Entstehen des TEAM-SPIRITS.

Führungskräfte-Entscheidungen müssen nachvollziehbar und umsetzbar sein

Sehr häufig wird der TEAM-SPIRIT auch dadurch getrübt, dass **Entscheidungen** von den Führungskräften für die Mitarbeiter **nicht nachvollziehbar** sind. Dies führt dann auch unausweichlich dazu, dass sich viele im Team außer Stande sehen, sie umzusetzen. Die Führungskräfte tragen nichts zur Behebung dieses Missstandes bei, sondern forcieren sogar noch mit Druck die daraus resultierenden Demotivations-Wellen. Getreu dem Motto: Ich gebe es vor – die Mitarbeiter müssen es umsetzen. Das killt nicht nur jeden SPIRIT, sondern führt zur dauerhaften Team-Beschädigung.

MehrWert-Leben nach innen und außen mit dem Führungskräfte-Vorbild-Bonus

Ein optimaler TEAM-SPIRIT kann nur entstehen, wenn nach innen und außen ein besonderes **MehrWert-Profil** festgelegt wird. Obwohl die Wichtigkeit vielen Führungskräften bewusst ist, forcieren sie selten die Festlegung des MehrWert-Profils im Team, und auch ihre Führungskräfte-Vorbild-Rolle lässt zu wünschen übrig.

Viele vergessen täglich: Was sie säen, ernten sie auch!

Obwohl es eigentlich alle Menschen wissen, wird es doch täglich gerne übersehen: Die Saat entscheidet über die Ernte. Wer negative Stimmung verbreitet, braucht sich auch nicht zu wundern, wenn ein identes, negatives Echo zurückkommt.

Im Team auch in schwierigen Phasen!

Wenn alles nach Plan läuft, Erfolge sich am laufenden Band einstellen, braucht niemand motiviert werden. Es bedarf keines besonderen SPIRIT, weil alle der Meinung sind: Es läuft ohnehin alles wie geschmiert. Da sich die Erfolge jedoch im Tal entscheiden, besteht die größte Herausforderung darin, sich selbst und Teams durch diese dunklen, schmerzhaften Phasen zu bringen. Sehr häufig vergessen dann viele Team-Mitglieder ein **kollegiales, erfolgförderndes Verhalten**. Zu spät erkennen sie, dass das negative Vorgehen gegenüber anderen Team-Mitspielern die Akteure selbst nachhaltig schwächt.

Wollen wir die Norm oder das Besondere forcieren?

Es ist immer die Entscheidung eines jeden Einzelnen. Will er sich dafür engagieren, dass das Besondere in der Firma entstehen kann und es dementsprechend nach außen wirkt oder reicht die Standard-Version? Viele Menschen fühlen sich von schillernden, erfolgreichen Unternehmen, die oft Weltruf haben, angezogen. Jeder könnte aktiv daran mitwirken, dass dies auch in der eigenen Firma möglich ist. Doch der Weg vom Zuschauer zum aktiven Akteur ist für viele zu steinig und zu weit.

Unser Team-Wohlfühl-Programm wird von Gedanken & Taten geprägt

Das beste ausformulierte Team-Wohlfühl-Programm bringt nichts, wenn es nicht von den Team-Gedanken und -Taten getragen wird. Leider agieren viele Menschen in Firmen genau nach dieser Vorgehensweise.

JA zum TEAM – JA zur FIRMA – ohne „Hintertür“ & „Masken-Versteckspiel“

Oberflächlich sind alle schnell dafür: *„Ja, wir sind ein Team. Ja, unserer Firma soll es gut gehen. Ja, wir engagieren uns dafür.“* Leider spielen hier viele ein falsches Spiel mit unzähligen Hintertüren und dem allseits beliebten *„Masken-Versteckspiel“*. Viele sehr erfolgreiche Unternehmer und deren Führungskräfte untermauern diese Erkenntnis mit folgendem Statement: *„Wenn ich etwas erfahren will, darf mich keiner erkennen; dann kommt die Wahrheit aufs Tablett.“*

Die Baustein-Aktivierung

Das Beste im Menschen sehen

Sehen Sie ab heute nicht die Schwächen, sondern die **Stärken eines Menschen** in Ihrem Umfeld. Menschen haben natürlich ihre Fehler; doch nur mit dem Besten des Menschen können Sie langfristig in einer Partnerschaft gewinnen. Ist man bereit, im Menschen immer das Beste zu sehen, entstehen gewinnbringende Partnerschaften, die von Dauer sind und auch Krisen überstehen. Verabschieden Sie sich ab heute vom ständigen Herumnörgeln im Umfeld und stärken Sie dadurch den TEAM-SPIRIT.

Aktivierung der persönlichen „PRO-Einstellungs-Power“ für immer

Selbstverständlich ist das Leben auch von Bitterkeit gekennzeichnet. Es gibt auch Tiefschläge, Hürden und Herausforderungen, die zu meistern sind. Wenn Sie solche Blockaden auf schnellstem Weg eliminieren wollen, dann aktivieren Sie ab heute 24 Stunden Ihre *„PRO-Einstellungs-Power“*. Dies ist keine rosarote Brille; auch keine Realitäts-Verweigerung! Es geht ausnahmslos darum, eingetretene negative Situationen mit einer *„PRO-Einstellungs-Power“* zu begegnen und sie somit zu eliminieren. Wer negativ denkt, plant und handelt, fällt oft endgültig aus der Bahn, wenn Schwierigkeiten eintreten. Wer mit einer **PRO-Einstellung** an die **Herausforderungen** herangeht, kommt sehr schnell wieder in die Erfolgsspur zurück.

Unsere TEAM-Wohlfühl-Zutaten

Insbesondere die Führungskräfte in einer Firma sind dazu angehalten, mit dem gesamten Team die *„TEAM-Wohlfühl-Zutaten“* als Gemeinschafts-Produktion zu entwickeln und sie anschließend festzulegen. Es soll auf gar keinen Fall eine Vorgabe der Führung sein, sondern alle sollen in diesen Prozess optimal eingebunden sein. Das Ziel ist, gemeinsam festzulegen, wie Sie tagtäglich denken, planen und handeln sollen, damit Sie sich allesamt wohl fühlen.

So erleichtern wir uns das Leben

Dies ist einer meiner Klassiker, den ich im Jahr 2011 zum ersten Mal präsentiert habe. Diese Formel zeigt eindrucksvoll auf, wie leicht es ist, sich gegenseitig zu unterstützen und den SPIRIT in der Firma zu fördern. Jeder in der Firma soll ab heute aktiv dabei mitmachen, und das bedeutet: darüber nachzudenken, wie man sich gegenseitig in den Abläufen das Leben erleichtert. Nach den Impulsen müssen natürlich die Taten folgen. Man braucht hier auch als Führungskraft keine besonderen Vorgaben zu geben, denn jeder im Team weiß ohnehin ganz genau was zu tun ist, damit es optimal läuft und somit keine unnötigen Blockaden in den Abläufen entstehen können.

MehrWert auf allen Ebenen – Impulse sammeln, festlegen & leben

Seit dem Millennium-Sprung im Jahr 2000 wissen Führungskräfte und Mitarbeiter, dass der MehrWert die Entscheidungsprozesse in der Wirtschaft immer mehr beeinflusst. Überprüfen Sie, ob sich Ihre Firma gegenüber der Konkurrenz durch einen differenzierten MehrWert auszeichnet. Sammeln Sie auf allen Ebenen Impulse für Ihren aktuellen Firmen-MehrWert und wie er in der Zukunft aussehen soll, damit die Wettbewerbsfähigkeit immerwährend gewährleistet bleibt. Aus den einzelnen gesammelten MehrWert-Puzzle-Teilen wird im Team das unverwechselbare MehrWert-Profil Ihrer Firma festgelegt und täglich gelebt. Dadurch entsteht ein enormer Schub für den besonderen TEAM-SPIRIT, der nach innen und außen wirkt.

Gelassenheit & Ruhe in schwierigen Phasen führen auf die Erfolgsstraßen zurück

Die einzig richtige Reaktion in schwierigen Phasen, wenn z.B. Probleme eintreten, Unvorhergesehenes passiert, Kunden reklamieren, sich ein Termindruck aufbaut uvm., sind **Gelassenheit und Ruhe**. Gelassenheit und Ruhe sind ein wichtiger Bestandteil des TEAM-SPIRIT. Sie erreichen diesen Zustand sehr leicht, indem Sie sich immer vor Augen führen: Viele Herausforderungen in Ihrem Leben waren im gleichen Moment, in dem sie eingetreten sind, negativ. Die meisten davon konnten Sie sicher zufriedenstellend erledigen. Sie kennen bestimmt den alten Spruch: *„Es wird nichts so heiß gegessen, wie es gekocht wird.“* Genauso ist es auch in schwierigen Phasen. Akzeptieren Sie sie und handeln Sie bei deren Bewältigung ruhig und gelassen. Sie werden sehen: Wenn Sie bereit sind, es zu tun, ist es wirklich einfacher, als Sie jetzt glauben.

Von der „Zukunftsperspektive“ bis zum „Zukunft-Gestalten“

Ein besonders wichtiger Nährstoff für einen wirkungsvollen „TEAM-SPIRIT“ ist die Zukunftsperspektive. Wenn Sie das Beste aus Menschen herausholen, deren Potentiale aktivieren wollen, dann müssen Sie als Führungskraft auf Folgendes achten: Sind Ihre Zukunftsperspektiven glaubwürdig formuliert und auch tatsächlich steuerbar? Insbesondere Führungskräfte sind dazu angehalten, sich für diese Zukunftsperspektiven-Formulierungen zu engagieren und gleichzeitig alle im Team dazu einzuladen, daran mitzuwirken. Für Mitarbeiter bedeutet dies: Nehmen Sie bitte diese Einladung an,

gestalten Sie die **Firmenzukunft aktiv** mit. Denn dadurch entsteht auch für Sie eine vorteilhafte Zukunft.

Meine Firma – mein Einsatz – meine Erfolgsgeschichte

Große Konzerne wie Apple, Samsung, SAP, Google, Facebook uvm. haben es geschafft, ihre Kunden und Mitarbeiter durch einen **besonderen SPIRIT** in ihren **Bann zu ziehen**. Es ist einfach „IN", Kunde dieser Konzerne zu sein. Es ist „IN", Mitarbeiter in diesem Konzern zu sein. Auch viele Erfolgsgeschichten bei kleineren und mittleren Betrieben sind auf den besonderen TEAM-SPIRIT zurückzuführen. Sie, egal ob Führungskraft oder Mitarbeiter, sind der Schlüssel zum TEAM-SPIRIT. Sehen Sie ab heute das Unternehmen, in dem Sie arbeiten, als Ihre Firma, auch wenn sie Ihnen nicht gehört. Sie sind Teil dieser Firma und entscheiden tagtäglich mit, wie sich die Erfolgsgeschichte entwickelt und wie sie fortgeschrieben wird. Ihr Einsatz entscheidet alles! Sie kennen Ihre Rolle in Ihrer Firma ganz genau. Je besser Sie diese ausfüllen, desto wirkungsvoller wird der TEAM-SPIRIT auf das Umfeld wirken. Ihre Firma ist letztendlich auch Ihre Erfolgsgeschichte. Handeln Sie täglich nach dieser Empfehlung und genießen Sie die daraus resultierenden Firmenvorteile, die für Sie, Ihr Team und Ihre Kunden entstehen.

Nicht hintenherum, sondern geradeheraus

Offenheit ist alles. Sie werden vielleicht sagen: *„Stimmt! Doch schwer umzusetzen."* Ich sage: *„Nein"*. Sie müssen nur bereit sein, den ersten Schritt in diese Richtung zu gehen, und dürfen sich nicht vom Umfeld stoppen lassen. Handeln Sie nach dem OGE-Prinzip = *„**O**ffen reden – **g**emeinsam handeln – **E**rfolge genießen"*. So stärken Sie nicht nur den TEAM-SPIRIT, sondern auch unnötige und somit vermeidbare menschliche Verletzungen im Team gehören der Vergangenheit an.

Vom „SPIRIT-Labor" zum einzigartigen, verführerischen SPIRIT

Der TEAM-SPIRIT kann nicht von heute auf morgen entstehen. Sie werden Probeläufe benötigen; Sie müssen experimentieren, bis es zur erfolgreichen Vollendung kommt. Es lohnt, sich für den TEAM-SPIRIT zu engagieren. Ich kenne wenige Menschen, die in der 08/15-Version arbeiten wollten, wenn sie die Möglichkeit hätten, bei etwas Besonderem dabei zu sein. Machen Sie das Besondere in Ihrer Firma nach innen und außen sichtbar, indem Sie bereit sind, den ersten Schritt Richtung TEAM-SPIRIT zu setzen. Entwickeln Sie gemeinsam alle dafür notwendigen Zutaten. Leben Sie täglich nach Ihren selbst aufgestellten Prinzipien und Sie werden am Ende immer die Erfolge genießen, die Ihren Vorstellungen entsprechen.

Vom Selbstbild zur TEAM-Wirklichkeit

Leitgedanke Führungskraft

So wie Sie fühlen und denken werden Sie Ihr TEAM lenken

Wenn Sie als Führungskraft Mitarbeiter führen, muss Ihnen immer eines klar sein: Das **Selbstbild des Mitarbeiters** steht bei seinen Entscheidungen **tagtäglich im Vordergrund**. Es bringt somit nichts, Menschen gegen ihren Willen verändern zu wollen. Nur gemeinsam mit ihnen sind dauerhafte, wirtschaftliche Erfolge möglich.

Das Selbstbild steuert das **Denken, Fühlen & Verhalten eines Menschen**. Das bedeutet für Sie als Führungskraft, dass es Ihnen gelingen muss, das Umfeld ins Boot zu holen, um dauerhafte, wirtschaftliche Erfolge zu erzielen. Hier spannt sich der Bogen vom Geschäftspartner, mit dem Sie gemeinsam am Markt auftreten, bis hin zu Ihrem engsten Umfeld, den Führungskräfte-Kollegen und den Mitarbeitern.

Wenn Sie dies ignorieren, werden Sie sich sehr schwer tun, langfristig wirtschaftlich erfolgreich zu sein. Insbesondere in turbulenten Zeiten brechen dann Teams sehr schnell auseinander. Dabei spielt es keine Rolle, ob die Firma in ihrer Entwicklung gerade vor großen Herausforderungen steht oder ob eine Zeitenwende in Kommen ist. Natürlich spielt dieses Verhalten bereits im Alltag eine große Rolle. Ihr Umfeld wird nur dann bereit sein, aktiv an der **Verwirklichung der Firmenziele** mitzuwirken, wenn diese mit den **eigenen Vorstellungen kompatibel** sind. Genau dies ist in vielen Firmen ein großer Knackpunkt. Hier wird in vielen Fällen von der Geschäftsleitung, den Eigentümern einer Firma etwas entschieden, was oft nicht einmal das Mittel-Management und schon gar **nicht** die Basis **mittragen möchte**.

Im Zuge meiner Tätigkeit konnte ich mich bei der Entschlüsselung des organischen Bauplans von TEAMS auch davon überzeugen, dass dies bei Klein- & Mittelbetrieben nicht anders ist. Viele Firmen, die ich als Wirtschaftstrainer coache, haben zwischen 4 und 25 Mitarbeiter. Dann kommt die Gruppe mit zwischen 26 und 70 sowie die mit 71 bis 150 Mitarbeitern und dann noch einige, die darüber liegen. Bei allen Firmengrößen geht es aber letztendlich um das Gleiche: Die Führungskräfte müssen das Umfeld, d.h.

zuallererst die Mitarbeiter, die Führungskräfte-Kollegen und dann die Geschäftspartner davon überzeugen, dass es Sinn macht, sich für das **erfolgreiche Weiterkommen der Firma tagtäglich zu engagieren**.

Beim Selbstbild und der Verzahnung mit dem Umfeld sind immer besonders **zwei Phasen** zu berücksichtigen:

Phase 1: Die Übereinstimmung von **Selbstbild** und **Wunschbild**. Das bedeutet: Sie als Führungskraft müssen für sich entscheiden, wohin Ihre Firma steuern soll. Was Sie mit der Firma erreichen wollen. Wie Ihre Firma in der Zukunft aussehen sollte, damit sie sich erfolgreich im Wettbewerb behaupten kann.

Phase 2: In dieser geht es dann immer darum, das **Selbstbild** mit dem **Fremdbild** unter einen Hut zu bringen. Das bedeutet: Sie müssen Ihre Mitarbeiter, Ihre Geschäftspartner davon überzeugen, dass Ihre Vorstellungen es wert sind, sie zu eigen zu machen. Genau darum geht es. Das Schlimmste, was ich immer wieder in Firmen erlebe, ist, dass das Fremdbild von der Führungskraft dem Umfeld aufgezwungen wird. Das heißt konkret: Die Mitarbeiter, die Führungskräfte-Kollegen – wenn es sich um die Chef-Etage handelt – und später auch die Geschäftspartner sollen so funktionieren, wie es sich die wichtigsten und höchsten Entscheidungsträger in der Firma vorstellen. Das geht selten gut! Selbstverständlich funktionieren auch solche Firmen. Viele davon sind sogar auf diese Art groß geworden. Doch bitte Achtung! Wir reden **von der Zukunft!** In der Zukunft der offenen, digitalen Gesellschaft werden Sie als Entscheidungsträger mit einer solchen Vorgehensweise nicht mehr optimal punkten können. Ganz im Gegenteil: Es wird immer schwieriger, die Firma auf Erfolgskurs zu halten.

Ihr Job als Entscheidungsträger ist es also, die Mitarbeiter, die Führungskräfte-Kollegen, die Geschäftspartner **für sich zu gewinnen**. Das bedeutet, dass diese bereit sind, aus deren Sicht, Ihr Fremdbild zum Selbstbild zu machen. Dann haben Sie es zu 100 % geschafft. Dann sind Menschen bereit, **sich 100 %ig** mit Ihrer **Vorgehensweise** zu identifizieren. Dies ist die beste Ausgangsposition, um auch morgen wirtschaftliche Erfolge zu erzielen.

Durch diese optimale Verschmelzung kann dann die **Leistungsfähigkeit** eines Teams **mühelos gesteigert** werden. Auch die psychische Gesundheit wird dadurch gefördert. Die Menschen fühlen sich wohl. Sie erbringen **mehr Leistung**, weil sie **es wollen**. Ohne jeglichen Druck/Zwang! Die Menschen machen sich nun nicht fremdbestimmt, sondern eigenbestimmt ans Werk, um die täglichen Ziele positiv zu verwirklichen.

Leitgedanke Mitarbeiter

Ihre Gedanken – Ihre Lebens-Leitlinien spiegeln sich im TEAM wider

Sie haben sich als Mitarbeiter für die Firma, in der Sie aktuell tätig sind, entschieden. Die beste Vorgehensweise in der Entscheidungsphase für eine Firma wäre natürlich jene, dass Sie sich mit Ihrem aktuellen Arbeitgeber 100 %ig identifizieren. Ich weiß aber aus Erfahrung, dass dies nicht immer der Fall ist. Denn selbstverständlich ist man als Mitarbeiter zuallererst einmal bestrebt, einen Job zu bekommen. Dies wird vor allem dann zutreffen, wenn man bereits etwas länger arbeitslos ist. Sie wissen auch, liebe Mitarbeiterin, lieber Mitarbeiter, aus eigener Erfahrung, dass das dann zu Folgendem führt: Man macht das, was man tagtäglich tut, **nicht unbedingt gerne**. Man ist nicht mit seiner ganzen Energie dabei, weil man im Prinzip anders denkt, fühlt und sich somit anders verhält, als dies die Führungskräfte von einem erwarten.

Es wäre natürlich klasse, wenn Sie einen Job finden, der Ihren Wunschvorstellungen entspricht. Viele sprechen dann in diesem Zusammenhang nicht nur vom Beruf, sondern von der **Berufung**. Das heißt: Wenn man sich für einen Job berufen fühlt, macht man diesen sehr gut. Man identifiziert sich 100 %ig mit dem, was man tagtäglich tut. Dazu gehört nicht nur das Berufsbild. Denn in erster Linie wird unser Leben von der Firma, in der wir tätig sind, geprägt. Die Führungskräfte und die Mitarbeiter-Kollegen prägen uns am stärksten. Dann folgen Kunden. Was heißt das? Es geht darum, dass **Ihr Selbstbild mit dem Fremdbild optimal übereinstimmt**. 100 % erreicht man nicht. Das ist eine Illusion. Somit sollten Sie versuchen, eine Verzahnung zu schaffen, die einen persönlich anspornt, die einem Freude macht, von der man überzeugt ist und die vor allem für beide Seiten gewinnbringend ist.

Dazu gehört es auch, dass Sie als **Mitarbeiter bereit** sind, sich mit **den Vorstellungen** Ihrer **Führungskräfte** und vor allem dem damit verbundenen Firmenkonzept auseinanderzusetzen. Ich weiß, dass gerade das von Mitarbeitern in der Praxis oft nicht gerne getan wird. Ich verstehe das zwar bis heute nicht; doch auch als Wirtschaftstrainer muss man etwas akzeptieren. Einmal ehrlich: Wenn ich bei einer Firma als Mitarbeiter tätig bin, dann liegt es doch auf der Hand, dass es sinnvoll ist, mich mit dieser Firma zu identifizieren; dass ich die Vorgehensweise der Firma bejahe; mich tagtäglich dafür einsetze, die Firma in ihrem Wettbewerb zu stärken; dass sich z.B. die Kunden bei uns wohl fühlen; dass ich mit meinen Kollegen Hand in Hand arbeite; mit den Führungskräften die Weichen so stelle, dass die Firma auch morgen noch attraktiv ist uvm.

Viele Mitarbeiter sagen: *„Naja, das ist Chefsache! Ich bekomme doch eh so wenig Geld. Warum soll ich mich dafür engagieren?"* Ich sehe das anders! In der Freizeit, davon konnte ich mich immer wieder überzeugen, sind Mitarbeiter auch bereit, sich enorm zu engagieren. Hier geben manche – im wahrsten Sinne des Wortes – wirklich Gas, wenn sie sich unter anderem in ihren Hobbys verwirklichen. Klar, hier passt alles. Hier strömt die Energie optimal vom Selbstbild in die Bereitschaft, das zu tun, was getan werden muss, um seine Ziele zu verwirklichen, die sie sich in der Freizeit gesteckt haben.

Manche gehen einen Schritt weiter und sind bereit, sich sportlichen Herausforderungen zu stellen, indem sie an Wettkämpfen teilnehmen. Ich könnte diese Liste noch um einiges erweitern; doch ich bin überzeugt, Sie wissen längst, was ich meine. Wenn wir etwas selbst tun wollen, wenn wir selbstbestimmt vorgehen, dann sind wir auch bereit, die damit **verbundenen Aufgaben und Aktivitäten zu akzeptieren**. Wir sind bereit, die **Herausforderungen anzunehmen,** und **versuchen**, **unser Bestes zu geben**, damit wir die damit verbundenen selbst gesteckten Ziele erfolgreich verwirklichen können.

Genauso verhält es sich aus meiner Sicht in einer Firma. Sie haben dort angedockt; Sie haben sich für die Firma entschieden. Die Inhaber der Firma, die Führungskräfte wollen, gekoppelt mit ihrem Selbstbild, mit der Firma Ziele verwirklichen. Sie möchten am Markt eine Strategie erfolgreich umsetzen. Sie sind **Teil dieser Strategie**. Sie sind daraus resultierend Teil eines Firmenkonzepts, wo genau das festgehalten ist: **Was wollen wir verwirklichen?**

Es liegt an Ihnen, ob Sie nur Mitläufer sind und deswegen arbeiten, um am Ersten des Monats den Lohn / das Gehalt zu erhalten oder ob Sie sich als **Mitgestalter** engagieren, damit sich die Firma erfolgreich weiterentwickelt. Eines sollte Ihnen dabei klar sein: Nur wenn Sie aus dem vielleicht aktuellen Fremdbild Ihrer Firma ein Selbstbild machen, zu 100 % die Vorgehensweise bejahen, werden Sie sich und die Firma, in der Sie tätig sind, erfolgreich weiterentwickeln können. **Alles andere ist kontra-produktiv**. Natürlich könnten Sie als Mitarbeiter sagen: *„Ist mir egal. Dann wechsle ich halt die Firma."* Doch ich glaube, auch das wissen Sie aus eigener Erfahrung: Überall werden Sie auf die gleiche Situation treffen. **Leistung trifft auf Gegenleistung. Selbstbild trifft auf Fremdbild**. Gewinner werden Sie nur, wenn ein Einklang sichergestellt ist.

Die Baustein-Herausforderung

Warum Unternehmer? – Weil es „Leiden“ schafft?

Als Unternehmer ist man natürlich die Quelle der Firma. Sie sollten dem Team Kraft spenden und für die umworbenen Zielgruppen auch der Mittelpunkt der Anziehungskraft sein. Alle in der Firma tätigen Personen werden sich immer an der persönlichen Note des Unternehmers orientieren. In meiner mittlerweile langjährigen Tätigkeit als Wirtschaftstrainer musste ich mich leider immer wieder davon überzeugen, dass diese Leidenschaft bei den Unternehmern nicht immer optimal ausgeprägt ist. Sehr oft wird mir eindeutig präsentiert; Unternehmer würden immer häufiger den Standpunkt vertreten, dass ihre einstige Wahl mehr *„Leiden“* als Leidenschaft schafft. Damit verlieren Unternehmer nicht nur ihre Anziehungskraft, sondern brauchen sich auch nicht zu wundern, dass ihre Führungskräfte und Mitarbeiter ihrem Vorbild folgen und in vielen Dialogen auch über das *„Leiden“* sprechen, welches ihre wirtschaftliche Tätigkeit im Alltag mit sich bringt.

Warum Führungskraft? – War die Zeit oder Sie reif?

Selbstverständlich ist es für viele Mitarbeiter erstrebenswert, in einer Firma Karriere zu machen. Viele übersehen, dass mit diesem Schritt eine **große Verantwortung** einhergeht. Sobald man die Rolle der Führungskraft innehat, übernimmt man viel Verantwortung und befindet sich automatisch in der Vorbildfunktion. Bei vielen Führungskräften habe ich oft das Gefühl, dass die Zeit reif war; man sagt auch gerne, dass sie die Karriereleiter hinaufgefallen sind. Immer seltener wird offensichtlich darauf geachtet, ob **die Führungskräfte innerlich reif waren**, die Position optimal auszufüllen.

Warum Mitarbeiter? – Geld am Ersten oder Freude an der Arbeit?

Unser wirtschaftliches System, liebe Mitarbeiter ist so aufgebaut, dass wir für unsere Leistung Geld erhalten. Den meisten Mitarbeitern ist sicher bewusst: Das Geld alleine ist nicht die Antriebskraft, die dafür sorgt, dass man sich in seinem Beruf wohl fühlt; dass man die damit verbundenen Aufgaben und Aktivitäten gerne durchführt. Das Wichtigste ist und bleibt die *„Freude an der Arbeit“*. Leider trifft man sie bei Mitarbeitern viel zu selten an. Wie sieht es denn bei Ihnen diesbezüglich so aus?

Wenn meine Vorstellungen bei der Zielperson nicht im Selbstbild wirken, ist die Wirkung der Botschaften schwach.

Entscheidungsträgern muss klar sein; dass Menschen nur das gerne und mit voller Hingabe tun, was ihrem Selbstbild entspricht. Viele Entscheidungsträger brauchen sich nicht darüber zu wundern, dass wenn sie permanent mit Druck versuchen, ihre Vorstellungen beim Gegenüber einzupflanzen, damit genau die gegenteilige Wirkung erzielt wird. Die Botschaften wirken schwach bis gar nicht. Die Zielpersonen sind innerlich nicht bereit, den Vorstellungen der Entscheidungsträger optimal und somit gewinnbringend zu folgen.

Wenn Selbstbild und Fremdbild nicht optimal verschmelzen, entstehen unrund laufende Bruchstellen

Das Ziel eines jeden Entscheidungsträgers in einer Firma muss es sein, dass das eigene Selbstbild mit dem Fremdbild optimal verschmolzen wird. Das eigene Selbstbild muss also zum Selbstbild beim Gegenüber werden. Wird dieser Zustand nicht erzielt, entstehen immer unrund laufende Bruchstellen, die unausweichlich zu permanenten Problemen in der Firma führen.

Beruf oder Berufung – was war die Quelle Ihrer Entscheidung?

Einfach einen Job zu machen, ist heute zu wenig. Sie kennen mit Sicherheit den alten Klassiker: Habe ich einen Beruf oder war es Berufung? Wie war es bei Ihnen? Was war die Quelle Ihrer Entscheidung? Arbeiten Sie heute in der Firma aktiv mit, weil Sie darin eine Berufung sehen, weil Sie sich mit voller Begeisterung für das engagieren, was getan werden muss? Oder tun Sie es einfach deswegen, weil nichts anderes verfügbar ist? So wie Sie es sehen, so wird auch Ihre persönliche Erfolgs-/Misserfolgskurve verlaufen.

Mitläufer verlieren immer

Es ist bequem, in einem Team mitzulaufen. Es spielt dabei keine Rolle, ob Sie Führungskraft oder Mitarbeiter sind. Wenn Sie diesen Weg gewählt haben, sollte Ihnen jedoch klar sein: Es wird nicht ausreichen, dass Sie auch morgen noch auf der Seite der Gewinner stehen. Nur **aktive Mitgestalter** sind gefragt!

Negative Fremdbilder schwächen auch das Selbstbild

Lassen Sie sich von negativen Fremdbildern nicht anstecken. Natürlich verführen Sie viele Menschen, weil Sie den einfacheren, den lockeren Weg aufzeigen. Es ist bestimmt auch leichter, im Strom der anderen mitzuschwimmen, als mit positiven Vorstellungen gegen das negative Umfeld anzutreten. Am Ende befinden Sie sich jedoch mit dem Umfeld auf einer Verliererposition. Ich kann mir nicht vorstellen, dass Sie dorthin möchten. Daher umgeben Sie sich bitte nicht mit negativen Fremdbildern, und vor allem: Lassen Sie sich von diesen nicht anstecken, sonst wird auch Ihr Selbstbild zunehmend negativ!

Mein Leben im Selbstbild: Negative Beurteilung des eigenen Lebensverlaufes schwächt das Selbstbild

Natürlich ist der Verlauf eines Lebens immer auch von Schattenseiten, negativen Ereignissen, Problemen, Herausforderungen und Hürden und vielem mehr geprägt. Wenn Sie wirklich ehrlich sind, wissen Sie, dass man auch solche gern als negative Phasen bezeichnete Abschnitte im Leben benötigt, damit ein erfolgreiches Leben auf dieser Erde dauerhaft möglich wird. Nur durch die Niederlagen werden wir stark. Nur in den **Niederlagen** konzentrieren wir uns auf das **Wesentliche**. Nur die Niederlagen zeigen uns auf, was geändert werden muss, damit die positiven Wellen auch morgen entstehen können. Beurteilen Sie Ihr Leben nicht nur einseitig, im meistens negativen Zustand – wie es viele Menschen gern tun. Wenn Sie sich beurteilen, dann sind Sie zu sich selbst fair und zeigen sich auch ergänzend dazu auf, was Sie schon alles Positives in Ihrem Leben geschafft und erlebt haben. Sie werden staunen, wie lang Ihre Liste ist!

Mein Selbstbild ist die Grenze meiner Überzeugungskraft

Akzeptieren Sie ab heute ohne Wenn und Aber die folgende Erkenntnis: Sie können andere nur dann überzeugen, wenn Sie selbst davon überzeugt sind. Ihr Gegenüber spürt ihr Selbstbild. Auch wenn Sie mit keinem Wort Ihr Befinden, Ihr wirkliches ICH präsentieren, wird es doch lautlos vermittelt. Ihr wahres ICH wird also auch dann sichtbar, wenn Sie es mit keinem einzigen Wort beschreiben. Schummeln bringt nichts. Selbst exzellente Schauspieler können ihr wahres ICH nur kurzfristig überdecken. So wie Sie Ihr Leben sehen, wird es auch in Ihrem Umfeld sichtbar. Bedenken Sie bitte: Es passiert tagtäglich, ob Sie es wollen oder nicht. Denn Sie sind nicht in der Lage, es zu verhindern.

Die Baustein-Aktivierung

Unternehmer aus Leidenschaft

Verzichten Sie auf das ständige Anstimmen von Dialogen, in deren Kern sich Klagen befinden. Präsentieren Sie sich selbst und dem Umfeld als *„Unternehmer aus und mit Leidenschaft“*. Sie haben sich für diesen Weg entschieden, mit allen positiven sowie negativen Seiten. Vielleicht war Ihnen am Start nicht alles richtig bewusst; doch nach einigen Monaten kennt man längst die Rahmenbedingungen eines Unternehmers. Wenn Sie leidenschaftliche Führungskräfte, Mitarbeiter und Kunden wollen, müssen Sie selbst die Leidenschaft in sich tragen. Es kann zu keinem Funkensprung kommen, wenn tief in Ihrem Herzen bereits alles erloschen ist.

Führungskraft – mit Vorbild dienen & führen

Als Führungskraft sind Sie kein Herrscher. Als Führungskraft geht es im 21. Jahrhundert darum, dass Sie ein **optimaler Teamplayer** sind. Ein Coach Ihres Teams, der durch sein exzellentes Vorbildverhalten allen eines beweist: Sie führen die Firma und dienen gleichzeitig dem Team. Mit Ihrem Know-how, Ihrer Einsatzbereitschaft und der ungebrochenen Leidenschaft, mit der Sie Ihren Beruf ausfüllen. Sagen Sie bitte nicht: *„Das geht nicht tagtäglich“*, denn es entspricht ganz einfach nicht der Realität. Ich sage nicht, dass es im Leben einer Führungskraft nicht auch die bitteren Seiten gibt. Ich will nicht mit Ihnen gemeinsam eine rosarote Brille aufsetzten. Ich spreche von der **notwendigen Grundeinstellung**, die Sie mitbringen müssen, wenn Sie die Rolle der Führungskraft anstreben bzw. innehaben.

Mitarbeiter – mit dabei aus Überzeugung

Genießen Sie jeden Tag das wunderbare Gefühl, eine Arbeit zu haben. Sie wissen, dass in vielen Teilen der Welt dies heute nicht mehr selbstverständlich ist. Mitte 2012 waren auch viele Menschen in Europa entsetzt, wie schnell unter anderem die Jugendarbeitslosigkeit angestiegen ist. Manche Länder mussten ein trauriges Bild von 50 % Arbeitslosigkeit und mehr präsentieren. Natürlich ist nicht jeder Tag mit Sonnenlicht durchflutet – es gibt auch die Schattenseiten! Es gibt auch die Bitterkeit im Job. Es gibt ebenso Herausforderungen, die man nicht so gerne tut. Wenn Sie sich diese negativen Erlebnisse ständig präsentieren, dann beeinflussen Sie auch Ihr Selbstbild negativ. Sie wissen ganz genau, dass es auch die vielen positiven Erlebnisse und Ergebnisse gibt. Machen Sie aus Ihrem Beruf keine einseitige, negative Linie, sondern beweisen Sie sich selbst, dass das, was Sie tagtäglich tun, eigentlich gar nicht so schlecht ist. Sobald Sie diese Stufe erreicht haben, werden Sie auch die nächste erreichen, dass Sie eines Tages aus voller Überzeugung behaupten: *„Ja, es war die richtige Entscheidung, in dieser Firma tätig zu sein.“*

Das Zielperson-Selbstbild muss sich in meinen Vorstellungen widerspiegeln

Wenn Sie andere Menschen überzeugen wollen, dann müssen Sie das Vertrauen des Selbstbildes der Zielperson gewinnen. In Ihren Ausführungen müssen sich also die Vorstellungen des Selbstbildes der Zielperson widerspiegeln. Das bedeutet, dass Sie sehr sensibel und aktiv zuhören müssen: Was bewegt eigentlich mein Gegenüber? Was will mein Gegenüber? Welche Lebensvorstellungen hat mein Gegenüber? Erst wenn Sie die Zielperson genau kennen, sind Sie in der Lage, sie optimal in ein Team zu integrieren. Es spielt dabei keine Rolle, ob es sich um eine Führungskraft oder einen Mitarbeiter handelt.

Aus zwei mach eins = die beste Version aus beiden

Wir werden von Fremdbildern permanent beeinflusst. Genau so stimmt es umgekehrt: Unser Selbstbild beeinflusst auch die Fremdbilder unseres Umfeldes. Die beste Version ist: Sie machen aus beiden das Beste. Sie müssen ab heute innerlich bereit sein, vom Gegenüber positive Impulse anzunehmen, wenn Sie sie als richtig und wichtig einstufen. Genauso sollte es umgekehrt sein. Überzeugen Sie andere, dass es sich lohnt, Ihre Vorstellungen anzuhören, sich Ihnen anzuschließen und sie somit zu den eigenen zu machen.

Mein Beruf – meine Selbstverwirklichung im TEAM-Einklang

Der Beruf hat immer mit **Selbstverwirklichung** zu tun. Daher kommt auch das häufig gebräuchliche Wort *„Berufung“*. Zeigen Sie Ihrem Team, sich selbst, Ihren Vorgesetzten – wenn Sie die Mitarbeiterrolle in der Firma innehaben –, wie gut Sie sind. Beweisen Sie sich und anderen, dass Sie wirklich ein wichtiges Puzzleteil im Team sind. Natürlich müssen Sie auch darauf achten, dass Sie sich selbst im TEAM-Einklang verwirklichen. Es geht nicht um eine Soloversion in einer Firma, sondern immer um eine Gemeinschaftsproduktion. Wenn Sie bereit sind, sich dafür zu engagieren und das Beste, was Ihnen schlummert, einzubringen, dann steht am Ende ein starkes Team, welches permanent die Ziele erreicht, die man sich auch selbst gesteckt hat.

Mitgestalter – meine persönliche Note im Team

Verzichten Sie auf die Mitläuferrolle. Werden Sie **aktiver Mitgestalter**. Es macht doch sehr viel Spaß, wenn man selbst erkennt, dass sowohl die persönliche Note wie auch seine eigenen Vorstellungen im Team aufgehen. Dass Sie aktiv daran mitwirken, dass sich das Team weiterentwickeln kann; dass das Team am Markt erfolgreich operiert; dass die Erfolge erzielt werden, auf die man sich eingeschworen hat. Probieren Sie es einfach aus! Werden Sie wirklich ein aktiver Mitgestalter! Verlassen Sie die Zuschauerrolle! Sie werden sehen: Das macht nicht nur richtig Spaß, es führt auch zu dauerhaften Erfolgen.

An den Besten orientieren und das eigene Selbstbild aufwerten

Es ist Ihnen mit Sicherheit schon aufgefallen, dass sehr viele prominente und erfolgreiche Menschen irgendwann einmal eine Biographie herausbringen. Viele Menschen kaufen dann diese Biographie, um nachzulesen: Was haben diese Menschen getan, damit sie einen solch erfolgreichen Status in der Gesellschaft erreicht haben? Orientieren Sie sich bitte immer an den Besten. Und damit meine ich auch an jene aus Ihrem Umfeld. Schauen Sie einmal genau hin: Was hat Ihr Chef gemacht, wenn Sie nicht er selbst sind? Was machen die besten Führungskräfte in Ihrer Firma? Was machen andere in Ihrem Umfeld, die auch leitende Funktionen haben, die aktiv in einer Firma mitwirken? Sie werden durch diese Beobachtung Ihr eigenes Leben enorm bereichern und dadurch in der Lage sein, sich erfolgreich in die Teamgemeinschaft und in die Gesellschaft einzubringen.

Lebensleitlinien definieren und aktivieren

Nehmen Sie sich einmal Zeit und ein paar weiße Blätter Papier zur Hand: Schreiben Sie Ihre *„Lebensleitlinien"* auf. Definieren Sie: Wie soll Ihr Leben ab heute verlaufen? Denn das Gestern können Sie nicht mehr beeinflussen. Schreiben Sie alles auf, was Ihnen aus Ihrer Sicht privat und beruflich Spaß und Freude machen würde. Anschließend schreiben Sie zu jedem einzelnen Punkt dazu, wie Sie ihn aktivieren wollen. Was ist zu tun, damit Sie ihn aktivieren können? Am Ende des Weges erwartet Sie mein Lieblingszauberwort namens ***„Tun"***. Sie müssen nur mehr innerlich bereit sein, Schritt für Schritt das zu tun, was aus Ihrer Sicht getan werden muss, damit Ihre Lebensleitlinien Realität werden können. Probieren Sie es aus! Sie werden sehen: Es macht gehörig viel Spaß, ein aktiver Regisseur seines eigenen Lebens zu sein.

Überzeugungskraft: Nur was ich wirklich will, ist kompatibel

Wenn Sie überzeugend wirken wollen, müssen Sie mit den Botschaften, die Sie übermitteln, eins sein. Das 21. Jahrhundert ist auch davon geprägt, dass Menschen immer gläserner werden. Dass einen das Umfeld immer genauer beobachtet. Wir stehen seit vielen Jahren in der Info-Gesellschaft. Das bedeutet: Uns interessiert, wie andere wirklich ticken, was sie mit ihrem täglichen Tun bewirken wollen. Wenn Sie mit Ihrem Umfeld kompatibel sein wollen, wenn Sie sicherstellen wollen, dass Sie andere optimal überzeugen können, dann müssen Sie bereit sein, Ihr wahres ICH in den Vordergrund zu rücken, um somit allen zu beweisen, dass Sie es wirklich ernst meinen.

Spaßfaktor erhöhen – wirtschaftliche Erfolge verwirklichen

Leitgedanke Führungskraft

Lebens-Frust oder Lebens-Lust: Welche Wellen forcieren Sie?

Ich weiß aus eigener Erfahrung, dass man als Führungskraft nicht gerne über das Thema *„Spaßfaktor"* spricht, wenn es um das Arbeiten in der Firma geht. Viele sagen dann zu mir: *„Herr Panhölzl, in der Wirtschaft hat der Spaß eigentlich nicht viel verloren. Man sollte zwar schon gerne arbeiten, aber muss man gleich von einem Spaßfaktor sprechen? Es muss genaue Regeln geben; diese sind einzuhalten. Man muss Vorgaben definieren usw."* Ja, das ist alles im Kern schon irgendwo richtig. Doch ich bin der Meinung, dass wir uns gerade in Österreich und in Deutschland über dieses Thema unterhalten müssen. Wie sieht er denn aus, der **Spaßfaktor in Ihrer Firma**? Haben Sie in der Vergangenheit wirklich den Spaß in Ihrer Firma gefördert? Ja, ich meine das wirklich so. Macht es in Ihrer Firma Spaß zu arbeiten?

Verstehen Sie mich bitte nicht falsch. Wenn ich hier jetzt über Spaß spreche, meine ich nicht, dass alles außer Rand und Band laufen soll; dass man in der Firma nichts mehr ernst nimmt – im Sinne: *„Egal, wie es weiterläuft – egal, was passiert – wir nehmen es lustig."* Nein, davon **spreche ich keinesfalls**. Sondern ich meine das, was Sie ohnehin schon vermuten: Dass es wirklich Spaß bzw. Freude macht, in Ihrer Firma tätig zu sein. Es geht ganz einfach darum, dass man nicht einfach abstumpft, so nach dem Motto: *„Okay, ich mache halt meinen Job, und das war es dann. Ich ziehe mein Tagesprogramm durch, wie es mir gesagt wird."* Das ist der falsche Weg!

Viele Führungskräfte und Unternehmer sehen oft mit Verwunderung und damit einhergehend mit totaler Begeisterung zu den Mega-Start-ups der letzten Jahre auf. D.h. Start-ups, die heute weltbestimmende, dominante Unternehmen sind. In nur einem Jahrzehnt sind Firmen wie Google, Facebook etc. aus dem Boden geschossen. Sie haben unser Leben in vielen Bereichen total verändert, prägen uns nicht nur heute, sondern werden dies auch weiterhin tun. Natürlich kann es in solchen Fällen auch passieren, dass sie von anderen wieder abgelöst werden.

Doch das **Erfolgs-Gen**, das diese groß gemacht hat, konnte ich bei der Analyse des organischen Bauplans von erfolgreichen Teams eindeutig herausfiltern: Sie hatten *„Mut, anders zu sein als die anderen"*. Und das nicht nur im gesprochenen Wort – nein, sie haben es **tagtäglich vorgelebt**. Sie waren bereit, **es wirklich zu tun**. Sie hatten keine starren Vorgaben; sie wollten nämlich das Beste aus ihren Mitarbeitern herausholen. Und das funktioniert, wenn diese Spaß an der Arbeit haben.

Jeder Mitarbeiter hat hier die Möglichkeit, sich den Alltag so zu gestalten, wie er es für sinnvoll hält. Wie er glaubt, dass er das meiste dabei herausholen kann. Natürlich geht es bei diesen Firmen auch darum, dass sie letztendlich am Markt erfolgreich sind. Dass sich die Ideen, die Aufgaben und alle Tätigkeiten der Mitarbeiter in bare Münze verwandeln. Selbstverständlich geht es auch darum, dass diese Firmen **wirtschaftlich erfolgreich sind**. Eine Firma kann sich nur dann erstklassig weiterentwickeln, den Mitarbeitern eine sichere Zukunft bieten uvm., wenn sie wirtschaftlich erfolgreich ist.

Die Frage ist nur: *„Wie kommt man zu den wirtschaftlichen Erfolgen von heute und vor allem morgen?"* Ich bin der Meinung, dass diesbezüglich alte Modelle von vielen Klein- und Mittelstandsbetrieben gerade in Österreich und Deutschland nicht mehr genügen werden. Wir müssen hier ein Umdenken forcieren, weil uns gerade diese weltweit umspannenden Konzerne Folgendes aufgezeigt haben: Mit einer Spaß-Kultur kann man in der Firma **Unglaubliches gemeinsam bewegen**.

Bitte bedenken Sie, liebe Führungskraft, dass diese Firmen es wirklich geschafft haben, vom Nobody-Status blitzartig in atemberaubender Zeit zu **weltbeherrschenden Firmen** zu werden. Eines zeichnet die Firmen immer noch aus: Dass sie es den Mitarbeitern ermöglichen, Spaß an der Arbeit zu haben und den Tagesablauf so zu gestalten, dass er überwiegend Freude bereitet.

Ich möchte ein Beispiel herauspicken, dass Sie sicher schon irgendwann einmal gehört haben und somit kennen: Mitarbeiter können sich im Gelände dieser Firmen in Ruhezonen zurückziehen; sich Zeit zum Nachdenken verordnen; sich in einer angenehmen Atmosphäre hinsetzen und ihre Arbeit verrichten. Eines ist klar: Viele arbeiten dort als Programmierer, und da ist es leicht, sich mit einem Notebook ausgestattet in eine Oase zu setzen. Ich möchte betonen: Darum geht es aber nicht! Sie haben einfach einen Ablauf des Alltags definiert, der es ihnen ermöglicht, **das Beste aus sich herauszuholen**.

Was bedeutet das für eine Firma, die in anderen Branchen tätig ist? Kann man das wirklich umsetzen? Ich sage JA.

Nehmen Sie ein einfaches Beispiel, welches auf jede Firma und Betriebsgröße zutrifft: Ich erlebe es immer wieder, dass viele Teams einen Alltagsablauf forcieren, in dem sie sich nicht wohl fühlen. Ich möchte betonen: Wo **ganz bewusst Fehler passieren**! Wo bereits Mitarbeiter und auch Führungskräfte zu mir sagen: *„Der Ablauf funktioniert nicht mehr optimal. Das bringt nichts. Dadurch entstehen viele unserer tagtäglichen Probleme."* Bis hierher wäre für mich alles noch normal.

Jetzt kommt der **Knackpunkt,** den ich bis heute nicht ganz nachvollziehen kann: **Man ändert absolut nichts an dieser Situation!** Man geht in Firmen sogar so weit, dass man über Jahre hinweg das Problem kommuniziert, viele Umstände aufzeigt, die genau zu den Problem geführt haben, jedoch an **die Wurzel** wagt sich scheinbar **niemand**.

Selbstverständlich ist das in erster Linie eine Aufgabe für die **Führungsseite**. Was bringt es, wenn man ständig einen Rucksack mit vielen Problemen mit sich trägt, der von Tag zu Tag, von Monat zu Monat und von Jahr zu Jahr schwerer wird? Genauso ist es aber in Firmen. Nehmen Sie nur die **Meetings**, zu denen wir in diesem Buch noch sehr intensiv kommen werden. Diesbezüglich passt ein Missstand wunderbar zu diesem **Erfolgs-Baustein,** dem **Spaßfaktor**. Viele Mitarbeiter und auch das Mittelmanagement in großen Firmen sagen bei der Analyse der Stärken und Schwächen im Originalton: *„Herr Panhölzl, unsere Meetings funktionieren nicht optimal – ganz im Gegenteil. Ich will schon gar nicht mehr hingehen. Hier wird viel zerredet, gesprochen, diskutiert, beschlossen, aber es hat mit der Realität nichts zu tun."* Viele sagen zu mir: *„Herr Panhölzl, okay, ich muss am Meeting teilnehmen, weil es Chef, Abteilungsleiter, Vorgesetzte so wollen. Doch in Wirklichkeit müsste ich nicht dorthin gehen, denn es ändert sich nichts. Ganz im Gegenteil: Ich fühle mich danach sogar schlechter, weil ich immer wieder erkennen muss, dass alles, was dort besprochen wird, in der Praxis nicht optimal funktioniert."* Selbstverständlich weiß ich, dass ich bei solchen Pauschalaussagen ins Detail gehen müsste. Es gibt auch Besprechungen z.B. in der Baubranche, wo es um die sachliche Abwicklung der Baustelle geht. Da sieht dies ein wenig anders aus. Hier meine ich nicht die Arbeitseinteilung, Arbeitsbesprechungen, sondern eher die Besprechungen, die ein Stück weiter gehen. Z.B.: Wie und was man in der Firma etwa verbessern kann; wie man die Abläufe optimal steuert, das Miteinander zwischen Führungskräften, und Mitarbeiter forciert uvm. Genau hier erlebe ich immer wieder große Defizite.

Warum das so ist, liegt auf der Hand: Weil man auch den Spaßfaktor ignoriert. Es macht nur dann Freude, an etwas mitzuwirken, bei etwas dabei zu sein, wenn aus der eigenen Sicht etwas Positives herauskommt. Wenn man selbst bemerkt: Ja, man kann etwas bewegen! Wenn man selbst wahrnimmt, dass die eigene Arbeit Früchte trägt, dass Beschlüsse umgesetzt werden, usw. Viele sagen, wie gerade bei der angesprochenen Besprechung, im Anschluss: *„Naja, schön gesprochen, aber wird es Realität werden? Viel gesagt, aber schaffen wir es auch, dies in der Praxis umzusetzen?"*

Ich habe das deswegen so betont, weil sich auch manche Führungskräfte über diese negative Vorgehensweise beklagen, obwohl sie oft selbst der Auslöser dafür sind.

Die Frustwellen sind dann sehr, sehr hoch und führen letztendlich unausweichlich in die **innere Kündigung eines Mitarbeiters**. Es ist also sehr wohl wichtig, dass Sie als Führungskraft dafür sorgen, dass der Spaßfaktor in Ihrer Firma nicht zu kurz kommt. Er forciert die Lebenslustwellen, die sich ständig aufbauen und dann für die notwendige Kraft sorgen, dass das Schiff in die richtige Richtung gleiten kann. Und das bedeutet immer: *„Kurs in Richtung Erfolg aufzunehmen."*

Leitgedanke Mitarbeiter

Arbeiten mit Spaß: Es geht, wenn Sie es wollen

Bitte lesen Sie, liebe Mitarbeiterinnen, liebe Mitarbeiter, den Leitgedanken der Führungskräfte durch, bevor Sie sich mit Ihren eigenen beschäftigen. Ich habe dort bereits definiert, was ich unter dem Spaßfaktor in einer Firma verstehe und warum er mir so wichtig ist.

Sie müssten nun den Leitgedanken *„Führungskraft"* gelesen haben. Somit verstehen Sie mit Sicherheit auch schon sehr gut, was ich Ihnen nun als Empfehlung übermitteln will.

Ohne **Spaß** an der Sache tut man sich sehr schwer, **geplante Ziele zu verwirklichen**. Natürlich ist mir eines klar: Nicht alles im Leben kann *„eitel Wonne und lustig"* sein. Nicht immer läuft es so, wie man es sich vorstellt – so ist nun einmal das Leben. Worum es mir geht, ist einfach erklärt: dass Sie sich das Leben nicht schwerer als unbedingt notwendig machen. Viele Frustwellen sind hausgemacht. Sie haben nichts mit dem Marktumfeld, nichts mit der Entwicklung eines Landes und nichts mit der Entwicklung der Gesellschaft zu tun, sondern: Wir sind die Verursacher von negativen Frustwellen! Das muss Ihnen klar sein. Mitarbeiterinnen und Mitarbeiter befinden sich als Mehrheit in einer Firma. Sie beeinflussen die Frustwellen viel stärker, können diese viel höher aufbauen, als es den Führungskräften möglich wäre. Ich möchte hier die Führungskräfte nicht freisprechen. Sie haben es gelesen: Viele Führungskräfte sind für mich auch kein gutes Vorbild – ganz im Gegenteil! Doch was wollen wir? Gegenseitige Schuldzuweisung oder den **Spaßfaktor stärken**?

Nutzen Sie die Kraft des Teams, indem Sie innerlich bereit sind, **bei sich selbst anzufangen**. Warten Sie nicht darauf, bis die anderen den ersten Schritt tun, sondern sind Sie dazu bereit, ihn zu setzen?

Insbesondere wenn Sie als jüngerer Mitarbeiter – ich würde sagen: bis 30, 35 Jahre – diese Zeilen lesen, dann haben Sie eine besonders privilegierte Rolle in Ihrer Firma: Sie sollten die älteren Mitarbeiter, Ihre Kollegen und auch Ihre Führungskräfte davon überzeugen, dass es Sinn macht, **Neues auszuprobieren**. Achtung: Es geht aber nicht darum, dass Sie dann ein JA Ihrer älteren Kollegen, Ihrer Führungskräfte, Ihrer Chefs missbrauchen. Nehmen Sie nur die Ideenzone, die Ruhezone, die ich bei dem *„Leitgedanken Führungskraft"* angesprochen habe. Die Rückzugsorte bei großen Big Playern wie Google, Facebook, Youtube, SAP, Siemens, Samsung und anderen. Was meine ich damit? Es geht nicht darum, dass Sie jetzt sagen: *„Wow, endlich gibt es eine Ruhezone. Dort kann ich mich in einer schönen Hängematte hinlegen oder es mir auf einer Liege so richtig bequem machen. Da gönne ich mir doch gleich eine Extra-Mittagspause."* Nein! Es geht darum, dass Sie gemeinsam überlegen: Wie kann man den Arbeitsalltag so gestalten, dass er überwiegend Spaß und Freude macht? Dass es einem richtig gut tut, wenn man arbeitet? Sie haben richtig gelesen! Ich meine das im Ernst. Dass Sie sich richtig wohl fühlen, während Sie arbeiten.

Wenn Sie dann die Meinung vertreten, dazu gehört es auch, dass man sich eine halbe Stunde am Tag zurückziehen kann, um über die Arbeitsabläufe nachzudenken, oder man sagt: Ich brauche das 1 x die Woche. Dann bitte: nur zu! Wichtig ist dabei, dass die Wirtschaftlichkeit Ihrer Firma nicht außer Kraft gesetzt wird. Alles muss in eine Richtung gehen: **Dass heute und morgen die Firma in ihrer Wirtschaftlichkeit gestärkt wird**. Dazu gehört auch, dass man mit den vorhandenen Ressourcen schonend umgeht und dass Erträge erwirtschaftet werden.

Gewinnen Sie das Umfeld für Ihre Vorschläge! Vereinbaren Sie zumindest einen Probelauf. Das ist mir ganz wichtig. Es geht nicht darum, das Umfeld nur theoretisch von etwas Neuem zu überzeugen, sondern man muss es fühlen! Und dazu gehört auch, dass man **mutig** ist, **etwas Neues auszuprobieren**.

Es geht, wenn **Sie wollen!** Zeigen Sie sich selbst und den anderen, wie man den Spaßfaktor in Ihrer Firma hochschraubt und dass dadurch Lustwellen entstehen, die die Firma wirtschaftlich stärken!

Die Baustein-Herausforderung

Unlust und Lebensfrust werden in Firmen häufig forciert

Das ist wahrscheinlich für Sie nichts Neues und trotzdem für mich unverständlich: Immer wieder treffe ich Menschen – egal, ob Führungskraft oder Mitarbeiter –, die in Firmen lieber den Lebensfrust forcieren als dazu beitragen, dass Lebenslust entstehen kann. Eines muss Ihnen klar sein: Wenn man sich selbst oder anderen das Leben schwer macht, kann nichts Erfolgreiches gedeihen. Sollten auch Sie sich gerne für Unlust und Lebensfrust in Ihrer Firma einsetzen, ja diese sogar fordern, dann überlegen Sie bitte einmal, warum Sie das eigentlich tun. Es gibt dafür nämlich keinen einzigen, logischen Grund.

Arbeits- & Lebenslustimpulse sind seitens der Führungskräfte Mangelware

Als Führungskraft wissen Sie ganz genau: Sie sind das Vorbild in der Firma. Alle schauen zu Ihnen auf; alle werden sich an Ihrem Verhalten orientieren. Leider muss ich im Zuge von Firmentrainings immer wieder feststellen, dass hier viele Führungskräfte ihrer Vorbildfunktion nicht gerecht werden. Es verwundert mich dann immer wieder, dass mir Führungskräfte Verfehlungen rund um das Thema Arbeits- und Lebenslust in ihrer Firma aufzeigen. Sie verstehen dann oft gar nicht, warum das Umfeld nicht so gut drauf ist. Erst wenn ich ihnen den Spiegel vorhalte, erkennen sie, dass sie selbst sehr häufig der Verursacher sind.

Es fehlt oft der „Mut", eingefahrene Verhaltensmuster zu verändern

Selbstverständlich lieben wir Abläufe, die wir gut kennen; sie sind uns vertraut. Wenn wir uns Neuem zuwenden, bedeutet das auch immer einen *„Mehreinsatz"*. Darauf zu verzichten, kann jedoch enormes Risiko bedeuten. Eines sollten Sie akzeptieren: Eingefahrene, negative Verhaltensmuster führen nie zu einer positiven Lebensqualität und stärken auch kein Team! Letztendlich bezahlen Sie selbst mit viel Bitterkeit für das sture Festhalten an eingefahrenen Verhaltensmustern. Ich glaube nicht, dass das aus Ihrer Sicht erstrebenswert ist.

Denkblockade „Geht bei uns nicht" erstickt das Entstehen einer Spaßkultur bereits im Keim

Immer wieder sagen mir Führungskräfte und auch Mitarbeiter: *„Herr Panhölzl, was heißt hier eigentlich ‚Spaßkultur'? Wir sind doch kein Tollhaus! Bei uns wird seriös gearbeitet."* Bitte beachten Sie, dass der Spaßfaktor, verbunden mit der Spaßkultur, wie ich sie auslege, sicher nichts damit zu tun hat, dass in einer Firma alles drunter und drüber geht, dass keiner mehr in der Firma ernsthaft tätig ist. Es geht um viel mehr: Es geht darum, dass Sie täglich mit Spaß, mit Freude, mit voller Hingabe im Alltag Ihre Aufgaben und Aktivitäten erfüllen können. Konzerne, die enorm in der Schieflage waren und heute zu den besten der Welt gehören, zeichnen sich allesamt durch Folgendes aus: Die Spaßkultur, verbunden mit dem Spaßfaktor, wird im wahrsten Sinne des Wortes in diesen Firmen groß geschrieben. Das Interessante dabei ist, dass sich hier der Bogen spannt von anfangs unbedeutenden Start-up-Unternehmen, welche später marktbeherrschend ein Milliardengeschäft wurden, bis hin zum traditionsreichen Konzern. Diese Firmen waren bereit, in die neue Welt der Spaßkultur einzutauchen. Sie alle haben die Zeichen der Zeit erkannt und sich für die Steigerung des Spaß- und Freudefaktors entschieden. Wie sieht es bei Ihnen aus?

Im „Teamfrust" kann man nicht das „Beste" aktivieren

Wo ständig über Bitterkeit gesprochen wird, wo vieles in Scherben liegt, kann nichts Positives entstehen. Das ist eigentlich jedem klar, wenn ich z.B. im Zuge meiner Firmentrainings die Teilnehmer auf diesen Missstand anspreche. Das für mich dann Unverständliche an dieser Situation ist, dass diese wichtige Erkenntnis alleine offensichtlich nicht genügt. Denn die Teilnehmer wissen zwar, dass dieses negative Verhalten zu nichts führt, forcieren es aber gerne trotzdem jeden Tag aufs Neue.

Innere Kündigung der Mitarbeiter – Führungskräfte lustlos

Immer wieder präsentieren Studien zum Thema *„Innere Kündigung seitens der Mitarbeiter"* erschreckende Zahlen. Manche gehen sogar davon aus, dass teilweise bis zu zwei Drittel aller Mitarbeiter bereits innerlich gekündigt haben – in dem Zeitraum, in dem die Studie erstellt wurde. Immer wieder unterstreiche ich auch bei den Führungskräften: Darüber braucht sich niemand zu wundern; denn auch Führungskräfte agieren im Alltag gerne lustlos. Wenn ständig von beiden Seiten Lebensfrust gesät wird, kann nur Unlust entstehen. Für Mitarbeiter, die sich dann zu einer echten Kündigung entscheiden, kommt beim Eintritt in die nächste Firma oft das böse Erwachen. Denn dort sieht es nach einigen Wochen gleich aus wie in der vorigen

Firma. Die wirtschaftlichen Spielregeln funktionieren überall gleich. Warum sich also nicht gleich in der eigenen Firma dafür engagieren, dass die Spaßkultur steigt und dadurch alle für die täglich anstehenden Herausforderungen gestärkt sind?

Die Baustein-Aktivierung

Lust auf „Lust" machen – Lebensfreude kann so einfach sein

Forcieren Sie bei sich selbst und bei anderen Lust auf das, was sich vor Ihnen befindet. Vertrauen Sie mir: Es ist so einfach! Die Aufgaben und die Aktivitäten sind ja immer die gleichen, im System, in der Firma, in einer Partnerschaft. Wie sie wirken, wie man sie optimal bewältigen kann, das entscheiden wir durch unser tägliches Verhalten. Engagieren Sie sich für die Spaßkultur in Ihrer Firma! Nehmen Sie es nicht locker, sondern nehmen Sie es leichter! Natürlich werden Aufgaben nicht immer nur positiv sein. Doch wenn Sie an die harten Nüsse positiv herangehen, dann werden sie viel leichter bewältigbar.

Ich und „meine Lusteinstellung" – wo ist die „Lust"-Quelle?

Woher kommt die Lust? Wie kann ich den Spaßfaktor bei mir und anderen steigern? Ganz einfach: Machen Sie in der Früh eine ganz kurze positive Bilanz: Rufen Sie sich die drei positiven Erlebnisse, die Sie in den letzten ein bis fünf Tagen gemacht haben, nochmals ins Bewusstsein. Reicht das dann noch nicht aus, dann schauen Sie sich bitte einmal an, was Sie in Ihrem Leben erreicht haben. Und wenn Sie immer noch sagen: *„Da ist auch nicht viel"*, dann gehen Sie noch einen Schritt weiter: Schauen Sie sich in Ihrem Umfeld und unter den Erfolgreichen dieser Welt jene Personen an, die ungefähr die gleiche Ausgangsposition wie Sie hatten. Die oft auch nach einem harten Leidensweg den Erfolg ernten konnten, der ihren Vorstellungen entsprach. Sie werden sehen: Es gibt unzählige „Lustquellen", aus denen man die eigene Lusteinstellung mit Nährstoffen versorgen kann.

Entscheiden Sie sich als Führungskraft für die „Spaßkultur" in Ihrer Firma und leben Sie sie vor!

Sie als Führungskraft wollen sicher Mitarbeiter, die sich durch Lust im Alltag auszeichnen. Sie wollen sicher, dass sich eine positive Lebensenergie und Lebensqualität in Ihrer Firma etablieren kann. Dann müssen Sie dafür etwas tun. Engagieren Sie sich für die Spaßkultur. Entwickeln Sie mit den Mitarbeitern Regeln, wie diese entstehen kann. Leben Sie anschließend nach den persönlichen Spaßkultur-Spielregeln, die Sie im Team entwickelt haben. Sie werden sehen, durch diese Vorgehensweise entsteht eine unerschöpfliche Lebenslust im Team.

Das Eliminieren von „negativen Verhaltensmustern" im Team beginnt mit dem ersten Schritt in Richtung „Lebens- & Arbeitslust"

Bevor Sie als Teammitspieler, egal ob Führungskraft oder Mitarbeiter, das negative Verhaltensmuster verändern können, müssen Sie selbst bereit sein, den ersten Schritt in Richtung *„Lebens- und Arbeitslust"* zu setzen. Warten Sie bitte nicht, bis die anderen es tun, sondern beginnen Sie damit! Sie brauchen keine Angst vor negativen Konsequenzen zu haben, denn Sie werden bemerken: Ihre Vorgehensweise ist ansteckend. Es macht keinen Sinn, sich ständig für ein aufbauendes, negatives Verhaltensmuster zu engagieren, denn damit blockieren Sie erzielbare Erfolge. Machen Sie sich das bewusst! Dann sind Sie auch bereit, den ersten Schritt zu machen, der diesen negativen Kreislauf für immer durchbricht.

Freude an der Arbeit ist die beste Wahl – treffen Sie heute Ihre Entscheidung

Stoppen Sie Arbeitsfrust ganz einfach, indem Sie ein negatives Verhalten hinsichtlich Beruf, Firma, Job, Team, Kollegen usw. für immer ablegen. Ja, so einfach ist das. Sie entfachen Freude an der Arbeit, wenn Sie es wollen, wenn Sie ab heute sagen: *„Eigentlich hat Herr Panhölzl Recht. Ich tue es – es spricht ja nichts dagegen."* Akzeptieren Sie, was Sie bereits in diesem Baustein gelesen haben. Überall treffen Sie auf die gleichen Zutaten, auf die gleiche Herausforderung: Leistung trifft Gegenleistung. Nirgends ist es anders! Also engagieren Sie sich doch gleich in der Firma, in der Sie jetzt tätig sind! Beginnen Sie damit, dass Sie täglich mit Freude an die Arbeit herangehen. Sie werden sehen: Es funktioniert! Falls Sie mir nicht glauben, machen Sie einen Probelauf: Gehen Sie drei Monate mit dieser Grundeinstellung in Ihre Firma. Sie werden feststellen: Sie können sich gar nicht mehr vorstellen, dass es einmal anders war.

Mein Frustverhalten überdenken und „Lust" bewusst forcieren

Überdenken Sie bitte ab heute Ihr bewusst forciertes *„Frustverhalten"*. Es geht nicht darum, was die anderen tun. Es geht darum, **was Sie tun**! Polen Sie sich um! Versuchen Sie ab heute, lustvoll aufzutreten, wo immer es geht. Sie werden sehen, das macht nicht nur Spaß, sondern man wirkt auf das Umfeld gewaltig anziehend.

Schlosserei // Zimmerei // RWA
LEOPOLDINE PROCHASKA GMBH
Handwerkskunst
durch Leidenschaft
Leopoldine Prochaska GmbH
+43 (0)1 259 85 86
www.prochaska.at
office@prochaska.at
1220 Wien, Voitgasse 8
UNSERE GARANTIE
72
STUNDEN
ERSTBETREUUNG

Negative und/oder herausfordernde Rahmenbedingungen können mit „Lust“ leichter bewältigt werden

Seit dem Jahr 2008 erkennen viele Menschen in Europa und auf der ganzen Welt, dass wir vor großen systematischen Veränderungen stehen. Der sogenannte Wandel, der auch oft zitierte Paradigmenwechsel ist nun voll im Laufen. Für solche gewaltigen gesellschaftlichen Herausforderungen benötigen wir unheimlich viel Energie. Ident verhält es sich oft bei den täglichen Herausforderungen. Hier gibt es auch größere Brocken, die man nur mit viel positiver Energie in den Griff bekommt. Wer auf Lust setzt, befindet sich sehr schnell auf der Gewinnerseite. Warum sollten Sie ab heute darauf verzichten?

Vom Umfeldfrust nicht anstecken lassen

Machen Sie es den anderen nicht nach! Sind sie stolz darauf, dass Sie ein Individuum sind! Wollen Sie aussehen wie die Masse oder wollen Sie nicht viel lieber auf Klasse setzen? Für mich bedeutet Klasse rund um das Thema Spaßkultur, dass Sie sich vom Umfeldfrust nicht mehr anstecken lassen. Sind Sie ab heute mutig und weisen Sie die Negativdenker in ihre Schranken, indem Sie sie mit positiven Botschaften überraschen. Bleiben Sie auch bei hartem Gegenwind auf Kurs. Sie werden sehen: Bald segeln mehrheitlich alle in Ihre Richtung.

Warum für die Firma mit „Lust“ arbeiten? – Eine Entscheidung der Führungskräfte

Eines kann Ihnen als Führungskraft niemand abnehmen. Wenn Sie wollen, dass Ihre Führungskräftekollegen, Ihre Mitarbeiter und Sie selbst mit Lust in der Firma arbeiten, dann müssen Sie dafür sorgen, dass Lust überhaupt entstehen kann. Laden Sie ab heute alle ein, sich für eine Spaßkultur in Ihrer Firma zu engagieren. Alle sollen aufzeigen, wie man sich in der Firma das Leben erleichtern kann, wie man es schafft, sich täglich aufs Neue aufzuladen. Sie werden feststellen, dass es sicher nicht an den Teamimpulsen mangelt. Ob diese Realität werden können, dass entscheiden wiederum wieder Sie ganz alleine, denn Sie geben den Startschuss! Sie sind gleichzeitig auch der Coach, damit alle im Team innerlich dafür bereit sind, sich für die Spaßkultur zu engagieren und die damit verbundenen aufgestellten Regeln einzuhalten.

Vom Pioniergeist zum Vordenker-Status

Leitgedanke Führungskraft

Zukunft gestalten mit Verantwortung

Eine der größten Herausforderungen für Sie als Führungskraft besteht ab heute darin, den **Pioniergeist** in Ihrer Firma zu entfesseln. Wenn man sich die Erfolgsstorys der Großkonzerne, der nationalen Größen und erstklassig etablierten Klein- & Mittelbetriebe ansieht, dann eint sie alle Folgendes: Sie waren meist **die Pioniere in ihrer Branche**. Sie waren bereit, sich als einer der Ersten von Neuem inspirieren zu lassen und diese Wellen auch in Taten umzusetzen.

Genau das fehlt oft vielen Firmen, die sich in einer schwächeren Wettbewerbs-Situation befinden. Das stelle ich auch immer wieder bei meinen Schwächen-Analysen fest: Viele Unternehmer zeichnen sich nicht durch einen **Pioniergeist**, einer **Vordenker-Rolle** aus. Ganz im Gegenteil. In diesen Firmen wollen weder die Führungskräfte noch die Mitarbeiter *„ihren Status quo verlassen"*. Sie fühlen sich einfach bequem in der Welle, in der sie sich gerade befinden. Jegliche Änderung, jede Botschaft, jede Empfehlung, jedes Erfolgsrezept, die an diesem Status quo etwas verändern würde, sehen sie bereits **als Bedrohung**. Zumindest in der ersten Stufe nehmen sie das als Angriff auf ihr persönliches Denken, Planen und Handeln. Ich erlebe das als Wirtschaftstrainer tagtäglich. Denn immer, wenn ich etwas Neues präsentiere, versuche Führungskräfte und Mitarbeiter zum Umdenken zu animieren, sehe ich mir gegenüber sehr schnell eine starke **Mauer der Entrüstung**. Eine Mauer, die oft sehr schwer bis gar nicht zu überwinden ist.

Es bringt auch nichts, wenn ich glasklare Daten, Fakten und die daraus resultierenden Erkenntnisse präsentiere. Sie forcieren die Verweigerung, die in eine negative Zukunft führt. Erst wenn es zu spät ist, wachen diese Führungskräfte mit ihren Mitarbeitern auf. Doch wie gesagt: Dann ist es zu spät. Wenn der Karren namens Firma zu lange auf der falschen Bahn unterwegs ist, in die falsche Richtung fährt, dann kann man nicht erwarten, dass durch das einfache Herumreißen des Steuers alles von heute auf morgen wieder „eitel Wonne" ist.

Ich bin überzeugt: Als verantwortungsvolle Führungskraft kennen Sie bestimmt solche Aussagen und auch ein solches Fehlverhalten. Natürlich ist es viel einfacher, bei anderen das Manko festzustellen, als sich selbstkritisch selbst zu hinterfragen. Dieses Verhalten ist einfach in uns Menschen drinnen, ob wir das wollen oder nicht.

Sie kennen das sehr gut aus dem öffentlichen Leben: Wenn z.B. Politiker tatsächlich Reformen angehen wollen. Und auch hier gilt: Immer wieder gibt es Vorzeige-Politiker und auch ganze Gruppierungen in einer Partei, die versuchen, den Pioniergeist zu leben. Die wirklich eine Vordenker-Rolle einnehmen wollen. Doch was passiert in den meisten Fällen? Die Vorschläge zur Veränderung, z.B. zum Einsparen usw., sind nur so lange gut, werden nur so lange mitgetragen, solange sie nicht die eigenen Anhänger betreffen. Ab dem Zeitpunkt, wo die Partei-Mitglieder, die Funktionäre und die Wähler erkennen, dass bei ihnen die Veränderungen greifen sollen, werden sofort alle Schotten dicht gemacht, und der Status quo wird als die beste Lösung gepriesen. Ja, sparen schon; aber nur bei den ANDEREN. Das ist für Sie als Führungskraft sicher nichts Neues.

Genauso verhalten sich allerdings auch viele Führungskräfte, wenn es darum geht, in ihrer Firma Veränderungen durchzuziehen. Ich spreche nicht nur davon, dass man sie in Aussicht stellt, dass man deren Wichtigkeit erkennt. Es geht darum, dass man wirklich für Ergebnisse sorgt. Dass man Vorhaben wirklich konsequent durchführt. Davor schrecken viele zurück. Genau das brauchen wir aber aktuell an der Spitze von Firmen. **Inhaber und Führungskräfte**, die wirklich bereit sind, **Veränderungen durchzuziehen**. Die sich für echte, positive Ergebnisse einsetzen und dafür sorgen, dass sie Realität werden.

Selbstverständlich müssen Sie alle ins Boot holen. In erster Linie, wenn Sie als Unternehmer diese Zeilen lesen, Ihre Führungskräfte. Dann in weiterer Folge die Mitarbeiter. Ins Boot holen heißt nicht nur, das Wichtige und Richtige aufzuzeigen, sondern allen reinen Wein einzuschenken. Das bedeutet: Das Wichtige und Richtige durchzuziehen. Jedem Einzelnen in der Firma muss klar sein, was intern zu tun ist, damit sich die Firma morgen weiterhin erfolgreich im Wettbewerb behaupten kann.

Ich weiß, das **klingt unbequem,** und das ist es auch. Es gibt diesbezüglich jedoch **keine** einzige **Alternative**. Wir stehen aktuell an einer großen Zeitwende. Einiges, was sie an Herausforderungen mitbringt, kennen wir schon. Manches kann man bereits einschätzen und es zeichnet sich ab. Vieles, und das muss Ihnen als Führungskraft klar sein, ist noch unbekannt. Wir stehen somit vor **Herausforderungen**, die **wir heute noch gar nicht kennen**. Nur eines wissen wir mit 100 %iger Sicherheit: Bewältigen können sie nur jene Teams, deren Führungskräfte die **Zeichen der Zeit** erkennen.

Sie zeigen eines eindeutig auf: Die Zeiten, in denen man ganz einfach alles so tut wie bisher, um die Firmenerfolgs-Story weiter zu schreiben, sind vorbei. Jetzt geht es darum, **DAS** in der Firma neu zu gestalten, was nicht mehr zeitgemäß ist und somit vom einstigen Erfolgsrezept zum bedrohlichen Klotz am Bein mutierte. Entscheidungsträger, die nicht bereit sind, sich **von diesen bedrohlichen Klötzen am Bein zu trennen**, werden von diesen hinuntergezogen, und das wirtschaftliche AUS ist vorprogrammiert.

Vor einigen Jahren konnten sich Entscheidungsträger in kleineren und mittleren Betrieben sicher nicht vorstellen, dass selbst Giganten zusammenbrechen, wenn sie **ihren Pioniergeist** verraten und **den Vordenker-Status aufgeben**. Immer wieder haben mir Führungskräfte in diesen Firmengrößen mitgeteilt: *„Herr Panhölzl, die Großen können es sich richten. Denen passiert nichts. Egal, wie die nächste Wirtschaftsära aussieht.“* Nach Quelle und Schlecker – um nur zwei zu nennen – wissen wir, dass dem **nicht so ist**. Riskieren Sie bitte nicht Ihre Firmenzukunft, weil Sie als Führungskraft mit Ihren Mitarbeitern nicht mehr bereit sind, ein Risiko einzugehen.

Leitgedanke Mitarbeiter

Bequem ist nicht immer erfolgsfördernd

Sie wollen einen sicheren Arbeitsplatz? Sie wollen in einer Firma tätig sein, die heute und morgen wettbewerbsfähig ist und bleibt? Dann müssen Sie nur zu einem innerlich bereit sein: **Rein in das Abenteuer Pioniergeist** und **aktiv mitwirken am Vordenker-Status**.

Ich weiß, dies werden Sie als Mitarbeiter nicht gerne lesen. Ich könnte mir vorstellen, dass einige von Ihnen sagen: *„Das verstehe ich gar nicht.“* Darum erkläre ich es Ihnen: In der Zukunft werden nur jene Firmen am Markt erfolgreich sein, deren gesamtes Team, alle Führungskräfte und alle Mitarbeiter innerlich bereit sind, **die Zeichnen der Zeit zu erkennen**. Sie haben mit Sicherheit eines bereits mitbekommen: **Das Tempo in unseren Abläufen wird immer schneller.** Die Geschwindigkeit, in der Veränderungen greifen, nimmt rasant zu. Schauen Sie sich nur Ihr Handy an. Heute wissen wir, dass im Prinzip alle 3 bis 4 Monate neue Handy-Modelle auf dem Markt kommen, die wieder Bahnbrechendes beinhalten. **Ob das alles sinnvoll ist, sei dahingestellt**.

Wir können uns diesem Tempo einfach nicht entziehen. Denn eines ist uns auch wirtschaftlich klar: Wenn wir nicht über die modernsten Technologien verfügen, werden wir sehr schnell vom Puls des Marktes, des Kunden, des Internets usw. abgehängt. Wir können somit nicht mehr mit den anderen Firmen, die bereits über die neuen Technologien verfügen, Schritt halten. Denn gerade **diese Technologien verändern** permanent das **gesamte Kommunikations-Verhalten unserer Gesellschaft**.

Natürlich erhöht sich durch diese modernen Technologien auch das Kommunikations-/Informations-Tempo. Ich bin überzeugt, Sie kennen dies aus eigener Erfahrung. War es früher noch langwierig und aufwendig, Informationen z.B. über einen Ausflugsort zu erhalten, so sind wir heute in der Lage, uns nicht nur optimal via Internet für die Abreise vorzubereiten. Wir können vieles **mobil vor Ort** abrufen. Ein gutes Beispiel für mich ist immer der Fahrplan von Schiffen, wenn man sich in den Seen-Gebieten z.B. in Österreich und Deutschland befindet. Mühelos können Sie sich beim Mittagessen vor Ort mit Ihren Mitreisenden ansehen, wann das nächste Schiff geht. Welche Rundfahrt gerade angeboten wird uvm.

Wir wissen aus der täglichen Erfahrung, dass alles schneller wird. Dass Veränderungen immer temporeicher greifen und das Ganze nach dem **Motto**: ***„Heute noch Innovation – morgen gelebte Realität.“***

Wie sieht es in Ihrer Firma aus? Spüren Sie den Pioniergeist in Ihrer Firma? Wird tagtäglich der Vordenker-Status gelebt? Sind Sie als Mitarbeiter innerlich bereit, aktiv am Morgen mitzuwirken? Wie schaut es denn mit dem Kunden-Service aus? Mit den Ansprüchen der Kunden bezüglich Ihrer angebotenen Produkte und Dienstleistungen? Wie wird Ihre Rolle in der Zukunft aussehen? Welche Anforderungen wird man an Sie stellen? Firmenintern und firmenextern! Denn eines ist klar: **Den Takt gibt der Kunde vor**. Den Takt gibt auch die Konkurrenz vor, die wie Sie beim Kunden als Anbieter am Markt punkten will.

Einmal ehrlich: Wenn Sie sich Ihre Firma aktuell so ansehen, fühlen Sie sich wohl? Würden Sie sagen, Ihre Firma macht am Markt eine gute Figur? Oder sehen Sie bereits Schrammen? Merken Sie bereits Risse im wunderbaren Image? Im wunderbaren Profil Ihrer Erfolgs-Story?

Machen Sie einmal diesen kleinen Check-up und Sie werden sehen: Es gibt vielleicht schon vorhandene Schwachstellen, die Sie selbst diagnostiziert haben. Wäre es dann nicht an der Zeit, das **Schiff wieder klar zu machen**? Es so auszurüsten, dass es die nächsten Fahrten im härter werdenden Wettbewerb übersteht, damit Sie auch morgen noch die raue See überstehen und im ruhigen Gewässer beim Kunden durch besondere Vorzüge glänzen?

Liebe Mitarbeiterinnen und Mitarbeiter, ich möchte Ihnen an dieser Stelle eines empfehlen, was ich auch bei den Führungskraft-Leitgedanken in diesem *„erfolgsfitCode"*-Baustein eindrucksvoll aufgezeigt habe: In der Zukunft werden nur jene Menschen erfolgreich sein, die bereit sind, liebgewonnene Abläufe, bequeme und **top eingespielte Verhaltensweisen** zu überdenken und bei Bedarf neu auszurichten bzw. aufzugeben.

Bitte verstehen Sie mich nicht falsch! Ich habe mit keinem einzigen Wort gesagt, dass alles, was bisher die Firma erfolgreich gemacht hat, über Bord zu werfen ist. Ich habe Sie mit keinem einzigen Hinweis in die Richtung verführt: Alles von gestern ist schlecht – das Neue ist gut. Denn das ist Quatsch!

Es geht wirklich darum, als **Team gemeinsam herauszufiltern**: Was wirkt beim Kunden von den bisherigen Angeboten und Vorgehensweisen noch und was müssen wir erneuern bzw. ergänzend dazustellen? Nur in einem Punkt müssen Sie sich im Klaren sein: So weiterzumachen wie bisher wird nicht funktionieren. Denn wenn sich Märkte verändern, daraus resultierend das Kundenverhalten, ist es längst überfällig, dass auch Sie bereit sind, sich mit zu verändern. Die beste und wirtschaftlich erfolgreichste Position erreichen Sie, wenn Sie vorgehen. Und dazu ist es notwendig, dass der Pioniergeist im SPIRIT Ihrer Firma aufgenommen ist und Sie dadurch den **Vordenker-Status** am Markt **immerwährend erzielen.**

Die Baustein-Herausforderung

Warum nicht bei den Ersten sein?

Überlassen Sie den Erfolg von morgen nicht den anderen! So wie bisher wird es in vielen Bereichen nicht weitergehen. Diese Aussage betrifft nicht nur den aktuellen Paradigmenwechsel, sondern unser ganzes Leben wird von einem stetigen Wandel begleitet. Einmal erfolgreich reicht nicht. Einmal in die Schule zu gehen, eine gute Ausbildung genossen zu haben, reicht auch nicht. Das wissen Sie spätestens dann, wenn Sie Ihre technischen Geräte ansehen, die sich tagtäglich privat und beruflich verändern. Hier lieben wir meistens die Veränderung. Hier beklatschen wir jene Superstars unter den Anbietern, die sich durch einen **hervorragenden Pioniergeist** ausgezeichnet haben. Für sie gelten keine anderen Erfolgsregeln, sondern exakt die gleichen. Sie müssen sich nur eine einzige Frage stellen: Wann sind Sie dazu bereit, den Pioniergeist bei Ihnen und im Team zu aktivieren, um vom **Vordenkerstatus** dauerhaft zu profitieren?

Vergangenheitsanhänger blockieren bewusst erfolgversprechende Zukunftsimpulse

Ich muss ganz ehrlich sagen, ich kann es nicht mehr hören, wenn Menschen sagen: *„Früher war alles besser.“* Es stimmt nicht. Ich kann mich selbst davon immer wieder überzeugen, weil ich durch meinen Beruf in der Lage bin, mit den verschiedensten Generationen gleichzeitig die Vorgänge, Abläufe usw. zu analysieren und darüber zu sprechen. Gerade die ältere Generation bestätigt eindeutig: Früher war es nicht besser! Es gab immer Zeiten, die man einfacher gestalten konnte, und es gab Zeiten mit großen Herausforderungen, die zu bewältigen waren. Was wir gerne als positive Vergangenheit ansehen, sind jene Abschnitte, wo sie sich mehr wohl gefühlt oder wo sie sich leicht getan haben, alle damit verbundenen Aufgaben und Aktivitäten zu erfüllen. Bei der Ausführung Ihres Berufes wird es immer wieder Phasen geben, wo alles eingespielt ist und somit alles wie von selbst läuft. Daraus abzuleiten, dass es besser ist, ein Vergangenheitsanhänger zu werden und zu bleiben, wäre fatal. Sollten auch Sie zu jener Gruppe gehören, muss Ihnen eines klar sein: Durch diese Vorgehensweise blockieren Sie bewusst erfolgversprechende Zukunftsimpulse und überlassen die profitable Zukunft anderen.

Vordenker sein heißt auch „Mehrarbeit – mehr Engagement“ = „Nein, danke!“

Immer wieder bestätigen mir im Zuge von Firmentrainings die Teilnehmer, dass sie sehr wohl gute Zukunftsimpulse haben. Dass sie auch bereit wären, aktiv die Zukunft zu gestalten. Dass es ihnen oft auch nicht an Pioniergeist mangelt. Doch eine Blockade bremst sie gern: Sie wissen ganz genau, dass Vordenken Mehrarbeit bedeuten kann. Dass oft ein Mehrengagement notwendig ist, damit das Neue z.B. in einer Firma eingeführt werden kann und sich dort etabliert. Sobald das die betreffenden Leute bemerken, wird blitzartig der Schalter auf *„Nein, danke!“* umgelegt. Mit dieser Vorgehensweise wird man jedoch nicht erfolgreich, sondern man muss eher damit rechnen, dass sich zunehmend Phasen einstellen, die von vielen Misserfolgen geprägt sind.

„JA“ zur Veränderung, aber nur nicht bei mir!

Ein weiterer Klassiker, den Sie mit Sicherheit nicht nur kennen, sondern meiner Überzeugung nach auch das eine oder andere Mal forciert haben: Man weiß oft, dass eine Veränderung längst notwendig ist. Manche sagen sogar; sie wäre eigentlich schon überfällig. Sie zeigen dann gern auch mit dem Finger auf andere Verantwortliche und sagen: *„Wann beginnen die endlich? Wann sind die bereit, endlich etwas zu tun?“* Die Politiker haben hier häufig eine undankbare Rolle. Sehr schnell erscheinen nicht nur Experten auf der Bildfläche, sondern auch der Bevölkerung geht es darum, eine längst überfällige, fehlende Bereitschaft der Entscheidungsträger massiv einzufordern. Sobald diese dann wirklich dazu bereit sind und es sich abzeichnet, dass die Veränderung auch einen selbst betrifft, wechseln viele blitzartig das Lager. Plötzlich möchte man das selbst Entfachte sehr schnell wieder stoppen. Es ist einfacher und bequemer, Veränderungen bei anderen einzufordern, als sich diesen selbst zu stellen.

Viele erkennen die Zeichen der Zeit – akzeptieren wollen sie nur wenige

Zu guter Letzt unterscheiden sich erfolgreiche von nicht so erfolgreichen Firmen und Personen durch das **richtige Timing**. Das trifft ganz besonderes bei diesem Baustein zu. Viele Menschen erkennen die Zeichen der Zeit. Sie wissen, dass sie längst die Weichen umstellen und gleichzeitig auch innerlich bereit sein sollten, einem neuen Verlauf zuzustimmen und sich dafür einzusetzen. In der Praxis akzeptieren das aber nur wenige. In der Theorie sind die meisten schnell an Bord; kaum in der Praxis angekommen, wollen sie weder an Bord sein noch die selbst erkannten Veränderungen umsetzen.

Die Baustein-Aktivierung

Aktiv Veränderungen gestalten, weil Warteschleifen teuer und gefährlich sind

Verzichten Sie ab heute auf das ständige unnötige Platznehmen im Wartesaal! Stellen Sie sich den Veränderungen! Aktivieren Sie Ihre Bereitschaft, die Prozesse erfolgfördernd mitzugestalten! Akzeptieren Sie ganz einfach: Es gibt dazu keine Alternative! Die Veränderungen kommen immer wieder. Sie können nur dann die Zukunft lebenswert genießen, wenn Sie sich in den Übergangsphasen dafür engagieren.

Akzeptieren Sie: „Die Vergangenheit zeigt uns nicht die Zukunft!“

Viele Entscheidungsträger, ältere Menschen und teilweise auch sehr gut ausgebildete jüngere Leute haben oft ein Problem mit dem Ablaufdatum der Vergangenheit. Besonders Ältere glauben, weil sie bereits lange auf der Welt sind, wissen sie, was richtig und wichtig für die Zukunft ist. Das wäre grundsätzlich nicht falsch, wenn sie nicht ständig auf ihre Erfahrungen verweisen würden, die sie bezüglich eines Themas, einer Aufgabe, einer Herausforderung usw. in der Vergangenheit gemacht haben. Sie müssen im schnelllebigen, temporeichen 21. Jahrhundert akzeptieren: Vieles, was in der Vergangenheit optimal funktioniert hat, kann nicht mehr 1:1 in die Zukunft übernommen werden. Manches davon wird auslaufen, nicht mehr profitabel sein, nicht mehr funktionieren. Es wird auch Klassiker geben, die vielleicht noch 100 Jahre und mehr funktionieren – doch diese werden immer die Minderheit darstellen! Die erfolgreiche Zukunft, an der Sie beruflich und privat aktiv mitwirken, hängt letztendlich auch davon ab, ob Sie innerlich bereit sind, sich von liebgewonnenen Abläufen zu verabschieden, damit sich die neuen und wirkungsvollen etablieren können.

Das „positive Morgen“ wird durch Ihr heutiges Engagement entschieden

Nicht morgen stellen Sie die Weichen, sondern heute. Warten Sie nicht, bis das andere für Sie tun, denn dann können Sie nur mehr mitlaufen. Ihr heutiges Engagement, das, was Sie jetzt tun, formt das Morgen. Sie entscheiden heute, wie Sie morgen mitspielen. Setzen Sie auf den Pioniergeist! Forcieren Sie in Ihrer Firma den Vordenkerstatus! Machen Sie Experimente; trauen Sie neuen Abläufen usw.! Durch diese Vorgehensweise ist eines immerwährend gewährleistet: Ihre Zukunftsperspektiven bleiben intakt.

Wer bei sich Veränderungen zulässt, kommt als erster in den Genuss der daraus entstehenden Vorteile

Wer zuwartet, verzichtet auf bereits verfügbare Genussphasen – und das wollen Sie sicher nicht! Sind Sie ab heute bereit, bei sich Veränderungen zuzulassen! Sie werden sehen: Durch diese Einstellung profitieren Sie enorm. Sie werden zu den Ersten gehören, die auch morgen noch erfolgreich in der Gesellschaft mitspielen. Das Einzige, was Sie wirklich dafür tun müssen, ist: Lassen Sie Veränderungen zu!

Nichts ist so sicher wie der ständige Wandel. Akzeptieren Sie es!

Eine Botschaft, die Sie vielleicht schon mal gehört haben. Wichtig ist mir, dass Sie sie ernst nehmen und täglich leben. Ich weiß, dass viele Menschen die Beständigkeit lieben; dass am besten alles so laufen soll, wie sie es gewohnt sind. Wenn dem so ist, dann müssen Sie auch den Wandel in all seinen Facetten akzeptieren. Er ist genauso beständig wie das, was von Ihnen gelebt wird und das Sie gern auf Dauer erhalten wollen.

Auf dem „Gewinnerpodest“ stehen Sie immer dann, wenn Sie innerlich dazu bereit sind

Im Sport wissen wir es genau: Es macht irrsinnig viel Spaß und Freude, wenn man einen Sieg erringt; wenn man der Erste ist; wenn man im Team gewinnt; wenn man ein Spiel für sich entschieden hat. Wenn Sie die „Gewinnerpodest“-Rundenanzahl erhöhen wollen, dann müssen Sie innerlich bereit sein, sich schneller als die anderen der Veränderung zu stellen. Dann sind Sie immer ganz vorne mit dabei.

Gesellschaftliche Veränderungswellen akzeptieren, annehmen & von den darin enthaltenen Chancen profitieren

Leitgedanke Führungskraft

Die Vogelstrauß-Politik macht alles nur schlimmer

Selbstverständlich ist es auch für Führungskräfte eine große Herausforderung, optimal auf gesellschaftliche Veränderungswellen zu reagieren und sie vor allem zu akzeptieren. Ich weiß dies aus eigener Erfahrung, weil ich ja selbst zwei Firmen in Österreich und Deutschland habe und leite. Man hat alle Hände voll zu tun, dass die Alltagsgeschäfte optimal laufen, man sich bei den Produkten und Dienstleistungen optimal am Markt orientiert und sich attraktiv für den Kunden weiterentwickelt uvm.

Es ist somit nicht gerade angenehm, wenn gesellschaftliche Veränderungswellen immer deutlicher erkennbar werden, auf die man als Führungskraft mit seinen Mitarbeitern reagieren muss. Es stellt sich somit nicht die Frage, ob man darauf reagieren will, sondern die **Gesellschaft** gibt immer **den Takt vor**. Ich habe schon vor vielen Jahren in meinen Vorträgen und Seminaren Folgendes festgehalten: In der Zukunft werden jene Firmen aus der Sicht des Kunden als optimaler Anbieter wahrgenommen werden, denen eine optimale Anpassung an geänderte Rahmenbedingungen gelingt. Das bedeutet: Nicht die größte und kapitalstärkste Firma in einer Branche steht automatisch auf dem **Gewinnerpodest**, sondern jene Firmen, die sich an die gesellschaftlichen **Veränderungswellen anpassen**.

Klar sehen viele Führungskräfte in solchen Veränderungswellen in erster Linie die zusätzlichen Belastungen für ihre Firma. Das ist auch so. Da gibt es nichts zu beschönigen. Die Frage ist nur: **Was ist die Alternative?** Ich sehe keine. Denn eines ist sicher: Wenn sich die Gesellschaft verändert, wenn daraus ein neues Verhalten in Ihrer Zielgruppe entsteht, müssen Sie als Firma darauf reagieren.

Machen wir das Ganze mal an einem Beispiel fest. Das Internet eignet sich dafür vorzüglich; ich habe nämlich die Anfangsstunden des Internets live erlebt. Ich kann mich noch gut erinnern, dass bei der ersten Präsentation der ersten Möglichkeiten des Internets für die Wirtschaft im Jahr 1992 das Ganze einen etwas schwerfälligen Eindruck auf mich machte. Es waren bei der Präsentation auch viele Vorzeige-Unternehmer mit an Bord. Alle hatten irgendwie das Gefühl: *„Naja, mal schauen, was daraus wird."* Die ersten Internet-Seiten bauten sich extrem langsam auf. Es gab ja noch keine Breitbandverbindung, sondern nur ein Modem. E-Mail und Ähnliches waren noch Fremdwörter. Man konnte als Entscheidungsträger in einer Firma nichts damit anfangen. Man hätte sich auch damals nicht vorstellen können, welche mannigfachen Möglichkeiten einmal für die Produkt- und Dienstleistungs-Präsentation zur Verfügung stehen. Keiner hat auch damals davon gesprochen, dass viele Inhalte vom Kunden mobil abrufbar sind. Mein damaliges mobiles Telefon hatte weder ein Farbdisplay, noch war es in der Lage, etwas Grafisches darzustellen. Ich konnte damit ausschließlich telefonieren! Nicht einmal SMS waren möglich; das kam erst später in Mode und war technisch umsetzbar.

Heute wissen wir, dass in einem wirklich, im wahrsten Sinne des Wortes atemberaubenden Tempo all das Wirklichkeit geworden ist, was man sich als Entscheidungsträger damals wahrscheinlich nicht einmal in den kühnsten Träumen vom Internet in der Wirtschaft erwartet hätte. Ich bin überzeugt, dass Sie selbst ein Teil dieser gewaltigen Evolution sind und viele Schritte wahrscheinlich sogar mit Begeisterung mitgemacht haben.

Einmal ehrlich: Wen würden Sie nun als Gewinner einstufen? Wem würden Sie den Vorzug geben? Jenen Entscheidungsträgern mit ihren Mitarbeitern, die gerne die zögernde Rolle einnehmen, die verhalten reagieren, die einen Trend auch dann noch nicht wahrhaben wollen, obwohl er sich bereits etabliert hat? Oder würden Sie jene forcieren, die das Gegenteil darstellen? Die immer bereit sind, offen für Neues zu sein? Die sich genau ansehen, wo sich zukünftige Chancen auftun? Die Trends überprüfen, beobachten und, sobald sie merken, dass sie sich etablieren, bereit sind, spätestens dann auf den fahrenden Zug aufzuspringen?

Eine der größten Herausforderungen für Führungskräfte wird mit Sicherheit in der Zukunft darin bestehen, **gesellschaftliche Veränderungswellen zu akzeptieren**, sie wirklich persönlich **anzunehmen** und letztendlich von **den darin enthaltenen Chancen zu profitieren**.

So hat Wirtschaft immer funktioniert! Doch eines, glaube ich, wissen wir heute alle: Das rasante Tempo, mit dem heute alles geschieht, hat es noch nie in einer Generation vor uns gegeben. Führungskräfte, die mit ihren Mitarbeitern nicht den Anschluss verlieren wollen, müssen dafür sorgen, dass sie immer einen schnellen Anschluss bekommen.

Leitgedanke Mitarbeiter

Oft lieben wir sie – oft ignorieren wir sie: Unsere Sichtweise entscheidet

Wie gewohnt, bitte ich Sie ganz kurz, den *„Leitgedanken Führungskraft"* zu lesen, denn hier habe ich bereits ein gutes Beispiel angeführt, warum es auch für Sie als Mitarbeiter wichtig ist, gesellschaftliche Veränderungswellen zu akzeptieren.

Ich gehe nun davon aus, dass Sie den *„Leitgedanken Führungskraft"* gelesen haben. Vor allem haben Ihnen die Beispiele das bestätigt, was Sie ohnehin schon wissen, wenn Sie sich Ihr Freizeit- und somit Ihr privates Verhalten ansehen: Viele Veränderungen sind heute in einer atemberaubenden Geschwindigkeit auf uns zugekommen und haben sich im gleichen Tempo etabliert. Es wäre also töricht von Ihnen, wenn Sie als Mitarbeiter glauben, das würde sich nur auf den privaten Bereich beschränken. Natürlich hinterlassen die gesellschaftlichen Veränderungswellen auch Spuren in Ihrem Unternehmen. Sie sind direkt davon betroffen. Ob Sie das nun wollen oder nicht – diese Frage stellt sich nicht. Die Frage ist nur: Wie können Sie optimal mitwirken, dass gesellschaftliche Veränderungswellen von Ihrem Unternehmen profitabel genutzt werden können?

Ich weiß aus eigener Erfahrung, dass man im hektischen Alltag selten Zeit hat, sich mit gesellschaftlichen Veränderungswellen auseinanderzusetzen. Eine Führungskraft muss dies tun, obwohl meist ein üppiges Alltagsgeschäfts-Programm zu bewältigen ist. Sie als Mitarbeiter sind somit in einer privilegierteren Rolle. Denn **in der ersten Welle** müssen sich Ihre **Führungskräfte** genau ansehen, was die Gesellschaft heute und morgen an Veränderungen mitbringt und, daraus resultierend, wie sie optimal als Firma darauf reagieren.

In der **zweiten Welle** sind jedoch auch **Sie mit an Bord**. Akzeptieren Sie bitte gesellschaftliche Veränderungsphasen, indem Sie sie wirklich annehmen. Es bringt nichts, wenn Ihnen die Führungskraft die Wichtigkeit aufzeigt und Sie blockieren intern. Wenn Sie z.B. nach einem Meeting sagen: *„Okay, hat der schön präsentiert, hat vielleicht auch Recht. Er wird mir* *schon sagen, was im Alltag zu tun ist.*" So wird die Wirtschaft morgen nicht mehr funktionieren. Denn das Tempo ist so rasant, dass wirklich alle in der Firma dazu angehalten sind, mitzugestalten. Das heißt **mitzudenken**, mitzuplanen und sich auch in der **Handlung selbst einzubringen**. Es wird nicht mehr so funktionieren, dass Ihnen die Führungskräfte alles vorgeben. Denn die **Schnelligkeit des Tempos** und die damit verbundenen Herausforderungen sind so **umfangreich**, dass sie von den Führungskräften alleine nicht mehr bewältigt werden können.

Es geht in der Zukunft darum, dass Sie **wirklich aktiv mitwirken**. Was meine ich damit? Dass Sie sich ebenfalls einbringen, wenn Sie Veränderungen erkennen. Machen Sie die Führungskräfte und Ihr Umfeld darauf aufmerksam. Zeigen Sie auf, wovon Sie überzeugt sind, dass es sich bald am Markt etabliert. Dazu gehört auch, dass Sie Vorschläge machen, was intern zu tun ist – wie man Abläufe z.B. neu gestalten kann –, um die Herausforderungen optimal bewältigen zu können.

Erkennen Sie bitte auch **die Chancen**, die durch solche gesellschaftlichen Veränderungsphasen für Ihre Firma entstehen! Es spielt dabei keine Rolle, ob Sie selbst die Chancen erkennen, am Markt gesehen haben oder ob sie von der Führungskraft präsentiert werden. Wichtig ist, dass Sie diese Chancen **vorurteilsfrei annehmen;** dass das ganze Team bereit ist, sich mit den Chancen auseinanderzusetzen und sie für sich zu nutzen, und zwar in dem Rahmen, wie es Ihrer Firma möglich ist.

Selbstverständlich werden alle Chancen nicht gleich aufgehen. Es wird auch gesellschaftliche Veränderungswellen geben, die die Firma beeinträchtigen. Die sogar dazu führen, dass ein Geschäftsfeld aufgelassen werden muss. Es werden allerdings auch **neue Geschäftsfelder entstehen**. Es werden neue Produkte und Dienstleistungen hinzukommen. Die Wirtschaft hat immer so funktioniert. Nur eines hat sich jetzt spürbar geändert: Das Tempo, wie solche Abläufe heute vor sich gehen.

Sehr häufig ist das Tempo auch dafür verantwortlich, dass sich in einer Firma sehr schnell Probleme auftun. Vor diesen stehen nicht nur Sie als Mitarbeiter, sondern auch Ihre Führungskräfte. Es ist auch für eine Führungskraft nicht immer einfach, auf neue Herausforderungen mit den darin enthaltenen Problemen zu reagieren. Hier betreten auch die Führungskräfte **Neuland**. Sie können nicht auf Altbekanntes zurückgreifen und es anders neu anpassen, es einfach adaptieren. Es handelt sich dabei oft um **Quantensprünge –** z.B. in der Kommunikation mit dem Kunden –, die von niemanden, so vorhergesehen werden konnten.

Das Gleiche gilt auch für die Zukunft: Ich bin überzeugt, nicht einmal Betreiber von großen Firmen, wie Google u.a., die für diese Zeitenwende stehen, wissen, was sie morgen ins Rennen schicken werden, womit sie uns verblüffen.

Nur eines ist in dieser Veränderungswelle konstant: **Das Tempo wird zunehmen!** Führungskräfte und Mitarbeiter werden oft staunen, verblüfft vor den neuen Möglichkeiten der Zukunft stehen, und eine Frage wird mit an Bord sein: „Wie können wir diese Herausforderung bewältigen und für uns nutzen?" Nutzen Sie die gesamte Energie, um diese Aufgaben zu bewältigen und verzichten Sie auf Blockadewellen, weil gesellschaftliche Veränderungswellen dadurch nicht gestoppt werden können!

Die Baustein-Herausforderung

In gesellschaftlichen Veränderungswellen konzentrieren sich viele auf die Risiken und übersehen dadurch die Chancen

Akzeptieren Sie, dass gerade im Zuge von gesellschaftlichen Veränderungen nicht nur die Risiken bestehen – auch wenn sie markanter präsentiert werden –, sondern auch unzählige Chancen. Ich bin überzeugt, Sie wollen von den Chancen profitieren! Ziehen Sie also keine bewusste Nebelbank auf, indem Sie sich nur mehr auf die Bitterkeit der Risiken konzentrieren. Leider tun dies viele Menschen – privat wie beruflich – und verzichten daher auf viele Chancen, von denen sie optimal profitieren könnten.

Der „Kelch der Zukunft" geht nicht an Ihnen vorbei

Sie können sich verstecken; Sie können die Vogel-Strauß-Politik forcieren; Sie können im Prinzip tun und lassen, was Sie wollen – eines wird nicht passieren: Der *„Kelch der Zukunft"* geht nicht an Ihnen vorüber. Er wird auf Sie zukommen. Wenn Sie nicht auf ihn vorbereitet sind, werden ab dem ersten Kontakt mit ihm viele bittere Herausforderungen auf Sie zukommen.

Wird das Verhalten der Zielgruppe nicht regelmäßig gescannt, wird das Angebot geschwächt

Nicht Ihre Angebote sind unattraktiv, sondern das Verhalten von Zielgruppen verändert sich. Immer wieder mache ich die Erfahrung, dass viele Firmen oft jahrelang die gleichen Angebote und Sortimente bevorzugen. Das kann natürlich auf Dauer nicht gut gehen, weil sich Zielgruppen immer mitverändern. Das heißt aber natürlich nicht, dass man alle Angebote austauschen muss. Es gibt Produkte und Dienstleistungen, die von der Zielgruppe dauerhaft über Jahrzehnte gewinnbringend angenommen werden. Leider vergessen viele Entscheidungsträger und ihre Mitarbeiter, die für die Zielgruppeneroberung zuständig sind, das **regelmäßige Scannen** der **aktuellen Bedürfnisse** und **Sehnsüchte**. Weil sie das nicht tun, stochern dann viele Teams wie Blinde im Nebel. Sie müssen sich mit einer geschwächten Angebotsvielfalt um die Gunst des Kunden bemühen und bemerken meistens: Die Konkurrenz bekommt den Zuschlag.

Teams, die im Kundentakt nicht mitspielen, verlieren ihre Daseinsberechtigung

Ob Sie es als Anbieter am Markt wahrhaben wollen oder nicht: Der Kunde gibt den Takt vor. Er ist die Lebensquelle Ihrer Firma. Er bestimmt die Spielregeln. Er zeigt auf, welche Produkte und Dienstleistungen aktuell *„IN"* oder welche *„OUT"* sind. Teams, die nicht bereit sind, in diesem Kundentakt mitzumachen, verspielen im wahrsten Sinne des Wortes ihre *„Daseinsberechtigung"*.

Die Baustein-Aktivierung

Risiken akzeptieren und auf Chancen konzentrieren

Das ist die richtige Vorgehensweise, ungeachtet, ob Sie als Führungskraft oder als Mitarbeiter in der Wirtschaft tätig sind! Risiken, die immer wieder entstehen, sollten Sie akzeptieren und die richtige Antwort im Team darauf finden. Konzentrieren Sie sich auf die Chancen, die ebenfalls entstehen. Selbstverständlich dürfen Sie Risiken nicht bewusst ignorieren; das wäre genauso fatal, wie Chancen links liegen zu lassen. Es geht darum, dass Sie sich nicht ausnahmslos in einem Risikodialog befinden, sondern dass im Team auch der Chancendialog forciert wird. Durch diese Vorgehensweise kommen Sie in den Genuss von sich bietenden Chancen und den dazugehörigen Profiten.

Nur „aktive Menschen" profitieren in und nach Veränderungswellen von den sich bietenden Chancen

Risiken können Sie nicht ausweichen. Chancen ziehen locker an Ihnen vorbei. Nur *„aktive Menschen"* können in Veränderungswellen bestehen und werden sie am Ende profitabel verlassen. Konzentrieren Sie sich bitte im Team wirklich auf die sich bietenden Chancen. Nur so sind Sie in der Lage, diese auch genießen zu können.

Überlassen Sie das „Chancenpotential" nicht den anderen

Sammeln Sie im Team bewusst die sich bietenden Chancen. Alle sollen mitmachen: vom Lehrling/Azubi bis hin zum Inhaber/Topmanager einer Firma. Erfolgreich sind immer jene Teams, bei denen sich die überwältigende Mehrheit auf sich bietende Chancen konzentriert. Bei denen Chancenimpulse von allen akzeptiert und umgesetzt wurden. Warum sollten Sie diese gewaltigen Möglichkeiten anderen überlassen? Holen Sie das Beste aus Ihrem Team, indem Sie alle dahingehend animieren, als täglicher Chancenscan am Markt Ausschau nach sich bietenden Chancen zu halten.

Nicht was wir wollen zählt, sondern die Zielgruppe entscheidet

Viele Unternehmer sind mit ihren Entscheidungsträgern in ihre eigene Angebotspalette verliebt; oft gesellen sich auch Mitarbeiter dazu. Stoppen Sie ab heute sofort diese Vorgehensweise! In der Zukunft wird nicht das zählen, was Sie wollen, sondern was die **Zielgruppe will**. Selbstverständlich können Sie auch den Takt durch erstklassige, innovative Produkte vorgeben. Wenn Sie zu einer solchen Firma gehören, läuft das Spiel immer noch gleich, jedoch sind **Sie** die Ausgangsposition. In den meisten Fällen ist es so, dass der Kunde bereits von anderen großen Big Playern am Markt beeinflusst wurde, und Sie müssen im gleichen Kundentakt mitspielen.

Aus den neuen Lieblingen der Kunden wirkungsvolle Angebote zusammenstellen

Geben Sie den Kunden, was sie wollen. Stellen Sie Ihre Angebote auf der Basis der Kundenlieblinge zusammen. So können Sie nicht nur sehr schnell beim Kunden punkten, sondern Sie werden selbst zum Liebkind des Kunden. Ignorieren Sie nie den Willen des Kunden! Diesen zu brechen ist meist unmöglich.

Nur im Einklang mit dem Kunden werden dauerhafte wirtschaftliche Erfolge erzielt

Warum gegen den Kunden agieren, wenn es mit ihm doch viel einfacher ist? Erfüllen Sie die Bedürfnisse, die Sehnsüchte und Träume Ihrer Kunden. Überprüfen Sie regelmäßig, ob Ihre Angebotspalette immer noch attraktiv und anziehend auf Ihre Kunden wirkt. Integrieren Sie sich bietende Chancen optimal, damit Sie Ihre Angebotspalette ständig aufwerten und Veränderungen ohne Zeitverzögerungen berücksichtigt werden können.

Zukunftsperspektiven: Ohne sie läuft alles aus dem Ruder

Leitgedanke Führungskraft

Führungskräfte müssen positive Zukunfts-Wegweiser sein

Die **wirkungsvollste** und **lebensnotwendige Würze für zukünftige Erfolge** ist und bleibt die **Zukunftsperspektive**. Führungskräfte, die Mitarbeiter ohne Zukunftsperspektiven führen, verzichten auf erzielbare Erfolge, und im schlimmsten Fall droht der Niedergang der Firma.

Wenn diese Worte für Sie dramatisch klingen, dann hat das einen guten Grund. Viele Führungskräfte und somit auch Firmenchefs übersehen, dass eine ihrer wichtigsten Aufgaben darin besteht, **Zukunftsperspektiven aufzuzeigen**. Wenn diese nicht optimal kommuniziert werden und anschließend nicht gesorgt wird, dass sie Realität werden, kann dies katastrophale Folgeerscheinungen nach sich ziehen.

Ein sehr gutes Beispiel dafür ist aktuell das **Fehlen von Zukunftsperspektiven bei der Jugend**. Die Jugend ist jedoch die **Stütze der Gesellschaft** von heute und morgen. Das gesamte wirtschaftliche System, die gesamte Entwicklung eines Staates hängt an der Jugend. Wenn Zukunftsperspektiven ausbleiben, dann ist dies der beste Nährboden für Unruhen. Für Staaten bedeutet das, dass viele Jugendliche zuerst gegen das Fehlen von Zukunftsperspektiven aufbegehren. Finden sie kein Gehör, spitzt sich die Situation für sie sogar dramatisch zu. Wenn sie z.B. keinen Job erhalten, wandern sie deswegen ab.

Schauen wir uns **einige Beispiele** an: Bereits in den 90er Jahren hat der damals amtierende Staatspräsident Sarkozy, als die Vororte in Paris brannten, eindeutig darauf hingewiesen, dass dies auf fehlende Zukunftsperspektiven zurückzuführen ist. Die Jugendlichen in den Vororten von Paris, die sich ähnlich wie in Slums entwickelt haben, sehen schlicht und einfach keine Perspektiven. Sarkozy sagte somit richtig: „*Wir müssen der Jugend wieder Zukunftsperspektiven in Aussicht stellen und diese auch anschließend erfüllen, damit wieder ein Normalzustand hergestellt wird und somit eine positive Entwicklung Frankreichs gewährleistet werden kann.*“ Ähnliches hörte man bei den Unruhen, die unter anderem in den Großstädten Deutschlands wie Berlin und Hamburg immer wieder vorkamen; aber auch, als in den Jahren 2010/2011 in London Häuser brannten, Geschäfte geplündert wurden usw.

Ein weiteres passendes Beispiel habe ich bei einer Baufirma in Bayern kennen gelernt. Die Firma ist sehr gut aufgestellt. Der Chef hat sich sehr erfolgreich am Markt etabliert, und gleichzeitig war der Zeitpunkt erreicht, wo der Chef in 4-5 Jahren in Pension gehen sollte. In einem Meeting erzählte er mir Folgendes: *Herr Panhölzl, bereits vor 5 Jahren wurde ich von einigen Führungskräften bei einer ‚Führungskräfte-Besprechung' mit folgender Frage konfrontiert: ‚Lieber Chef, du gehst in zehn Jahren in Pension. Wie geht es mit deiner Firma weiter? Du hast zwei Söhne, die bereits auch in dem Alter sind, dass sie die Firma in zehn Jahren übernehmen können. Beide verfügen auch über die notwendige Ausbildung. Unsere Frage also: Wie geht es weiter? Wie wirst du dich entscheiden?' Einer der Führungskräfte sagte: ‚Ich bin jetzt 32 Jahre; in zehn Jahren bin ich 42. Ich werde also mindestens 20 Jahre länger arbeiten als du, und daher muss ich wissen: Habe ich in dieser und mit dieser Firma eine Zukunft oder muss ich mich nach einer Firma umsehen, die mir eine solche Zukunftsperspektive anbieten kann?' Eine Führungskraft mit 44 Jahren stieß sofort in das gleiche Horn."*

Der Bauunternehmer sagte zu mir: *„Herr Panhölzl, ich staunte wirklich nicht schlecht, als mir diese Fragen gestellt wurden. Ich hatte ja mit vielem in unseren Führungszirkeln gerechnet; aber mit solch einer Frage – immerhin mit dem Blick auf noch zehn Jahre aktives Tun meinerseits – hatte ich wirklich nicht gerechnet!"*

Sie sehen, liebe Führungskräfte: **Zukunftsperspektiven sind enorm wichtig!** Denn die Beispiele zeigen eindeutig: Es kann schon bald zu spät sein, wenn man sich für das Präsentieren von Zukunftsperspektiven zu lange Zeit lässt. Bei dem Bauunternehmer war das Ausbleiben einer ständig kommunizierten Zukunftsperspektive der Auslöser dafür, dass der Führungszirkel die mit Sicherheit überraschende und tiefgründige Frage gestellt hat: *„Wie geht es weiter?"*

Bei diesen Beispielen gab es für mich noch einen Vorteil, den man besonders hervorheben muss: Es wird **aktiv nach der Zukunftsperspektive gefragt**. Es gibt natürlich noch viel mehr Beispiele, in denen dies nicht der Fall ist. Das bedeutet: Es könnte ohne weiteres sein, dass je nach Position Ihre Führungskräfte-Kollegen und Ihre Mitarbeiter sich sehr wohl schon ständig fragen: Wie sehen die Zukunftsperspektiven in unserer Firma aus? Sie jedoch wissen als Top-Entscheidungsträger in Ihrer Firma nicht darüber

Bescheid und reagieren vielleicht sogar tagtäglich falsch auf diese nicht ausgesprochenen Erwartungshaltungen Ihres Teams.

Akzeptieren Sie, dass Menschen Zukunftsperspektiven benötigen, damit sie bereit sind, heute **ihr Bestes** zu geben. Je länger Sie mit dem optimalen Kommunizieren von Zukunftsperspektiven zuwarten, desto mehr geben Sie Raum für Gerüchte, Interpretationen und Unwahrheiten. Das bedeutet dann letztendlich, dass sich viele in Ihrem Team damit beschäftigen, wie es weitergehen kann. Im schlimmsten Fall sogar mit der Frage, ob es überhaupt weitergehen wird.

Selbst bei Großkonzernen, wo schon sehr offen, wenn auch hinter vorgehaltener Hand, darüber gesprochen wird, dass es nicht mehr optimal läuft, **verzichten** die Top-Entscheidungsträger auf eine **einwandfreie Zukunftsperspektiven-Kommunikation** und den damit **verbundenen Dialog mit dem gesamten Team**.

Einer der Gründe, warum Führungskräfte und Chefs nicht optimal mit dem Team über Zukunftsperspektiven kommunizieren, liegt darin, **dass keine vorhanden sind**. Mir ist klar, dass dies ein Manko ist. Die Situation wird aber nicht besser, wenn man diesen Zustand weiter forciert und den Wunsch auf einen Zukunftsperspektiven-Dialog verweigert.

Ihnen als Führungskraft muss somit klar sein: Unternehmensführung bedeutet auch, sich intensiv mit der Zukunft auseinanderzusetzen und zu überlegen, welche Rolle die Firma einnehmen wird und wie man den Weg zum Erfolg gestalten will.

Leitgedanke Mitarbeiter

Zukunft ist, was wir heute daraus machen

Ich bin überzeugt, dass auch Sie als Mitarbeiter in eine erfolgreiche Zukunft gehen wollen. Sie werden sich auch, wie ich es beim *„Leitgedanken Führungskraft“* aufgezeigt habe, immer wieder mit Zukunftsperspektiven beschäftigen. Welche können Sie nutzen? Was bietet Ihnen das Umfeld an? Damit ist es für Sie wichtig zu wissen: Welche Rolle werden Sie in der Zukunft spielen? Welche Rolle spielt die Firma am Markt?

Ohne Zukunftsperspektiven läuft tatsächlich alles aus dem Ruder. Sie als Mitarbeiter wollen sicher eines gewährleistet: Dass Sie mit Ihrem Umfeld in eine sichere Zukunft gehen können. Dazu gehört, wie erwähnt, auch Ihre Firma.

Was insbesondere von Mitarbeitern gerne übersehen wird: **Sie sind ein Teil der Lösung. Zukunftsperspektiven entstehen** nicht, weil Sie eine **Zuschauerrolle** einnehmen. Eines muss Ihnen klar sein: Eine Zukunftsperspektive wird Ihnen nicht einfach auf dem silbernen Tablett präsentiert und serviert. **Sie** müssen **aktiv** daran **mitwirken. Zukunft ist dies, was Sie heute daraus machen**. Wie Sie sich dafür einsetzen. Natürlich haben Ihre Führungskräfte eine Verpflichtung: Sie sollen als Zukunfts-Wegweiser agieren. Das habe ich beim *„Leitgedanken Führungskraft"* eindrucksvoll aufgezeigt.

Was bringt es aber, wenn Ihre Führungskräfte die Zukunft, die damit verbundenen gehbaren Wege aufzeigen, und Sie sind nicht bereit, mitzumarschieren. Die Führungskräfte agieren somit auf verlorenem Posten. Sie haben kein wirksames Mittel, um Sie auf den Weg mitzunehmen. Zwang, Druck usw. sind hier kontraproduktiv; sie würden das Aktive noch mehr blockieren. Sie würden einfach sagen: *„Nein, liebe Führungskraft, du willst – aber ich nicht!"* Sie sehen, der Fall ist unlösbar. Wenn **Sie nicht mitmachen wollen**, haben die **Führungskräfte keine Chance**.

Wenn Sie Zukunftsperspektiven wollen, wenn man sie Ihnen präsentiert, dann sollten Sie bitte innerlich bereit sein, daran mitzuwirken. Man kann über die Zukunftsperspektive sprechen, darüber diskutieren und auch gemeinsam eine Feinjustierung durchführen. Es sollte weder ein Produkt von der Führungsseite her noch von der Mitarbeiterseite allein sein. Die aufgezeigten Zukunftsperspektiven sind eine Gemeinschaftsproduktion. Nach einem Feinschliff durch das gesamte Team geht es ans Eingemachte: Die Zukunftsperspektiven werden festgelegt, und der einmal eingeschlagene Weg ist dann gemeinsam zu gehen.

Zukunft lebt **vom Gestalten**. Sie können mitgestalten – das ist ein tolles Privileg. Wenn Ihre Führungskräfte dazu bereit sind, dann schlagen Sie bitte die Ihnen gereichte Hand nicht aus! Ergreifen Sie sie, und Sie werden in den Genuss von **Zukunftsperspektiven** kommen, die in eine **positive Realität** münden.

Die Baustein-Herausforderung

Wohin?! Wie hin?! = In vielen Teams fehlen die Antworten

Eine der wichtigsten Zutaten für Teamerfolge und für das Wohlbefinden einer Gesellschaft sind **Zukunftsperspektiven**. Viele Entscheidungsträger in Firmen machen den gleichen Fehler wie Politiker und sonstige Schwergewichte, die die öffentliche Meinung prägen. Sie verzichten darauf, einen ständigen positiven Zukunftsperspektiven-Dialog zu forcieren. Es ist bewiesen, dass Menschen zunehmend darüber grübeln, wie es für sie persönlich weitergeht, was auf sie zukommt, und häufig dabei Schreckensszenarien skizzieren, wenn die Führung auf eine optimale Zukunftsperspektiven-Kommunikation verzichtet.

Die Führungskräfte präsentieren häufig unklare Zukunftsaussichten

Mitarbeiter brauchen eine klare **Orientierung;** Kunden brauchen ebenfalls Orientierung. Leider werden viele Führungskräfte dieser wichtigen Herausforderung nicht gerecht: Sie zeigen die Zukunftsaussichten der eigenen Firma schwammig auf; es werden keine nachvollziehbaren Strategien präsentiert, in denen Zukunftsperspektiven optimal eingebettet sind. Das Ergebnis sind dann immer **orientierungslose Teams**.

Zukunftsängste und ein unklarer Fahrplan mindern die Einsatzbereitschaft von Mitarbeitern enorm

Fehlen nachvollziehbare Strategien, in denen die Zukunftsperspektiven optimal eingebettet sind, entstehen **Zukunftsängste**. Selbst die Entscheidungsträger, die diese mangelhafte Vorgehensweise auslösen, sind dann von solch negativen Wellen befallen. Wenn keiner mehr weiß, wie es weitergeht, wohin uns die Reise führt, was uns dort erwartet, nimmt die Einsatzbereitschaft automatisch ab. Berechtigt fragen sich dann viele Mitarbeiter und teilweise auch Entscheidungsträger: *„Wofür soll ich mich einsetzen? Ich weiß ja gar nicht, wohin die Reise geht und ob sie für uns gewinnbringend ist.“*

Wenn Entscheidungsträger in einer Firma die Zukunftsweichen zu spät stellen, ist eine erfolgreiche Abfahrt oft nicht mehr möglich

Viele Entscheidungsträger lassen sich für das notwendige Weichenstellen in eine gewinnbringende Zukunft zu lange Zeit. Sie klammern sich oft an die Erfahrungen aus der Vergangenheit. Das blockiert gleichzeitig eine zügige Weichenstellung. Natürlich ist oft das Ändern des Weges, die Neuausformulierung von wichtigen Zielen eine unbequeme, oft herausfordernde Angelegenheit. Sie ständig vor sich herzuschieben, führt jedoch zu einer Verschlechterung der Ausgangsposition. Diese kann sehr schnell in einen negativen, chronischen Misserfolgs-Zustand münden. Genauso verhält es sich bei Mitarbeitern, wenn diese das rechtzeitige Stellen der Zukunftsweichen seitens der Entscheidungsträger ignorieren, beharrlich an der Vergangenheit festhalten, Neues blockieren. So sind sie aktive Mitgestalter einer negativen Zukunft.

Ein Leben im Zukunftsnebel führt immer zu Wettbewerbsschwächung

Oft übersieht man im hektischen Alltag, dass man sich auch mit der Zukunft auseinandersetzen muss. Natürlich gibt es Tage, wo einen das Alltagsgeschäft so fordert, dass dafür kein Platz mehr ist. Schlimm wird es für mich erst dann, wenn dieser Zustand länger forciert wird. Niemand, der in der Zukunft erfolgreich sein will, kann es sich leisten, sich der Auseinandersetzung mit ihr zu verweigern. Das Ergebnis ist dann immer ein getrübter Zukunftsblick, und der führt unausweichlich zu einer dauerhaften Wettbewerbsschwächung.

Wollen Führungskräfte das Beste ihrer Mitarbeiter, müssen sie ihnen die gemeinsame Zukunft schmackhaft machen

Natürlich wollen Führungskräfte immer top engagierte Mitarbeiter. Viele Mitarbeiter wären dazu auch bereit. Oft bremsen sie aber aus einem einzigen Grund: Sie erkennen in der Skizzierung der Führungskräfte keine anziehende Zukunftsperspektive. Führungskräfte unterlassen nämlich sehr häufig das *„Schmackhaft-Machen"* einer gemeinsamen Zukunft. Warum soll sich also jemand für eine gemeinsame Zukunft einsetzen, wenn sie nicht vielversprechend, anziehend wirkt?

Die Baustein-Aktivierung

Die Führungskraft = der Zukunftsperspektiven-Kompass

Als Führungskraft müssen Sie eines akzeptieren: Sie sind der **„Zukunftsperspektiven-Kompass"**. Alle werden sich nach Ihnen richten; alle werden in diese Richtung gehen, die Sie aufzeigen. Natürlich ist dabei auch zu beachten, dass die Aussichten auf alle anziehend wirken, denn nur so werden sie bereit sein, ihr Bestes dafür zu geben.

Führungskräfte müssen regelmäßig den „TEAM-Einsatz" für erreichbare Zukunftsperspektiven präsentieren und ihn einfordern

Wenn man Zukunftsperspektiven präsentiert, muss man gleichzeitig auch allen im Team, die es betrifft, eindeutig aufzeigen: Was ist zu tun, damit die positiven Zukunftsperspektiven erreicht werden können? Dies muss in der gleichen Präsentation passieren. Denn nur so ist gewährleistet, dass die betreffenden Personen eindeutig erkennen: Was ist meine Leistung? Was muss mein Einsatz sein, damit ich auch in den Genuss dieser Zukunftsperspektiven komme? Anschließend sind Führungskräfte auch dafür verantwortlich, dass die Zukunftsperspektiven Realität werden können, das heißt, dass die notwendigen Taten auch täglich erfolgen. Das bedeutet, Führungskräfte müssen den Einsatz des Teams immer wieder aktiv einfordern, wenn dies die Situation erfordert.

Liebe Mitarbeiter, akzeptieren Sie, dass nur Ihre Taten in eine erfolgreiche Zukunft führen

Führungskräfte bemühen sich wirklich oft, erstrebenswerte Zukunftsperspektiven auszuarbeiten. Leider werden sie bei dieser Tätigkeit auch immer wieder geschwächt, weil sie anschließend erkennen müssen, dass die Mitarbeiter nicht optimal mitwirken. Werden Sie sich, liebe Mitarbeiter, Ihrer Rolle bewusst. Zukunftsperspektiven werden nur durch Ihre Taten Realität. Ich bin überzeugt, Sie wollen keine Führungskräfte, die sich eines Tages nicht mehr für Zukunftsperspektiven einsetzen. Sie müssen die Führungskräfte jedoch mit Energie versorgen, damit diese dazu auch bereit sind. Die Energie lautet in diesem Fall *„Ihre Einsatzbereitschaft – Ihre Taten, damit Zukunftsperspektiven wirklich Realität werden können.“* Das spornt Ihre Führungskräfte wirklich an, und sie werden bereit sein, sich auch in der Zukunft dafür einzusetzen, dass erstrebenswerte Zukunftsperspektiven in der Firma existieren.

Der TEAM-Fahrplan muss eindeutig aufzeigen, wie wir dort hinkommen, wo wir hin wollen

Führungskräfte in einer Firma müssen besonders darauf achten, dass allen Mitarbeitern klar ist, welche Rolle sie in der Firma einnehmen und was sie tagtäglich tun sollen, damit die geplanten Ziele Realität werden. Was eigentlich banal logisch klingt, sieht oft in der Realität anders aus. Führungskräfte müssen also Ihrem Team eindeutig aufzeigen, wie die geplanten Ziele erreicht werden können. Ohne Orientierungsplan kommt es schnell zu verfahrenen Situationen im Team.

Zukunftsweichen richtig stellen heißt für Führungskräfte: Unbequemes in Gang setzen

Ich weiß, warum viele Führungskräfte davor zurückschrecken, Zukunftsperspektiven im Team zu präsentieren. Sie haben sehr häufig auch schon ein ungutes Gefühl, wenn sie neue Ziele für das nächste Quartal, Jahr usw. präsentieren. Der Grund dafür ist schnell gefunden: Wenn Führungskräfte Zukunftsweichen stellen, dann müssen sie damit leben, dass dadurch auch Unbequemes in Gang gesetzt wird. Sie müssen also von ihren Mitarbeitern etwas einfordern, wissen aber bereits, bevor sie es tun, dass es hier zu einer

Blockade kommt. Zögern Sie trotzdem diese Präsentationen nicht hinaus. Stellen Sie sich bitte Ihrer Verantwortung, denn es ist der einzige gangbare Weg, den Sie einschlagen können. Zeigen Sie Ihren Teams immer auf, dass vielleicht momentan Unbequemes letztendlich immer zu einem dauerhaften Wohlfühlzustand führt.

Wollen Sie lebenswerte Zukunftsperspektiven – müssen Sie sich täglich dafür einsetzen!

Formulierung und Planung von Zukunftsperspektiven sind kein Punkt auf einer Liste, die man einfach abhaken kann. Führungskräfte und Mitarbeiter müssen sich täglich nach der Präsentation und der Annahme von Zukunftsperspektiven dafür einsetzen, dass sie lebendig im Alltag sichtbar sind. Nur so werden alle bereit sein, das Beste für ein erfolgreiches Zukunftsperspektiven-Finale zu geben.

Ist der TEAM-Blick geschärft, ist der Blick in eine vielversprechende Richtung glasklar

Schärfen Sie als Führungskraft den Teamblick, indem Sie exakt aufzeigen, was alle am Ende des Weges erwartet. Menschen brauchen Ansporn. Menschen wollen immer in eine positive Zukunft gehen. Erst wenn der Teamblick geschärft ist, werden alle die vielversprechende Zukunft glasklar vor sich sehen und sich dafür einsetzen. Natürlich müssen Sie als Führungskraft damit leben, dass Sie nicht 100 % der Mitarbeiter an Bord bekommen. Die Quote von zwei Drittel sollte aber immer erreicht werden. Durch diese Vorgehensweise sind Sie auf dem besten Wege, sie zu erreichen.

Ist Ihr „Firmenmenü" zum Anbeißen gut?!

Menschen engagieren sich nur dann aus voller Überzeugung, wenn ihnen die Zukunft schmackhaft gemacht wird. Das ist natürlich in einer Firma die Aufgabe der Führungsseite. Sie müssen dafür sorgen, dass das *„Firmenmenü"* allen schmeckt. Dann werden Menschen von ganz alleine bereit sein, ihr Bestes zu geben, damit das erreicht werden kann, was den Vorstellungen aller entspricht.

Leitbetrieb
Deutschland
Leitbetrieb
Österreich
„Kundenorientierung als wichtigster Wachstumstreiber in Europa"
SERVICE-INITIATIVE
SERVICE-
Wettbewerbs-Vorteil
SIEGER
Zum Service-Sieger direkt beim Kunden.
Es nützt nichts beim Kunden auf Platz 2
zu stehen - Sieger wird der auf dem ersten Platz.
Die Service Initiative hilft Ihnen dabei.
Vergrößern Sie mit der ServiceMarke „Leitbetrieb"
Ihre Distanz zum Mitbewerb!
SERVICE
SIEGER
Die besondere Art
KUNDENSERVICE
darzustellen!
leitbetrieb.com
... hilft Ihnen dabei!

Begeisterung = Brücken zum Erfolg bauen

Leitgedanke Führungskraft

Bitterkeit forcieren oder Begeisterung entfachen – die tägliche Wahl

Wenn ich mit Mitarbeitern und Führungskräften, egal welche Position sie bekleiden, über **Begeisterung** spreche, dann weiß ich als Wirtschaftstrainer eines ganz genau: Sie haben über dieses Thema schon viel gelesen. Sie kennen deren Wichtigkeit, und oft stellt man sich die Frage: *„Wie kann man die Begeisterung dauerhaft entfachen?“* Zu diesem Thema gibt es Unmengen an Erfolgsrezepten, Anleitungen uvm.

Natürlich wird man als Wirtschaftstrainer sehr häufig mit folgender Frage konfrontiert: *„Warum funktioniert das in der Praxis so schwer?“* Die Antwort ist sehr einfach: Weil wir lieber über die Bitterkeit des Lebens sprechen als über die schönen Stunden. Viele Menschen sehen sich gerne in der **Opferrolle**. In einer Firma betrifft das leider nicht nur die Mitarbeiter, sondern genauso stark die Führungskräfte.

Sie als Führungskraft haben eine **Vorbildfunktion**. Die Vorbildfunktion endet nicht mit dem Halten von Ansprachen, Durchführen von Meetings, Entwickeln von Strategien etc. Unter Vorbild verstehe ich **Ihr permanentes Verhalten** gegenüber den Mitarbeitern, der Wirtschaft, den Kunden usw. Ihr Verhalten steht also permanent auf dem **Prüfstand**. Sieht man sich eine Führungskraft unter diesem Aspekt genauer an, erkennt man sehr schnell, dass auch hier oft das Spiel mit der Opferrolle sehr stark ausgeprägt ist. Sie kennen das wahrscheinlich auch, wenn Sie unter Führungskräfte-Kollegen beim Stammtisch, beim Seminar, im Zuge eines Meetings usw. miteinander sprechen. Das Negative, die Bitterkeit wird gerne in den Vordergrund gestellt.

Ich frage mich daher, warum sich so viele Menschen wundern, dass es so schwer ist, bei sich und bei anderen Menschen Begeisterung zu entfachen. Wenn man tagtäglich über die Bitterkeit des Lebens spricht, kann doch nur Bitterkeit entstehen. Sie müssen das vergleichen mit dem Bauern und seiner Saat. Wenn er Dornen sät, wird er Dornen ernten. Wenn er Unkraut sät, wird er Unkraut ernten. Es kommt genau das heraus, was im Samen drinnen ist. Alles andere ist ein aufgelegter Selbstbetrug.

Wenn Sie also tagtäglich bei sich selbst und bei anderen Menschen Bitterkeit säen, kann nur Bitterkeit geerntet werden. Natürlich werden Sie sagen: *„Moment, das mache ich doch nicht den ganzen Tag."* Aber einmal ehrlich: Wohin schlägt das Pendel mehrheitlich aus? Sind Sie mehrheitlich mit voller Begeisterung unterwegs? Zeigen Sie Chancen auf? Zeigen Sie, wie es geht? Sind Sie der Fels in der Brandung, wenn Negatives über Sie und Ihr Team hereinbricht? Oder wechseln Sie schnell auf die Opferseite?

Genau um das geht es. Begeisterung ist nicht einfach eine Dosis, die Sie sich und anderen Menschen verabreichen. Begeisterung ist wie Brücken bauen. Sie müssen tagtäglich daran arbeiten, immer wieder die Begeisterung aufs Neue entfachen.

Sie werden vielleicht sagen: *„Das ist nicht einfach. Denn es gibt ja die Bitterkeit des Tages. Es zwickt dort, es zwickt da. Es läuft manchmal etwas unrund. Oft kann man verzweifeln."* Ja, das ist richtig! So ist das Leben. Niemand hat uns prophezeit: Alles wird eitel Wonne. Nirgendwo steht: Wenn wir auf diese Welt kommen, läuft alles wie geschmiert.

Somit könnten Sie sich jetzt zufrieden zurücklehnen und sagen: *„Naja, o.k. Aber was will der Herr Panhölzl dann von mir? Es ist eben so, dass die Bitterkeit überwiegt, und daher kommuniziert man in dieser Art und Weise einfach mehr."* Ich sage nein, das stimmt nicht. Denn woher kommt denn die Bitterkeit? Sie kommt **aus der aktuellen Situation**. Sie entsteht vielleicht daraus, dass Sie gerade das nicht umsetzen können, was Sie sich vorgenommen haben. Dass Schwierigkeiten eintreten, wo Sie noch keine Lösung haben. Dass es möglicherweise sehr eng hergeht und somit sogar Ihre Existenz bedroht ist. Ja, auch solche Momente gibt es immer wieder im Leben.

Wenn Sie auf Ihr Leben zurückblicken, dann werden Sie aber auch Folgendes feststellen: **Diese Phasen** gab es **immer** und **wird es immer geben**. Nachdem Sie heute diese Zeilen lesen, dürften Sie sie überwunden haben. Sie werden zumindest feststellen, dass Sie einige dieser oft ausweglosen Situationen gut gemeistert haben. Ich kenne unzählige Leute, die ihre Jobs verloren haben. Die genau in der Phase gemeint haben: *„Das ist das Ende. So kann es nicht weitergehen."* Tiefe Trauer. Heute sind sie in einer anderen Firma begeistert tätig. Sie sagen zu mir: *„Herr Panhölzl, es hätte mir nichts Besseres passieren können."*

Ich hatte diesbezüglich auch ein sehr interessantes Erlebnis bei meinem wirtschaftlichen Vortrag zu meinem Buch *„Die 7 emotionalen Energie-*

quellen des Erfolges". Ich spreche darin auch über das Erfolgsgeheimnis von Lust oder Unlust. Das passt gerade optimal zum Thema Begeisterung. Unter anderem sage ich immer klipp und klar, dass der Unlustmensch tagtäglich Kraft entzieht und der Lustmensch Kraft spendet. Meine Botschaft ist dann eindeutig: Der Unlustmensch entzieht nicht nur Kraft und reitet auf dem Negativen herum, sondern er bringt uns zu Fall. Er zieht uns nach unten. Ich motiviere dann stets: Werden Sie ein Lustmensch! Saugen Sie Negatives auf und geben Sie Kraft zurück! Das Fazit schließe ich mit folgendem Satz ab: *„Sie erwachen jeden Tag und dann haben Sie es in der Hand: Das Lust- oder das Unlust-Zepter. Sie entscheiden tagtäglich, ob Sie in den Tag mit Lust starten oder ob Sie sich für die Unlustseite entscheiden, somit sicher Negatives anziehen und sich selbst das Leben schwer machen."*

Ungefähr sechs Monate nach dem oben erwähnten Vortrag führte ich am gleichen Ort ein Seminar zum Thema Verkauf durch. Am Ende des Vortrages kam ein Teilnehmer zu mir und sagte: *„Herr Panhölzl, wieder erstklassig. So super wie schon vor sechs Monaten. Ich habe auch den damaligen Vortrag besucht."* Ich bedankte mich und der Teilnehmer ergänzte plötzlich seine Ausführungen: *„Ich habe mir damals vorgenommen, meine Beziehung auf der Basis von Lust und Unlust zu überprüfen. Ich habe mich am nächsten Tag von meiner Freundin getrennt. Sie haben mir die Augen geöffnet. Wir passten nicht zueinander."* Sie können sich vorstellen, dass ich geschockt war. Ich dachte: *„Um Gottes willen, da sieht man einmal, was ich mit meinen Botschaften in einen solchem Vortrag auslöse."* Bevor ich auf seine Aussagen reagieren konnte, sagte er weiter: *„Herr Panhölzl, es war die beste Entscheidung in meinem Leben. Ich habe vor drei Monaten eine Frau kennen gelernt. Wir heiraten demnächst, und ich habe somit das Glück auf Erden gefunden. Ich möchte mich bei Ihnen bedanken."*

Ich war baff; ja was selten bei mir vorkommt: Ich war sprachlos! Und ich freute mich über diese Entwicklung.

Ja, es ist oft so im Leben. Was gerade noch Bitterkeit ist, kann morgen schon Begeisterung sein. Oft liegen **Bitterkeit** und **Begeisterung sehr knapp nebeneinander**. Zwischen den beiden kann oft eine tiefe Schlucht liegen; ein tosender Fluss. Daher sollten Sie ab heute bereit sein, permanent Brücken zum Erfolg zu bauen. Denn eines ist klar: **Alle Zutaten stehen bereit**. Alle Ufer sind vorhanden. Die Frage ist nur, ob Sie in der Lage sind, das Ufer zu erreichen, wo die Begeisterung auf Sie wartet.

Ihre Mitarbeiter werden von Ihnen begeistert sein, wenn sie in ihrer Führungskraft einen solchen Brückenbauer erkennen.

Leitgedanke Mitarbeiter

Arbeiten müssen Sie – in welchem Zustand, entscheiden Sie

Bitterkeit oder **Begeisterung**? Lesen Sie bitte als Mitarbeiter auch den Leitgedanken Führungskraft. Sie werden dort bereits tolle Beispiele vorfinden, was ich unter Begeisterung und Bitterkeit verstehe.

Sobald Sie im Bilde sind, möchte ich nun für Sie als Mitarbeiter ergänzend Folgendes festhalten: Arbeiten müssen Sie. Machen wir uns nichts vor: Nicht immer arbeiten wir gerne. Sie und ich haben nicht das wirtschaftliche System erfunden. Wir sind alle Marktteilnehmer. Irgendwo in der Evolution ist es passiert, dass wir so arbeiten, wie wir es heute gewohnt sind. Man kann Spielregeln, das System ändern, was auch immer wieder passiert. Doch aktuell ist es einfach so, wie es ist.

Dann teilt sich die Gesellschaft – vereinfacht gesagt – noch in solche ein, die z.B. Unternehmer werden, die als Selbstständige bereit sind, eine Firma zu gründen, um sich am Markt den Kunden mit seinen Produkten und Dienstleistungen anzubieten. Läuft es gut, ist es im Konzept vorgesehen, dann wird der selbstständige Unternehmer Mitarbeiter einstellen. Je nach Firmengröße gibt es dann noch mehrere Führungskräfte und Mitarbeiter. So weit, so gut.

Sie haben sich als Mitarbeiter für eine Firma entschieden und arbeiten jetzt in dieser. Jetzt kommt meine wichtigste Frage: Arbeiten Sie tagtäglich mit voller Begeisterung in dieser Firma oder wie viele Abstriche müssen Sie machen bzw. befinden Sie sich eher auf dem Weg der Bitterkeit?

Wenn Sie jetzt sagen: *„Herr Panhölzl, das klingt ja abenteuerlich. Man kann doch nicht jeden Tag mit voller Begeisterung unterwegs sein“*, dann haben Sie Recht. Ich habe auch nicht von jeder Minute gesprochen. Ich spreche davon, wie Sie **mehrheitlich in Ihre Firma** hineingehen und dort arbeiten. Natürlich gibt es auch Stunden der Bitterkeit. Es läuft nicht immer alles so, wie wir es uns vorstellen. Doch Achtung: Das sind Moment-Aufnahmen. Das sind Geschehnisse, Ereignisse, Problemstellungen, Herausforderungen usw. Ich spreche von Begeisterung. Von der Emotion, von den Gefühlen. Wie sieht es damit aus? Genau um das geht es: **Um Ihre Grundhaltung!**

Sie haben sich für die Firma entschieden. Ist es nicht toll, dass Sie jeden Tag arbeiten gehen können? Ist das nicht ein wunderschönes Privileg? Denken Sie einmal, wie viele Menschen auf dieser Welt keine Arbeit haben. Ich betone: Nicht nur in Ihren Breitengraden, Ihrem Umfeld. Es gibt Menschen auf der Welt, die haben nicht einmal annähernd die Chance, ihr ganzes Leben richtig arbeiten zu können. Die verweilen oft ihr ganzes Leben in totaler Armut. Das ist Bitterkeit.

Wir, gerade in Österreich und Deutschland, wunderbar eingebettet in Europa, haben das Privileg, dass wir **arbeiten gehen können**. Bedenken Sie bitte: Es gab einen Zeitpunkt, da ist für Sie etwas Wunderbares passiert. Ein Mensch hat sich entschieden, Unternehmer zu werden. Er war bereit, eine Firma zu gründen, und er hat es getan. Damit hat er **Ihren Arbeitsplatz geschaffen**. Damit gibt er Ihnen die Möglichkeit und die Chance, dass Sie Geld verdienen, wie es aktuell in unserem wirtschaftlichen System vorgesehen ist. Mit diesem Geld können Sie Ihr Leben privat gestalten. Er hat vielleicht mit dieser Entscheidung nicht nur Ihnen die Chance gegeben, die Sie wahrgenommen haben, sondern vielleicht auch Ihrer Frau, Ihrem Mann, Ihren Kindern usw.

Haben Sie einmal darüber nachgedacht, was das für Sie bedeutet? Die Entscheidung Ihres Chefs hat dazu geführt, dass Ihr Arbeitsplatz geschaffen wurde. Denn wäre dies nicht geschehen, wären Sie jetzt vielleicht arbeitslos. Sie hätten sich möglicherweise noch für die Selbstständigkeit entscheiden können. Diese Entscheidung würde jedoch auch bedeuten, dass Sie selbst und ständig dafür verantwortlich sind, dass Arbeit vorhanden ist.

Sehr häufig übersehen Mitarbeiter, dass der Chef genau dafür zuständig ist. Er muss dafür sorgen, dass das Team mit Arbeit versorgt ist. Dass Kunden kommen usw. Das ist keine einfache Aufgabe und vor allem eine, die jeden Monat aufs Neue zu laufen beginnt.

Sie als Mitarbeiter – was für ein Privileg! – haben das Recht, dass Sie am Ersten des Monats bezahlt werden. Macht dies der Unternehmer nicht, dann bekommt er schnell Probleme. Dies bedeutet im schlimmsten Fall den Konkurs der Firma. Wenn dies eintritt, werden Sie vom Staat durch Ausfallsfonds und Ähnliches bezahlt. **Ihr Chef hat dieses Privileg nicht**. Er bekommt nur das, was übrig bleibt. Das heißt, wenn Kunden ausbleiben, wenn in der Firma Schäden entstehen usw., spürt er es unmittelbar.

Unter uns gesprochen: Wenn Sie z.B. in der Firma einen Schaden verursacht haben, sagen wir einmal, der € 100,00 gekostet hat, mussten Sie ihn wirklich bezahlen? Hat Ihnen der Chef das vom Lohn abgezogen? Im Normalfall müssten Sie jetzt mit NEIN antworten. Er muss es schlucken. Sie können sich dabei vorstellen, dass hier bei ihm die Bitterkeit zunimmt, wenn vielleicht in einem Monat mehrere Fehler dazu führen, dass Schäden verursacht werden, die ein paar tausend Euro kosten. Sind wir uns einmal ehrlich: Sie wissen aus der eigenen Erfahrung doch ganz genau, dass im Monat einiges in der Firma passiert, was die Firma schädigt. Sie sehen, es ist nicht gerade einfach, mit voller Begeisterung Unternehmer zu sein. Es sollte doch für Sie viel einfacher sein, ein begeisterter Mitarbeiter zu sein.

Begeisterung, so in der Überschrift, heißt Brücken bauen! Gehen Sie auf Ihre Kollegen, Ihre Führungskräfte und auf Ihren Chef mit voller Begeisterung zu. Versuchen Sie nicht das Negative im Alltag zu forcieren, was ohnehin da ist, sondern das Positive. Sie brauchen bitte keine rosarote Brille aufsetzen. Das hat nichts mit Begeisterung zu tun. Sondern es geht darum, dass man sich aus **Moment-Aufnahmen**, die ein wenig aus der Spur laufen, nicht hinunterziehen lässt und statt Begeisterung dann mit Bitterkeit sein Leben gestaltet.

Die Baustein-Herausforderung

Die Führungskräfte-Opferrolle spiegelt sich im TEAM wider

Viele Führungskräfte neigen gern dazu, sich oft selbst in der Opferrolle zu sehen. Sie beklagen sich als Führungskraft über ihre Funktion, über die aktuelle Situation der Firma uvm. Wenn Führungskräfte ein solches Bild vermitteln, ist dies katastrophal, denn es führt zu verunsicherten Teams und schwächt deren Team-Zugehörigkeitsgefühl enorm.

Begeisterung auf Befehl gibt es nicht

Verzichten Sie als Führungskraft auf Motivationskicks ohne Langzeitwirkung. Immer wieder erlebe ich es, dass Führungskräfte ihre Teams motivieren wollen, und sie neigen dann zu Schnellschussaktionen. Ich als Wirtschaftstrainer bin dann auch sehr schnell in solche Phasen involviert, denn es kommen immer wieder Anfragen von Firmen: *„Können wir nicht schnell einen 2-Stunden-Vortrag machen? Ich will mein Team motivieren."* Natürlich ist es möglich, den Startschuss, die Initialzündung mit einem solchen Motivationsvortrag zu starten. Wichtig ist, dass sich gerade die Führungskräfte in einem Punkt im Klaren sind: Es darf sich bei solchen Starts nicht um ein kurzes Aufflammen handeln, sondern Sie müssen dafür sorgen, dass daraus **ein Dauerbrenner** wird. Erst dann wirken und reifen die Botschaften auch von solchen Motivationsschüben im Team.

Wer nur das Negative sieht, erntet es auch dauerhaft

Viele Menschen haben sich leider für eine negative Rhetorik im Alltag entschieden. Wenn Sie mir nicht glauben, machen Sie einen Schnelltest: Hören Sie Ihrem Umfeld drei Tage aktiv zu, und Sie werden sehen, die negativen Botschaften überwiegen. Was vielen Menschen dabei offensichtlich nicht bewusst ist, ist die Tatsache, dass sie dadurch permanent Negatives ernten. Es kann ja in einem solchen Kommunikationsumfeld nichts Positives entstehen. Sie müssen sich also einmal mit der Sache wirklich intensiv auseinandersetzen und eine Entscheidung treffen: Wollen Sie weiter im Chor der Negativen mitsingen, oder brillieren Sie – am Anfang wahrscheinlich als Solosänger – mit einer positiven Sichtweise und der damit verbundenen Kommunikation?

Wenn sich Mitarbeiter ständig über ihren Job beklagen, verlieren sie ihn

Eines sollte Ihnen als Mitarbeiter klar sein: Wenn Sie sich ständig über Ihren Job beklagen, wie hart die Arbeit ist, wie unschön alles ist und dass Sie eigentlich gar nicht mehr so richtig wollen, dann werden Sie dieses Ziel auch erreichen. Ich kann mir nur nicht vorstellen, dass es wirklich Ihr Ziel ist, arbeitslos zu werden. Noch dazu selbstverschuldet?! Das werden Sie immer wieder von mir hören! Auch an dieser Stelle muss ich neuerlich darauf hinweisen: Akzeptieren Sie bitte, dass Sie überall die gleiche Situation vorfinden werden. Leistung trifft auf Gegenleistung. Sie werden nie ein Schlaraffenland vorfinden, indem alles automatisch läuft. Sie müssen also – wenn Sie klug sind – eines akzeptieren: Wenn Sie sich für die Firma, in der Sie aktuell tätig sind, mit voller Begeisterung einsetzen, werden Sie genau das Gleiche an Positivem erreichen, wie wenn Sie einen Wechsel in eine andere Firma in Erwägung ziehen.

Wir alle müssen arbeiten – ich will arbeiten: Der Unterschied macht unser Leben lebenswert

Ihre Einstellung zu dem, was Sie tun, entscheidet den Verlauf. Wenn Sie tagtäglich darüber nachdenken, warum Sie arbeiten müssen, dann werden Sie sich ständig selbst unter Druck setzen, einen negativen Zustand skizzieren uvm. Diese Vorgehensweise führt immer zu unschönen Lebensphasen. Drücken Sie für immer die Stopp-Taste, verzichten Sie auf das Wort MÜSSEN und sagen Sie lieber: *„Ich will arbeiten. Ich will mich engagieren. Ich will in dieser Firma mein Bestes geben.“* Der Unterschied macht unser Leben tatsächlich lebenswert. Begeisterung kann nie durch Zwang, Druck und Ähnliches entstehen. Begeisterung entsteht, weil Sie sich für etwas freiwillig engagieren und es ihnen Spaß macht. Solange Sie alles heute im MUSS-Zustand und nicht im WILL-Zustand machen, verzögern Sie auch das Genießen eines lebenswerten Lebens.

Die Baustein-Aktivierung

Warum es sich täglich schwerer machen, wenn es doch viel leichter geht?

Bauen Sie heute begeisternde Brücken zum Erfolg. Sie werden sehen: Es ist einfacher als Sie glauben. Denn viele Menschen machen sich das Leben ganz bewusst schwerer, als es notwendig ist. Ziehen Sie ab heute die Reißleine und engagieren Sie sich dafür, wie es leichter gehen kann. Es ist wirklich sehr einfach, denn Sie brauchen sich nur alle Abläufe ansehen, die Sie stören. Gleichzeitig denken Sie darüber nach: *„Wie kann man es leichter machen, sodass alle davon profitieren?“* Probieren Sie es aus! Es ist so einfach und es funktioniert!

Bitterkeit oder Begeisterung – es ist ausschließlich Ihre Entscheidung

Begeisterung gibt es nicht in der Tube. Begeisterung kann man auch nicht befehlen. Begeisterung entsteht, weil Sie es so wollen. Starten Sie ab heute in der Firma immer mit Begeisterung. Sie werden sehen: Es gibt die vielen schönen Seiten des Lebens. Oft werden sie durch eine negative Kommunikation überdeckt. Ziehen Sie also einen Schlussstrich! Denn warum sollten Sie Bitterkeit forcieren, wenn doch die Begeisterung so nahe liegt?

Wenn andere die Begeisterungsbrücken einreißen, bauen Sie sie wieder auf

Natürlich werden Sie im Umfeld oft auf Begeisterungsverweigerer treffen. Sie werden Ihnen beweisen wollen, dass es auf dieser Welt nicht so schön ist; dass die Arbeit keinen Spaß macht; dass aktuelle Zustände nicht haltbar sind uvm. Lassen Sie sich davon nicht anstecken! Lächeln Sie positiv zurück und bauen Sie die gerade eingerissenen Brücken wieder auf. Sie werden sehen: Auch das Umfeld kann dadurch umgepolt werden. Manchmal dauert es etwas länger; doch Sie wissen: Auch ein Tropfen, der ständig auf einen Stein fällt, kann diesen eines Tages aushöhlen.

Raus aus der „Begeisterungswarteschleife“ für immer

Machen Sie den ersten Schritt in Richtung Begeisterung. Warten Sie nicht, bis es die anderen tun. Warten Sie auch nicht darauf, dass andere Sie begeistern. Machen Sie es aus eigenem Antrieb. Werden Sie bitte nicht negativ, weil es die anderen sind. Setzen Sie den ersten Schritt in Richtung Begeisterung. Sie werden sehen: Die anderen werden Ihnen folgen. Sie glauben, das ist schwer? Nein! Sie müssen nur den ersten Schritt gehen!

Erlebe das Positive

Es gibt mehr Begeisterung bei vielen Menschen in ihrem Leben, als manche glauben. Sollten Sie auch zu jener Gruppe gehören, die sich täglich lieber vom Negativen anstecken lassen und denen es schwer fällt, sich selbst und andere zu begeistern? Dann machen Sie folgende kleine Übung: Schreiben Sie Positiv-Listen! Schreiben Sie alles auf, was in Ihrem Leben im letzten Jahr positiv gelaufen ist! Sie können auch gerne weiter zurückgehen. Sie werden sehen, die Liste wird länger und länger. Und dann erkennt man eigentlich, dass nicht die Bitterkeit überwiegt, sondern sehr wohl das Leben in vielen Bereichen so gelaufen ist, dass man davon begeistert sein kann. Das gibt Ihnen die Kraft, bei Ihnen ab heute wirklich ganz bewusst Begeisterung zu entfachen und das Umfeld damit anzustecken.

Klagewelle oder Pro-Welle – Was wollen Sie erleben?

Ich nehme doch an, dass Sie sich für die *„Pro-Welle"* entschieden haben. Dann müssen Sie sich dafür auch einsetzen. Sie kommt nicht von alleine. Die Pro-Welle kann sich nur dann optimal entfalten, wenn Sie bereit sind, Ihren Beitrag einzubringen. Engagieren Sie sich tagtäglich dafür, dass das Positive im Alltag entstehen kann und dass man darüber auch permanent spricht.

„Müssen" oder „wollen": Ihre Entscheidung bestimmt Ihre Lebensqualität

Es ist einer meiner Klassiker, auf den ich sehr stolz bin, denn ich beweise es mir selbst jeden Tag, dass es tatsächlich funktioniert. Ich muss mich nur entscheiden, ob ich etwas will oder ob ich es muss. Entscheiden Sie sich bitte ab heute für das Wollen. Sie werden sehen: Wenn Sie aus freien Stücken tagtäglich an Ihre Aufgaben und Aktivitäten herangehen, dann steigern Sie auch Ihre Lebensqualität enorm. Durch die Steigerung der Lebensqualität entsteht wieder Begeisterung. Sie merken: Es wird ein Kreislauf in Gang gesetzt, der sich ständig positiv nach oben weiterentwickelt. Dass sich als wunderbarer Nebeneffekt auch noch Erfolge einstellen, ist mit Sicherheit auch in Ihrem Sinne.

Schlaraffenland-Ideen = Unser TEAM-Innovations-Kreislauf

Leitgedanke Führungskraft

Die Erfolgszutaten von morgen heute schon sichtbar machen

Bei den *„erfolgsfitCode“*-Bausteinen *„Gesellschaftliche Veränderungswellen akzeptieren, annehmen und von den darin enthaltenen Chancen profitieren“* sowie *„Zukunftsperspektiven – ohne sie läuft alles aus dem Ruder“* habe ich bereits die **Wichtigkeit** eines ständigen **Erneuerungsprozesses** festgehalten.

Wie wichtig das ist, zeigen selbst Technologie-Unternehmen, die viele Jahrzehnte erfolgsverwöhnt waren; unter anderem der Software-Riese SAP. SAP hat seine Krise aus eigener Kraft überwunden: mit neuen Managern, neuen Produkten und Zukäufen. Der Mitbegründer und Aufsichtsratschef Hasso Plattner forderte eine *„Happy Company“*. Der *„erfolgsfitCode“*-Baustein *„Spaßfaktor erhöhen – wirtschaftliche Erfolge verwirklichen“* spielt auch bei Schlaraffenland-Ideen und den daraus resultierenden Innovationszyklen eine große Rolle. Hasso Plattner tauschte die Führung aus, als SAP in der Krise steckte. Er verordnete dem Konzern neue Technologien und zugleich das Wichtigste für mich: **eine Rückkehr** zur ***„Start-up-Kultur“*** der Gründerjahre. Wie die Unternehmen den technologischen Wandel nicht nur überstehen, sondern gleichzeitig anführen können, bringt Plattner wie folgt auf den Punkt: schnell, global und kundennah.

Diese Erkenntnisse predige ich seit vielen Jahren ungeachtet der Firmengröße. Das **Alltagsgeschäft** ist das **Hier und Jetzt**. Damit Sie in der Zukunft für das Umfeld attraktiv bleiben, bedarf es immer neuer Ideen; des Willens, etwas zu verbessern, und des damit **unverzichtbaren TEAM-Innovations-Kreislaufs**.

Sie als Führungskraft haben die Verpflichtung, dass Sie den Weg freimachen, damit Ideen gesammelt werden und reifen können. Das ist leider in vielen Firmen nicht der Fall. Nicht, dass es an der Absichtserklärung zum Ideen-Vorschlagswesen mangelt – ganz im Gegenteil. Immer wieder sagen

Firmenchefs und in größeren Firmen die Abteilungsleiter zu mir: *„Herr Panhölzl, wir haben ein solches Ideen-Vorschlagswesen. Wir wollen wirklich die Mitarbeiter an Bord holen. Ihre Meinung ist uns wichtig. Der Knackpunkt ist nur: Es kommt zu wenig von denen."* Wenn ich dann mit den Mitarbeitern spreche, sagen die meisten zu mir gleichlautend: *„Ja, das stimmt. Wir haben ein solches Ideen-Vorschlagswesen. Doch es kommt dabei nichts heraus. Wir haben oft das Gefühl, wir präsentieren die Ideen in den dafür geeigneten Meetings und dann war es das. Ideen verlaufen im Sand; Verbesserungsvorschläge werden nicht angenommen."*

Ein besonderer Klassiker dabei ist, dass mich Mitarbeiter immer wieder auf folgenden Zustand hinweisen: *„Herr Panhölzl, die Ideen werden schon gerne genommen – aber nur, wenn sie vom Chef kommen."* Sie wollen damit unterstreichen, dass die Geschäftsleitung alles annimmt, was sie selbst als gut befindet. Jedoch Ideen, die nicht in ihrem Universum sind, die nicht ihren Vorstellungen entsprechen, werden blitzartig abgelehnt. Das führt dazu, dass Mitarbeiter gar nicht mehr bereit sind, Ideen abzuliefern, oder es werden nur belanglose Ideen so nebenbei deponiert, wenn dies von der Führungsseite – meistens mit ein wenig Nachdruck – gewünscht wird.

Die Schlaraffenland-Ideen sind wirklich vorhanden; denn Sie dürfen, liebe Führungskraft, eines nie vergessen: Selbst die größten Weltkonzerne leben **von der Team-Innovation**. Ich kann mich noch gut erinnern, wie der Chef von Amazon vor vielen Jahren von Konkurrenz und Experten für seine Strategie ausgelacht wurde. Viele, auch hochrangige Entscheidungsträger in Handelskonzernen wollten nicht wahrhaben, welche Gefahr von einem solchen Online-Shopping-Anbieter drohen kann. Heute weiß man: Die Bedrohung ist längst Realität geworden. Der Grund, warum von Führungskräften und deren Mitarbeitern häufig Bauchflecke gemacht werden, ist leicht erklärt: Man möchte Bestehendes absichern, ruht sich auf den Lorbeeren aus. Man will die gewohnten Abläufe weiter forcieren. In diesem Umfeld fühlt man sich sicher, kennt sich aus und kennt deren Wirkung. Das sind die größten Ängste, wenn man Neues ausprobiert. Was ist, wenn der Markt auf diese Vorgehensweise nicht optimal reagiert? Was ist, wenn wir den Kunden verstören? Wenn er sich vielleicht sogar von uns abwendet? Nein, das lassen wir lieber! Bleiben wir bei dem, was wir kennen!

Man sagt gerne: **Zu viel gefürchtet ist auch gestorben**. Oder ein besonders toller Satz liegt mir immer wieder auf der Zunge. Er lautet: Keine Risiken einzugehen ist das größte Risiko.

Wenn man Hasso Plattner von SAP genau zuhört, dann erkennt man eindeutig: Er hat seinem weltweiten Team klipp und klar verordnet: **Die Rückkehr zur Start-up-Kultur**. Er wollte den **Gründergeist** wieder voll entfachen. Gerade das zeichnet Start-ups aus: Sie machen sich um nichts Sorgen. Sie probieren aus, sie sind unvoreingenommen. Sie wollen sich beweisen und sind von ihren Ideen 100 %ig überzeugt. Natürlich gewinnen nicht alle, und es gibt auch viele Verlierer. Selbstverständlich sind nicht alle Ideen, alle Geistesblitze sofort erstklassige, ausgetüftelte Geschäftsmodelle und müssen später noch verfeinert, angepasst uvm. werden.

Eines hat sich jedoch bei der Entschlüsselung des organischen Bauplans erfolgreicher Teams für mich eindeutig herauskristallisiert: Diese **unbekümmerte Vorgehensweise**, das nicht immer ständige Nachdenken: Was könnte denn alles passieren, wenn wir das oder jenes tun?, führt direkt in die **Schlaraffenland-Ideen**.

Ihnen als Führungskraft muss Folgendes klar sein: Ohne, ich betone wirklich: optimal **funktionierenden Team-Innovations-Kreislauf** gehören Sie bereits heute zu den Verlierern von morgen. Bei einigen *„erfolgsfitCode"*-Bausteinen in diesem Buch habe ich bereits hingewiesen, dass wir uns in einem rasanten Tempo der Evolution befinden. Teams, die mit diesem Schritt halten wollen, brauchen Führungskräfte, die bewusst Innovations-Kreisläufe forcieren und bereit sind, aus der Norm nachhaltig auszubrechen.

Leitgedanke Mitarbeiter

Vom Zuseher & Mitschwimmer zum aktiven Erfolgsgestalter

Ich kann mir gut vorstellen, dass Sie, wenn Sie den *„Leitgedanken Führungskraft"* gelesen haben, sagen werden: *„Ja, da hat der Herr Panhölzl Recht. Auch wir werden ständig nach Ideen gefragt. Bei uns heißt es auch immer „Wir sind innovativ", doch die Realität sieht ganz anders aus: Bestimmen tun die Führungskräfte und die Abteilungsleiter. Gemacht wird, was der Chef sagt; er hat immer Recht. Er hört auch nicht zu, wenn wir Missstände aufzeigen. Was bringt das ganze Ideengeschwafel, wenn am Ende nichts dabei herausschaut. Wir sind wirklich verärgert, und wir wollen nicht mehr mitmachen."*

Solche und ähnliche Reaktionen bekomme ich sehr häufig von Mitarbeitern. Sie haben Recht. Ich möchte jedoch nicht gleich den Stab über Chefs und Führungskräfte brechen, sondern wenn wir ehrlich sind, müssen wir fair sein und sagen: *„Naja, die haben es auch nicht so leicht.“* Sie müssen als Mitarbeiter immer bedenken: Ihr Chef, Ihre Führungskräfte können sich nicht sehr viele Fehler leisten. Eines muss Ihnen klar sein: Rutschen diese ein paar Mal auf dem glatten Ideenparkett aus, dann kann es so weit gehen, dass die Firma tatsächlich am Ende ist. Viele Firmen haben heute für die Umsetzung von Ideen und die damit verbundenen Innovationsphasen ein sehr kleines Budget. Wenn sie zu häufig hinfallen, kann es wirklich zum endgültigen AUS führen.

Auf der anderen Seite müssen Führungskräfte einen **gewaltigen Spagat** schaffen. Sie hören von Experten und jetzt gerade von mir, dass es wichtig ist, **Team-Ideen zu forcieren**, Neues zuzulassen, Experimente zu wagen uvm. Immer wieder sagen dann Führungskräfte zu mir: *„Herr Panhölzl, Sie haben ja Recht. Ich bin ganz Ihrer Meinung. Doch wie schaffe ich das im Alltag? Was ist, wenn ich ein paar Mal ausrutsche? Was ist, wenn das beim Kunden nicht gut ankommt? Ich weiß schon, Apple und andere zeigen das eindeutig. Doch die Frage ist: Wo bekomme ich diese Budgets her? Ich kann mir das ganz einfach nicht leisten!“*

Ich sage Ihnen heute, liebe Mitarbeiter, es geht um die ersten Schritte in diese Richtung. **Viele kleine Schritte können Großes bewirken**. Genau das vermisse ich in Firmen. Denn diese kleinen Schritte zur Verbesserung, bei denen Ideen umgesetzt werden, wo man einfach etwas optimiert, können tagtäglich gegangen werden. Diese kosten meistens gar kein Geld, sondern verbessern sogar die finanzielle Struktur der Firma. Nehmen Sie nur das Beispiel der Materialverschwendung: Ein sorgsamer Umgang mit Materialien hilft der Firma sparen! Nicht nur die Führungskräfte – auch Sie, davon bin ich überzeugt, können ein Lied davon singen, wie viel man am Tag verschwendet. Wo könnte man einsparen? Ich betone: Ohne jegliche Einschränkung! Das ist mir ganz wichtig. Es geht dabei nicht darum, jetzt total den Sparefroh heraushängen zu lassen. Nein, sondern dass man mit den Ressourcen ein wenig achtsamer umgeht.

Meine Bitte ist, dass **Sie** als Mitarbeiter vom Zuseher und Mitschwimmer **zum aktiven Erfolgsgestalter werden**. Immer wieder erlebe ich es, wie viele Mitarbeiter einfach zusehen, mitschwimmen wollen. Sie trauen sich nicht mehr zu. Das ist aber ein großer Irrtum, denn viele Mitarbeiter haben hervorragende Ideen. Sie sind nur viel zu schüchtern! Sie befürchten auch Mobbing-Aktivitäten oder dass sie von den Kollegen belächelt werden.

Denn eines ist klar: Oft herrscht in einer Firma die Teamkultur: Sich ja nicht mit Ideen zu melden! Das bedeutet **Mehrarbeit**. Nur ja nichts sagen! Wenn dann ein Mitarbeiter ausschert, dann kommt es sehr häufig dazu, dass er am Pranger steht: Er ist der Verräter; er hat die geschlossenen Reihen durchbrochen. Natürlich will sich das kein Mitarbeiter antun. Also, warum sollte er nun auf einmal zum aktiven Erfolgsgestalter mutieren, wenn es doch einen solch bitteren Beigeschmack gibt?

Ich kenne diese Ängste. Ich kenne diese Sorgen und auch die damit verbundenen Probleme für ein Team.

Ich bitte Sie, diese Zeilen allen Kolleginnen und Kollegen zu geben, damit sich jeder im Klaren ist, worum es geht. **Es geht um Ihre Zukunft**. Es geht nicht um den Einzelnen, der sich dann nicht traut, sondern es geht um die **Gemeinschaft!** Ohne einen erstklassigen Team-Innovations-Kreislauf, an dem Sie aktiv mitwirken, können keine Zukunftserfolge entstehen. Ob Sie das wahrhaben wollen oder nicht, spielt keine Rolle. Denn eines sollte schon längst klar sein: **Wer nicht mit der Zeit geht, geht mit der Zeit**!

Akzeptieren Sie bitte: Die Schlaraffenland-Ideen sind immer da. Sie müssen nur bereit sein, die Vorteile für die Firma zu nutzen!

Die Baustein-Herausforderung

Ideen im Team – Sandburgen oder Konzeptbausteine für die Firmenerfolge von morgen

Immer wieder beklagen sich Mitarbeiter und auch Führungskräfte mit steigender Tendenz darüber, dass zwar Ideen gesammelt werden, jedoch deren Umsetzung im Sand verläuft. Das führt unausweichlich dazu, dass das Engagement, neue Ideen einzubringen, mit jedem Mal ein wenig schwächer wird. Dieser Prozess läuft dann so lange, bis der Endpunkt erreicht wird. Niemand will sich mehr für Ideenimpulse in der Firma engagieren. Dann bringt auch das beste Vorschlagswesen für Ideen nichts mehr. Denn was nützen Ihnen die Instrumente, wenn die mentale Haltung zum Thema Ideen auf einem Tiefpunkt angekommen ist.

Wenn Führungskräfte „Mitarbeiter-Ideenimpulse" ignorieren und unterdrücken, trocknet diese Quelle aus

Apropos Ideenvorschlagswesen: Führungskräften ist oft nicht bewusst, dass das Vorschlagen von Ideen alleine nicht ausreicht. Mitarbeiter wollen dann glasklar erkennen: Was passiert eigentlich mit ihren Ideenimpulsen? Viele bringen auch deswegen Ideen ein, weil sie davon profitieren möchten. Viele

Führungskräfte ignorieren diese Erwartungshaltung, indem sie Ideen sammeln, aber anschließend eindeutig beweisen: Es passiert nichts damit. Mich wundert es dann nur, dass viele Führungskräfte darüber erstaunt sind, dass die Ideenquelle seitens der Mitarbeiter austrocknet.

Wird die „Ideeneinladung" von der Führung ausgesprochen, vergessen viele auf die „Gastgeberregeln"

Es muss Führungskräften klar sein: Ideen sind wertvoll! Innovationen stärken die Firma! Aus Ideen können ganz neue Geschäftsfelder entstehen! Selbst Mitarbeiter, die noch Lehrlinge sind, können oft hervorragende Ideenimpulse abliefern. Viele vergessen in diesem Zusammenhang jedoch darauf, dass sie beim Aussprechen der Ideeneinladung auch die Rolle des Gastgebers innehaben. Das heißt, sie müssen dafür sorgen, dass mit dem Rohstoff Ideen optimal umgegangen wird. Leider ist das in vielen Firmen nicht der Fall. Da wird mit viel Trara die Ideensammlung angepriesen, gestartet, und unmittelbar danach kühlt das Ganze ab, und vielversprechende Ideenimpulse können sich nicht mehr entfalten. Im Alltag ist für Ideen auf einmal wieder keine Zeit mehr vorhanden.

Erst im geschlossenen „Team-Innovations-Kreislauf" können Ideen erfolgreich verwirklicht werden – Entscheidungsträger ignorieren dies gerne

Es geht nicht um einen Ideen-Startschuss. Es geht um Folgendes: Sie müssen als Führungskraft dafür sorgen, dass ein *„Team-Innovations-Kreislauf"* aufgebaut und etabliert wird. Leider ignorieren viele Entscheidungsträger das wirklich Wertvollste in ihrer Firma: die **Team-Innovationen**. Gehen Sie nicht diesen gefährlichen Weg, der bis zum Niedergang führen kann! Dass dies so sein kann, beweisen die vielen Konzernpleiten seit 2011 in Deutschland und in Österreich. Hier sind viele Konzerne von der Landkarte verschwunden, bei denen sich Jahre davor alle Entscheidungsträger und Mitarbeiter einig waren: *„Wir sind so groß – uns kann nichts passieren."* Falsch gedacht! Wer die Firma nicht ständig durch Team-Innovationen aufwertet, sie dadurch auf einem zukunftsorientierten Erfolgskurs hält, fährt auf die Klippen der Kundenunzufriedenheit und geht unter.

Mitarbeiter, die die Einladung zum Ideensammeln ausschlagen, schwächen sich selbst am meisten!

Ich weiß, liebe Mitarbeiter, dass es oft nach zusätzlichen Belastungen durch die Führungskräfte aussieht, wenn diese Sie dazu einladen, Ideen zu sammeln. Manche Mitarbeiter vertreten in diesem Zusammenhang auch die

Meinung: *„Jetzt kommt er schon wieder mit so etwas Komischem an. Wir haben doch im Alltag ohnehin viel zu viel zu tun. Wofür brauchen wir noch die Ideen?"* Wenn Sie bisher die Baustein-Herausforderungen gelesen haben, dann haben Sie längst auch die Antwort auf Ihre Frage: Weil auch Sie sonst damit rechnen müssen, dass Sie mit dem Schiff namens Firma untergehen. Selbst wenn es nicht so weit kommt, werden Sie spüren, dass die aktuelle Situation Ihrer Wettbewerbsfähigkeit nicht zufriedenstellend ist.

Die Baustein-Aktivierung

Vor dem Ideensammeln steht die innere Bereitschaft, die Vorschläge zu verwirklichen

Ungeachtet, ob Führungskraft oder Mitarbeiter – Sie müssen bitte innerlich bereit sein, dass aus Vorschlägen Realität wird! Das ist das Wichtigste, bevor Sie mit dem Sammeln von Ideen beginnen. Wenn Sie sich dafür entscheiden, aktiv Ideen zu sammeln, müssen diese nicht nur ausgewertet werden, sondern alle müssen innerlich bereit sein, sie in die Alltagsabläufe einzubetten.

Ideen-Sammelstelle installieren, aktivieren und von den Führungskräften aktiv forcieren

Wenn Sie sich für das aktive Sammeln von Ideen entscheiden, dann installieren Sie bitte in Ihrer Firma eine *„Ideen-Sammelstelle"*. Alle sollen die Möglichkeit haben, ihre Ideen dort zu deponieren. Wichtig ist, dass die Sammelstelle anschließend aktiv beworben wird. Das heißt, dass gerade die Führungskräfte einer Firma müssen immer wieder dahingehend animieren, sich in diesen Prozess einzuklicken und aktiv mitzumachen, damit gewinnbringende Ideenimpulse entstehen können.

Ideenspender wollen ernst genommen werden

Egal, ob Führungskraft oder Mitarbeiter – belächeln Sie die Ideen-Spender bitte nicht! Sie geben Ihnen Impulse. Natürlich ist eine Idee nicht ein optimal ausgereiftes und somit entwickeltes Konzept. Viele Ideenimpulse werden vielleicht wirklich verrückt klingen, ja sie werden sich später vielleicht sogar als sinnlos herausstellen. Das ist gut so, denn nicht jede Idee kann verwirklicht werden. In der Phase, in der Ideen gesammelt werden, dürfen jedoch keine Grenzen gezogen werden! Konzerne mit Weltruf, Nischenanbieter in Heimatmärkten, die ebenfalls zu den Weltmeistern gehören, beweisen immer eindeutig, dass **kuriose** und **verrückte Ideen** auf einmal die **ertragreichsten Geschäftsfelder der Firma** sind. Es wäre doch töricht, sich diese Chancen entgehen zu lassen, nur weil man beim Ideensammeln die ersten Impulse ins Lächerliche zieht.

Führungskräfte müssen sich ihrer „Ideen-Gastgeberrolle" immer bewusst sein

Wenn Sie als Führungskraft das Umfeld einladen, Ideen einzubringen, zu sammeln, zu entwickeln usw., dann müssen Sie auch dafür sorgen, dass diese reifen können. Alle Prozesse sind im Team festzulegen. Das bedeutet: vom Ideensammeln bis zur Integration im Alltag. Machen Sie bitte daraus wirklich eine Team-Gemeinschaftsproduktion. Alle sollen daran mitwirken; jeder soll sich einbringen. Denn nur so ist gewährleistet, dass Ideen tatsächlich Realität werden können.

Die Rahmenbedingungen für den „Team-Innovations-Kreislauf" müssen im Team erarbeitet und beschlossen werden

Das Gleiche gilt für die Rahmenbedingungen, die für einen funktionierenden *„Team-Innovations-Kreislauf"* notwendig sind. Alle in der Firma sollen festlegen, wie man optimal zu Ideen kommt. Sie wissen sicher, dass die mittlerweile marktbeherrschenden Start-up-Firmen wie Google, Ebay, Amazon & Co. unter anderem *„Denkzonen"* haben, in denen Mitarbeiter darüber nachdenken können, was aus ihrer Sicht morgen IN sein wird, welche Ideen zu favorisieren sind, wie man sich besser als alle anderen am Markt behaupten kann uvm. Dazu gehört auch, wie man sich das Leben beim täglichen Durchführen von Aufgaben und Aktivitäten erleichtern kann. Diese Firmen geben den Mitarbeitern in der Arbeitszeit somit die Gelegenheit, sich wirklich mit Innovationen intensiv auseinanderzusetzen. Sie sollten diese Systeme nicht 1:1 kopieren, sondern Ihre eigenen entwickeln. Legen Sie im Team fest: Wie kann man in Ihrer Firma Ideen einen Raum geben = Zeit und Möglichkeiten, damit sie sich optimal entfalten können.

Mitarbeiter ideenlos oder Ideenquelle: Das ist Ihre Entscheidung – Ihre berufliche Situation

Liebe Mitarbeiter, liebe Führungskräfte, eines muss Ihnen klar sein: Eine ideenlose Firma hat in der heutigen Zeit langfristig keine Überlebenschancen. Machen Sie also mit! Sorgen Sie für eine optimale Ideenquelle, die immer sprudelt! Wenn Sie sich dafür entscheiden, dann werden Sie auch einer rosigen beruflichen Situation entgegengehen, die sich dann auf einem zufriedenstellenden Niveau etabliert.

Ziele-&-Zeit-Architekten steuern ein TEAM Richtung Erfolg

Leitgedanke Führungskraft

Lustvoll Geplantes verwirklichen

Wohin? Wie hin? Wann hin? So beginnen Fragen immer rund um die Themen Ziele und Zeit. Mittlerweile stöhnen auch schon Führungskräfte und Chefs sehr häufig über die **Mangelware Zeit**. Der Grund liegt nicht darin, dass die Aufgaben mehr geworden und die Tage kürzer geworden sind. Der Grund ist die **Regie**, die **Sie** als Führungskraft **forcieren**. Selbst wenn Sie jetzt aufschreien und sagen: *„Herr Panhölzl, das stimmt doch nicht! Schauen Sie sich bitte doch alleine mal das E-Mail an. Was ich hier tagtäglich an Fragen und Infos erhalte. Mit dem Handy, wo man immer und überall erreichbar ist uvm. Das kann nicht sein. Wir arbeiten heute doch viel mehr als früher. Es muss viel mehr in kürzerer Zeit bearbeitet werden."*

Gut! Auf den ersten Blick könnte man Ihnen fast Recht geben. Denn ungeachtet, was Sie zu dem von mir bereits Aufgezählten noch anführen: Es entspricht sicher der Realität. Doch ich spreche hier **von Ziele-&-Zeit-Architekten**. Das bedeutet: Es geht im Wesentlichen darum, wie **Sie Ihre Zeit managen**. Wie Ihr Zeit-&-Ziele-Gebilde aussieht.

Nehmen wir einmal das Beispiel E-Mail-Kommunikation: Nur weil es heute **technisch** möglich ist, mehr Informationen zu erhalten und sie zu bearbeiten, heißt das noch lange nicht, **dass Sie selbst dazu in der Lage sind**. Das ist absurd. Der Kunde möchte auch nicht immer eine temporeiche Beantwortung, sondern eine qualitätsorientierte. Eine, mit der er etwas anfangen kann. Nur weil technisch vieles möglich ist, heißt das noch lange nicht, dass es sinnvoll ist, alles auszuschöpfen, was einem die neue Technologie bietet.

Aus meiner Sicht zeigen doch gerade die Großkonzerne, allen voran die Firmen, die für das technologische Zeitalter stehen, dass sie eher eine ablehnende Haltung gegenüber den Kunden einnehmen und keine offene Kommunikation lieben. Das beste Beispiel dafür sind die unzähligen **Handynetz-Betreiber**. Natürlich haben sie ihre Service-Hotlines etc. Doch Sie wissen, dass Sie dort sehr selten Gehör finden. Das ist übrigens in vielen Konzernen der Fall. Man will oft gar keinen persönlichen Kontakt mehr, sondern man soll sich per E-Mail melden. Viele Konzerne zeichnen sich dann dadurch aus, dass man oft sehr lange warten muss, bis man eine Antwort erhält. Ich könnte jetzt sagen: Ich verstehe das, denn die Konzerne sparen ja beim Personal ein. Das bedeutet: Die Schwachstelle ist das letzte Glied der Kette. **Nämlich der Mensch**. Jede Anfrage lässt sich nicht automatisiert beantworten. Hier sollte der Mensch eingreifen. Doch wenn der **Mensch Mangelware** ist, weil er laut den Erbsenzählern für die Firma zu teuer ist, dann es ist um die Kundennähe sehr schlecht bestellt.

Der **Kunde** merkt dann richtig, dass er eigentlich ein **Störfaktor** ist. Und obwohl es technisch scheinbar möglich ist, ist er heute oft hilfloser als früher, als er noch über das klassische Telefon mit Wählscheibe angerufen hat.

Ein **gutes Beispiel** möchte ich Ihnen auch aus dem eigenen Unternehmen erzählen. Vor vielen Jahren haben wir intern diskutiert, ob es sinnvoll ist, freitags bis 17 Uhr offen zu halten. Seit der Gründung der Firma war es üblich, am Freitag um 12 Uhr das Büro zu schließen. Sie können sich vorstellen, das war sehr beliebt. Insbesondere unsere Mitarbeiter haben dann immer gesagt: *„Das ist super, da kann ich noch einiges erledigen: Einkäufe, Behördengänge etc., und am Samstag und Sonntag können wir das Wochenende in vollen Zügen genießen."* Es kam dann die Idee auf, ob man es nicht doch einmal ausprobieren sollte, am Freitag bis 17 Uhr offen zu halten. Es ist heute einfach IN, dass man persönlich erreichbar ist. Es bildeten sich dann zwei Lager. Die einen sagten: *„Naja, das wäre vielleicht doch sinnvoll."* Das andere Lager, zu dem auch ich gehört habe, meinten eher: *„Nein, ich glaube es passt, wenn wir es so belassen, wie es ist."* Unsere Kunden können ihre Wünsche, Bedürfnisse usw. bis Freitag 12 Uhr deponieren, und wir erfüllen sie gerne. Alles danach wird dann am Montag erledigt. In dringenden Fällen – wir sehen uns die E-Mails regelmäßig an – reagieren wir umgehend. Dies ist aber dann die Aufgabe der Führungsseite. Die Mitarbeiter können dann wirklich ab Freitag 12 Uhr das Wochenende genießen.

Ich habe damals ebenfalls ein Buch geschrieben und gesagt: *„Gut, testen wir es. Wir lassen das Telefon eingeschaltet, und ich schaue mal, was sich so ab Freitagmittag tut."* Das Ergebnis war eindeutig: Natürlich haben ein paar Kunden angerufen. Doch ob sie mich jetzt persönlich erreicht hätten oder nicht, wäre für ihre Anliegen und Bedürfnisse nicht ausschlaggebend gewesen. Auf den Punkt gebracht: Es hätte auch gereicht, mit ihnen am Montag Kontakt aufzunehmen. Die Kunden sahen dies genauso. Wir haben uns dann entschieden, das Büro weiterhin freitags um 12 Uhr zu schließen und am Montag wieder voller Energie für den Kunden da zu sein und zwar mit Hingabe, mit Qualität, mit einem echten Service-Versprechen. Mit der Freude, für ihn tätig sein zu dürfen.

Mir war es immer wichtig, dass **unsere Kunden wirklich spüren**, dass sich alle Mitarbeiter ehrlich um sie bemühen. Dass sie Freude haben, wenn sie anrufen. Dass sie wirklich innerlich bereit sind, alle Aufgaben und Aktivitäten, die durch eine Anfrage, einen Anruf, etc. entstehen, aus Überzeugung zu erfüllen. Genau das ist bis heute der Fall. Alle Mitarbeiter waren von der Entscheidung hoch begeistert. Und wie gesagt, wenn uns Kunden kontaktieren, ziehen sich das **echte Bemühen**, die **echte Begeisterung** wie ein roter Faden durch alle Mitarbeiter. Und das ist aus der Sicht des Kunden **das Wichtigste**.

Ziele werden sehr häufig mit Zwang, Druck und Entbehrung verknüpft. Eigentlich sollten sie ein **positiver, motivierender Zukunftsblick** sein. Sie als Führungskraft sind dafür verantwortlich, dass alle im Team innerlich bereit sind, das Geplante lustvoll zu verwirklichen. **Mit der Brechstange erreichen Sie gar nichts**. Ganz im Gegenteil. Das Team wendet sich ab, Zielverluste steigen, und dann ist der Schaden wesentlich größer, als hätten Sie vorher die Ziele als Architekt so geplant, dass sie auch menschlich erfüllbar sind.

Viele Führungskräfte behaupten dann: *„Das geht halt nicht mehr. Das Tempo entscheidet. Wir müssen fertig werden.“* Ein gutes Beispiel sind unter anderem Baufirmen und andere Handwerksbetriebe, die sagen: *„Wir müssen die Baustelle schaffen.“* Damit das funktioniert, werden dann Mitarbeiter abgezogen, es kommt zu Neueinteilungen und zum damit verbundenen Verwirrspiel. Viele Mitarbeiter sagen dann zu mir: *„Herr Panhölzl, das ist mittlerweile echt furchtbar. Man ist gerade bei einer Baustelle tätig, dann kommt der Befehl vom Vorgesetzten oder Chef: Man wird abgezogen und kommt auf eine andere Baustelle. Immer wieder müssen wir uns in die Aufgaben hineindenken. Da verlieren wir viel wertvolle Zeit. Und dann sind wir auch mit anderen Mitarbeitern zusammen. Die Partie passt also nicht immer. Sie ist nicht so optimal eingespielt und das führt wieder zu Verzögerungen. Der negative Kreislauf beginnt dann wieder von vorne zu laufen. Denn auf der Baustelle, von der man abgezogen wurde, brennt dann wieder der Hut: Hier ist man dann im Rückstand.“*

Durch dieses ständige Hin und Her passieren viel mehr Fehler, als würde man konsequent eine Baustelle nach der anderen fertig machen. Dies können Mitarbeiter und sogar Führungskräfte beweisen. Und jetzt kommt der

Hammer: Viele Führungskräfte und Chefs ignorieren ihre eigene Meinung. Sie sagen dann: *„Ja, das stimmt schon. Aber wir können das System einfach nicht ändern, denn der Kunde geht vor.“* Man sieht hier oft, wie vernagelt auch Führungskräfte sind. Sie erkennen eigentlich längst, dass das ständige Hin und Her eigentlich nur dazu führt, dass sie noch mehr aufwenden müssen, um die Fehler wieder zu beseitigen. Das bedeutet, statt weniger wird es noch mehr Arbeit!

Werden Sie ein wirklicher, aufgeschlossener **Ziele-&-Zeit-Architekt**, indem Sie bereit sind, **sich selbst und das gesamte Team Richtung Erfolg zu steuern**.

Leitgedanke Mitarbeiter

Aufzeigen, wie es besser geht

Bereits beim Leitgedanken *„Führungskraft“* habe ich darauf hingewiesen, wie wichtig es ist, sich die täglichen Abläufe rund um die Themen Zeit und Ziele anzusehen, um dort **Optimierungsmaßnahmen** durchzuführen, **wo es notwendig ist**. Das liegt mir deswegen so am Herzen, weil ich genau in diesem Zusammenhang in meiner Tätigkeit als Wirtschaftstrainer sehr oft Pannen und Fehlverhalten feststellen musste.

Ich bitte Sie, liebe Mitarbeiter, konsequent mit Ihren Führungskräften daran zu arbeiten, dass **Ziele und Zeit in Einklang stehen**. Alles andere bringt nichts. Man kann Zeit & Weg nicht unendlich abkürzen, die daraus entstehenden Fehler nicht einfach vom Tisch wischen. Denn jeder Fehler, der durch Schlampigkeit, Zeitdruck usw. entsteht, führt zu einer **Verschärfung dieses negativen Kreislaufs**.

Ich weiß, und das habe ich auch beim Leitgedanken *„Führungskraft“* bereits deponiert, dass hier die Führungskräfte häufig auf einen Mitarbeiter so wirken, als wären sie auf beiden Ohren taub. Sie wollen diese Entwicklung ganz einfach nicht wahrhaben. Sie sind von ihrem eigenen Weg überzeugt. Wenn es heißt: Wir machen das zuerst, dann wird das gemacht. Auch wenn gerade wichtige Arbeiten liegen bleiben.

Bitte werfen Sie nicht das Handtuch! Sondern sind Sie mit der Führungskraft noch einmal bereit, gemeinsam daran zu arbeiten, dass Sie optimale Ziele-&-Zeit-Architekten werden. Genau aus diesem Grund habe ich so viel Zeit investiert, um den organischen Bauplan erfolgreicher Teams zu entschlüsseln. Ich wollte wirklich wissen: Was machen jene Teams, die mehrheitlich erfolgreich am Markt glänzen, die sich das Leben gegenseitig erleichtern, wo alles geschmierter und somit besser läuft.

Eine der wichtigsten Erkenntnisse aus dieser Entschlüsselung war es, dass sie wirklich optimale Ziele-&-Zeit-Architekten sind. Sie haben diese wichtige Erfolgszutat optimal im Griff und sind auch bereit – ich betone: tabulos, – darüber zu sprechen. Niemand pocht auf seine Stellung. Es kommt seitens der Führungskräfte auch zu keinem Macht-Missbrauch, so nach dem Motto: Ich habe das gesagt, so wird es durchgezogen! Alle haben die gleiche Stimme. Alle wirken gemeinsam daran mit, sich das Leben rund um die Themen Ziele und Zeit zu erleichtern.

Natürlich muss man sich Ziele stecken, die anspornen. Bitte, liebe Mitarbeiter, verwechseln Sie das nicht, dass man es sich so leicht macht, in dem man die Ziele extrem verkleinert. Eine Firma kann nur **wettbewerbsfähig** sein, wenn sie **erfolgreich** am **Markt agiert**. Dazu gehört es auch, dass man z.B. als Verkäufer eine gewisse Anzahl an Aufträgen abschließt. Dass man in einem Geschäft gewisse Kunden bedient. Dass man auf der Baustelle zügig arbeitet, um Zeitverluste und somit Leerlaufzeiten vermeiden uvm. Das wissen Sie aus der Praxis.

Die Frage ist eigentlich nur: Sind Sie bereit, in der Firma Ihr Wissen einzusetzen? Ich möchte Ihnen noch eine kleine Geschichte zu den Themen Ziele und Zeit aufzeigen: Ich habe in einem Installations-Betrieb mit 23 Mitarbeitern und 5 Führungskräften ein Firmentraining durchgeführt. Bei der Stärken-&-Schwächen-Analyse kam heraus, dass es viele Leerlaufzeiten gibt. Die Chefs und die Vorarbeiter waren der Meinung: Die Mitarbeiter könnten effizienter arbeiten. Diese wehrten sich blitzartig im Firmentraining mit dem Hinweis: *„Das stimmt nicht, Herr Panhölzl, wir geben immer unser Bestes.“* Sie zeigten einfach Probleme und Hürden auf, die nicht zu bewältigen sind. Es entstand ein schneller Dialog zwischen mir und den Mitarbeitern; und wenn man schnell spricht; dann hören die Gesprächspartner nicht genau hin und tappen in die rhetorische Falle. Denn ich sagte auf einmal blitzartig zu einem der Mitarbeiter: *„Das heißt also, Sie können nicht schneller arbeiten. Sie arbeiten also auch im gleichen Zeittempo und mit der gleichen Zielsetzung, wenn Sie pfuschen?“* Darauf – scheinbar ohne nachzudenken – antwortete der Mitarbeiter: *„Nein, nein, Herr Panhölzl, wenn wir pfuschen, geht natürlich alles schneller. Da weiß ich schon, wie wir so effizient wie möglich arbeiten, und dort sind wir auch materialschonend unterwegs. Da geht es ja um unser Geld.“*

Stille! Stille! Stille! Sie können sich vorstellen, kaum hat der Mitarbeiter diese Worte ausgesprochen, war es absolut ruhig.

Die Firma ist ein Teil von Ihnen, und **Sie sind ein Teil der Firma**. Bitte vergessen Sie das nicht. Und daher meine ganz große Bitte: Zeigen Sie immer auf, wie es besser geht zum Wohle aller, und auch Sie werden davon profitieren. Nur **top eingespielte Ziele-&-Zeit-Architekten** sind in der Lage, die zukünftigen Herausforderungen der Wirtschaft in einem vernünftigen zeitlichen Rahmen zu meistern.

Die Baustein-Herausforderung

Viele Menschen nehmen sich wenig Zeit für die Analyse und die Einteilung ihres täglichen Zeitbudgets

Eine Studie hat es vor vielen Jahren – aus meiner Sicht eindeutig! – auf den Punkt gebracht: Viele Unternehmer, viele Führungskräfte und daraus resultierend auch Mitarbeiter arbeiten mit vollem Einsatz im Unternehmen, aber **nicht am Unternehmen**. Diese Studie hat mich dahingehend inspiriert, in vielen Vorträgen und Seminaren auf dieses Manko hinzuweisen. Eines sollten Sie akzeptieren: Nur erstklassige Ziele- und Zeitarchitekten sind in der Lage, sich selbst und ihr Team in eine erfolgreiche Zukunft zu führen. Dazu gehört es auch, dass man sich Auszeiten vom Alltag nimmt, um sich mit dem Wertvollsten, das Sie besitzen, auseinandersetzen zu können: mit der Zeit!

Auch mit viel Druck können falsche Ziele- & Zeitvorgaben nicht bewältigt werden

Viele Entscheidungsträger und auch Mitarbeiter behaupten: *„Wir haben im Alltag keine Zeit, uns über die Zeit Gedanken zu machen. Wir müssen Gas geben: Der Kunde wartet schon!“* Solche und viele ähnliche Aussagen untermauern dieses Statement. Was jedoch dabei immer wieder übersehen wird, ist die Tatsache: Auch wenn Sie den Druck noch so erhöhen können – Sie können Zeit und Weg nicht abkürzen! Das erkennen dann auch viele Mitarbeiter im Alltag, und sie präsentieren diesen Unlustzustand z.B. im Zuge einer dafür geeigneten Besprechung. In dieser stellen sich dann oft die Führungskräfte taub, weil sie im Moment keinen Ausweg aus diesem negativen Kreislauf finden. Davon lassen sich die Mitarbeiter wieder anstecken. Alle glauben dann: *„Ja, es ist so. Wir können es eh nicht ändern. Wir müssen es so hinnehmen, wie es ist.“* Eine komplett falsche Einschätzung der Situation!

Wenn alle unter „Dauerdruck“ stehen, läuft es immer schlechter

Allen in einer Firma muss klar sein: Wenn alle unter Dauerdruck stehen, schwächt das zunehmend das Team. Ich spreche hier nicht von kurzfristigen Phasen, die man immer wieder hat, sondern von einem chronischen Zustand. Den diagnostiziere ich leider oft, wenn ich Firmentrainings durchführe. Ich bin dann eigentlich erstaunt, dass sich Führungskräfte und Mitarbeiter über den schlechten Zustand wundern, wenn sie ihn doch selbst tagtäglich verursachen. Es müsste allen bewusst sein, dass durch einen Dauerdruckzustand die Leistungsfähigkeit des Teams immer darunter leidet.

Was technisch planbar ist, muss nicht menschlich erfüllbar sein

Sie kennen das sicher aus eigener Erfahrung: Auf dem Reißbrett schaut alles einfach aus. In der Theorie kann man alles locker planen, denn Zahlen sind geduldig. Viele vergessen bei ihren Planungen und bei der Festlegung von Zielen, dass diese auch menschlich erfüllbar sein müssen. Ein Ignorieren kann für viele Firmen sehr teuer werden, wenn man auf einmal in der Praxis erkennt, dass Geplantes nicht verwirklicht werden kann.

Wer „Zeit- & Ziele-Störfaktoren“ bereits kennt und sie ignoriert, nimmt bewusst viele vermeidbare Verluste in Kauf

Es ist für mich immer wieder ein erschreckendes Bild, wenn ich mir in Firmentrainings die Zeit- und Ziele-Probleme ansehe. Dabei wird immer sehr schnell sichtbar: Viele Störfaktoren sind eigentlich bekannt, doch niemand ist bereit, etwas dagegen zu tun. Man weiß also, dass man täglich zwar immer wieder das Falsche macht, aber trotzdem wird nichts daran geändert. Es gibt also falsche Zielvorgaben, falsche Zeiteinschätzungen. Wie gesagt: Allen ist es bekannt. Jeder sagt: *„Das ist unmöglich im Alltag. Das können wir so nicht schaffen!“* Und trotzdem beginnt man jeden Tag genauso wie den vergangenen. Das ist nicht nur unprofessionell, sondern für mich eigentlich verrückt. Spätestens nach einigen Wochen sollte man doch wissen, dass etwas nicht machbar ist; und dann muss es zu Korrekturen kommen. Doch wie so oft: Dafür hat man offensichtlich keine Zeit, und man beginnt lieber wieder mit dem gleichen negativen Kreislauf.

Die Baustein-Aktivierung

Jeder Mensch hat das gleiche Zeitbudget – was jeder daraus macht, ist entscheidend

Fühlen und akzeptieren Sie diese Erkenntnis. Denn sehr häufig mache ich die Erfahrung, dass sich viele Menschen ihrer nicht bewusst sind. Jeder Mensch hat tatsächlich das gleiche Zeitbudget zur Verfügung. Es geht also immer darum, was Sie daraus machen. Planen Sie Ihr Zeitbudget gut. Analysieren Sie es ständig, wenn Sie Unregelmäßigkeiten feststellen. Tun Sie das bitte so lange, bis Sie herausgefunden haben: Was ist Ihr optimaler Weg? Wie schaffen Sie es, Ihre Ziele in der Zeit zu finalisieren, die Ihren Vorstellungen entspricht? Genau so muss eine Führungskraft eine Firma führen. Jeder einzelne in der Firma muss für sein Zeitbudget sensibilisiert werden. Erst durch das ständige Feinabstimmen kann dann eine optimale Planung entstehen; die in erfolgreiche Zielen mündet.

Nicht „was wir machen“, sondern „wie wir es machen“ beeinflusst die Phasen zum Ziel

Manche Menschen stehen sich selbst im Weg. Stoppen Sie ab heute diese negative Entwicklung bei sich selbst und in Ihrem Umfeld! Es geht nicht darum, was wir machen, sondern **wie wir es tun!** Genau darauf sollten Sie Ihr Augenmerk richten. Wenn Sie merken: Es läuft etwas unrund, es gehört verbessert – dann tun Sie es! So lange, bis Sie herausgefunden haben, wie man die Phase zum Ziel optimal durchführen kann. Gerade bei regelmäßigen Aufgaben und Aktivitäten ist die Analyse ein besonders wichtiges Werkzeug. Sie müssen immer wieder selbstkritisch die Abläufe durchleuchten, und zwar so lange, bis sie optimal laufen. Wer dazu bereit ist, kommt schneller in den Genuss optimaler Abläufe, als jene, die permanent zuwarten und sich über einen negativen Zustand beklagen.

Raus aus der „Ziele- & Zeitdruckwelle“ – rein in die „positive & aktive Gestalterrolle“

Es ist und bleibt Ihre Entscheidung! Wollen Sie ständig unter Druck arbeiten, der Sie schwächt; der letztendlich auch Ihre Firma nach unten zieht? Oder wollen Sie ein aktiver positiver Gestalter sein? Sagen Sie jetzt bitte nicht, das geht nicht! Das stimmt nämlich nicht! Wir haben gerade festgestellt: Jeder hat das gleiche Zeitbudget. Die einen gehen damit sorgfältig und zielorientiert als aktive Gestalter um, die anderen verplempern es. Ja, genauso ist es. Sie müssen sich entscheiden: Wollen Sie lieber Druckwellen aufbauen, weil Sie sich dann durch das unprofessionelle Vorgehen immer wieder in solchen Phasen befinden, oder entscheiden Sie sich für das andere? Für die positive, aktive Gestalterrolle. Wenn Sie jetzt sagen: *„Das klingt aber sehr einfach, Herr Panhölzl. Kann das wirklich funktionieren?"* Dann sage ich: *„Wollen Sie es wirklich komplizierter haben?"* Nutzen Sie doch die Einfachheit und probieren Sie es ganz einfach aus! Sie werden sehen: Wer als Ziele- und Zeitarchitekt positiv und aktiv die Zukunft formt, gestaltet und durchzieht, gehört immer zu den Gewinnern.

Zahlen im Ziel motivieren nicht

Unsere Welt besteht sehr häufig aus Zahlen. Das hat aus meiner Sicht auch einen einfachen Grund: Man kann mit ihnen sehr viel machen, was mit menschlichen Gefühlen nicht möglich ist. Sie können Zahlen addieren, subtrahieren, multiplizieren, dividieren. Das alles ist mit menschlichen Eigenschaften nicht möglich. Insbesondere Entscheidungsträger übersehen dabei, dass Zahlen nicht motivieren. Denn was soll schon an einer großen Zahl anziehend sein, wenn ich gleichzeitig daran denke, was ich alles an Aufwand betreiben muss, damit ich halbwegs hinkomme? Viele Zahlen haben oft nur eine Wirkung: enormen Druck auf das Team zu erzeugen. Wenn Sie die Zahlen und somit die Ziele präsentieren, dann bitte gleichzeitig auch, wie sie menschlich erreichbar sind. Akzeptieren Sie bitte: Ziele-Ergebnisse lassen sich leicht berechnen. Erreicht werden sie von den Menschen, die sich dafür einsetzen.

Zeit- und Ziele-Störfaktoren sind nicht das Problem – sie zu ignorieren schon

Sie können ein noch so hervorragender Ziele- und Zeitarchitekt sein, es wird Ihnen nicht erspart bleiben, dass in den Erfüllungsphasen regelmäßig Störfaktoren eintreten. Das ist jedoch nicht das Problem. Wir sind Menschen, wir machen Fehler. Es passieren Fehler; es passieren unvorhergesehene Dinge uvm. Alle haben letztendlich eine Wirkung: Sie torpedieren unser geplantes Ziel- und Zeitkorsett. Das einzige, was Sie in solchen Phasen tun können: Akzeptieren Sie diesen Störfaktor und versuchen Sie ihn mit allen Mitteln zu eliminieren. Das Schlimmste, was Sie tun können, ist, diese Störfaktoren zu ignorieren. Denn dann vermehren sie sich rasant und führen bei Ihren Planungs- und Zielevorgaben oft zu unschönen Turbulenzen.

Das Konfuzius-Prinzip = Erfolgreich & nachhaltig wirtschaften im 21. Jahrhundert

Leitgedanke Führungskraft

Harmonie & Moral – Die 2.500 Jahre alten Weisheiten sind der Erfolgs-Rohstoff von heute

Bei Konfuzius ist man sich nicht genau sicher; doch laut Überlieferungen lebte er vermutlich von 551 bis 479 vor Christus. Ich bin überzeugt, auch Sie haben schon irgendwann einmal etwas von Konfuzius, seinen Weisheiten, seiner Lehre uvm. gehört. Das Besondere an Konfuzius ist meiner Meinung nach aus der heutigen Sicht, dass seine Lebensweisheiten, sein zentrales Thema mehr denn je **Gültigkeit** haben.

Das zentrale Thema war die **menschliche Ordnung**, die seiner Meinung nach mit Achtung vor anderen Menschen, Lebewesen usw. zu tun hat. Man spricht gerne auch von: in sich ruhen. D.h. das **höchste menschliche** Ziel soll es sein, Harmonie und Mitte ins Gleichgewicht zu bringen. Man wird das nie 100 %ig erreichen. Das war offensichtlich Konfuzius auch vor 2.500 Jahren schon klar. Wichtig ist, dass man nie aufgibt, wie ich es heute immer gerne sage, einen optimalen, akzeptablen Rahmen zu erreichen.

Besonders wichtig bei Konfuzius sind für mich **Harmonie (1) & Moral (2)**. Leider muss ich liebe Führungskraft, im Zuge meiner Firmentrainings immer wieder feststellen, dass auf der einen Seite gerne von Firmenphilosophie, Wohlfühlen, Lebensqualität und ähnlichen Erfolgszutaten gesprochen wird. Ich will hier den Führungskräften nicht absprechen, dass sie das ernst meinen. Doch wie so oft gibt es ein Problem bei diesen Erfolgsrohstoffen. Denn auf der anderen Seite folgen nach den wunderschönen Worten oft nicht die Taten im notwendigen und gleichen Ausmaß.

Viele Führungskräfte rechtfertigen sich dann so: *„Herr Panhölzl, wir wollen das ja wirklich leben. Doch das Problem ist: Der Markt lässt es nicht zu.“* Das beginnt schon bei den Gehältern. Auch wenn mir die Mitarbeiter Folgendes sehr selten glauben, ist es doch so, dass ich viele Unternehmer kennen gelernt habe, die den Mitarbeitern wirklich mehr zahlen möchten.

Hier sagen mir viele Chefs und deren Führungskräfte in 4-Augen-Gesprächen: *„Herr Panhölzl, wenn wir es in der Kalkulation unterbringen würden, würden wir gerne mehr bezahlen."* Der Knackpunkt ist meistens, dass der Kunde dazu nicht bereit ist. Viele Unternehmer sagen dann zu mir: *„Herr Panhölzl, was soll ich machen? Ich kriege den Preis am Markt nicht unter. Ich habe heute meinen Konkurrenten, der mich unterbietet und sich auf den ersten Blick auch nicht viel schlechter als wir präsentiert. Was soll ich denn machen? Ich muss konkurrenzfähig bleiben. Und da kann ich halt nur den Kollektiv bezahlen."* Auf den ersten Blick stimmt das natürlich, denn die Marktsituation ist tatsächlich in vielen Branchen genauso wie gerade beschrieben. Wenn man jedoch ein wenig tiefer in die Sache hineintaucht, dann müsste man ehrlich sagen: *„O.K., das stimmt zwar aktuell, doch wir könnten etwas ändern: z.B. Austausch der Zielgruppe. Wir könnten gemeinsam im Team versuchen, dass wir Produkte und Dienstleistungen bei den Zielgruppen forcieren, die bereit sind, mehr zu bezahlen. Die nicht nur in der Lage sind, es zu tun, sondern die wir wirklich davon überzeugen können, dass unsere Qualität über eine derartige Wertigkeit verfügt, dass der Preis gerechtfertigt ist."*

Ich kann mir gut vorstellen, dass an dieser Stelle jetzt einige Führungskräfte sagen werden: *„Leichter gesagt als getan."* Damit haben Sie Recht. Es bedarf schon einiges an Mut, sich derartig zu verändern.

Führungskräfte müssen auch erkennen, dass nicht alles, was sie selbst gerne forcieren, möglich ist. Doch Geld alleine und somit auch das Einkommen sind mit Sicherheit nicht ausschlaggebend dafür, dass man begeisterte Mitarbeiter erhält, die sich tagtäglich auch für die Firma und alle damit verbundenen Aufgaben engagieren.

Umfragen unter Mitarbeitern bestätigen Folgendes **eindeutig**: Den meisten geht es hauptsächlich darum, dass sie sich in ihrer Firma wohl fühlen, dass ein optimales Betriebsklima besteht und sie als Mensch behandelt werden. Weiters, dass die Chefs sie wertschätzen und dafür belohnen, was sie tagtäglich leisten. Sie wollen also richtig spüren und fühlen, dass ihre Arbeit wichtig ist und dass sie ehrlich geschätzt wird.

Bei Umfrage-Ergebnissen staunt man richtig. Viele nennen als Traumjob Landschaftsgärtner. Der Grund für diese Aussage liegt auf der Hand: Bei einem Landschaftsgärtner sieht man **sofort das Ergebnis** seiner Arbeit. Viele Menschen arbeiten in ihrem Job sehr fleißig und wissen oft gar nicht, wie das Endprodukt aussieht oder wie z.B. der Kunde mit dem Endprodukt zufrieden ist. Sie erfahren also selten, wie zufrieden der Kunde mit dem

Produkt ist, und das wirkt sich auf den betreffenden Mitarbeiter nicht gerade positiv aus. Im Originalton sagen mir dann Mitarbeiter, egal, in welcher Branche sie tätig sind: *„Ich verstehe schon, dass ein Fehler, eine Reklamation und somit verbunden auch die Kritik von einem Kunden zu mir weitergeleitet wird. Dass man auch darüber spricht, wie man diese Unregelmäßigkeiten beheben kann. Was ich aber auch gerne hören würde, ist ein Lob."* Denn vieles wird von den Führungskräften als selbstverständlich eingestuft, obwohl man sich auch für das, was man kann, jeden Tag engagieren muss.

Dies, liebe Führungskraft, kann ich nur unterstreichen. Wenn ein Mitarbeiter für erstklassige Abläufe, eine einwandfreie Vorgehensweise bekannt ist, dann heißt das trotzdem, dass er sich jeden Tag dafür einsetzen und somit engagieren muss. Das, was er gestern geschafft hat, hat nichts mit dem zu tun, was er heute schafft. Für die Erfolge von gestern erhält man keinen Applaus mehr; das interessiert kaum jemanden – nur die Erfolge von heute!

Verwechseln Sie das bitte nicht mit der **Referenz**. Diese zeigt nur auf, was Sie in der Vergangenheit geschafft haben. Das braucht man, das ist wirkungsvoll und bildet eine vertrauensbildende Maßnahme, damit der Kunde JA sagen kann. Der Kunde möchte eines gewährleistet haben: Dass auch bei ihm die Ergebnisse am Ende so positiv sind, wie man sie aus den bestehenden Referenzen herauslesen kann.

Damit wäre ***„Harmonie (1)"*** erklärt. Nun widmen wir uns einer weiteren wichtigen Säule von Konfuzius und seinen Weisheiten: der ***„Moral (2)"***. Im 21. Jahrhundert werden jene Firmen beim Kunden optimal punkten, die **moralisch einwandfrei** nach **innen** und **außen agieren**.

Als ideal galt für Konfuzius das ***„EDLE"***. Das bedeutet: ein **moralisch einwandfreier Mensch**. Das war für Konfuzius das menschlich höchste Ziel. Genauso verhält es sich heute in den modernen Beziehungen zwischen Unternehmer, Führungskraft, Mitarbeiter, Geschäftspartner/Lieferant und Kunde. Das haben auch die Großkonzerne schon längst erkannt, die sich mittlerweile mit nachhaltigen Botschaften schmücken.

Natürlich fragt man sich ab und zu bei Großkonzernen: Ist das nur ein schöner, moralischer Schmuck, damit sie auch in der Zukunft optimal beim Kunden glänzen können, oder meinen sie es im Kern wirklich ernst? Ich habe oft das Gefühl, dass die Absichten bei einigen Großkonzernen wirklich dem entsprechen. Jedoch muss man ganz ehrlich sagen: es ist für viele schwer, moralisch einwandfrei zu agieren.

Hier haben aus meiner Sicht die **kleinen und die mittleren Betriebe alle Trümpfe in der Hand**. Die Nähe der Geschäftsleitung, der Inhaber, der Führungskräfte zu ihren Geschäftspartnern, Lieferanten, Mitarbeitern und Kunden können von den Großkonzernen meistens nicht im gleichen Ausmaß gelebt werden. Hier steht der Mensch wirklich im Mittelpunkt und nicht irgendwelche Entscheidungs-Strukturen in einem fernen Land. Eines muss Ihnen klar sein: Bei einem Großkonzern sitzt irgendwo der Vorstand, der für die ganze Welt zuständig ist. D.h. in einem Land, wo er oft nicht einmal die Kultur der Nachbarländer kennt. Schon gar nicht kann abgeschätzt werden, wie seine Entscheidungen oft tausende Kilometer entfernt wirken: in einem anderen Land, auf einem anderen Kontinent, wo der Konzern tätig ist.

Mit der ***„Moral"*** gehen Führungskräfte mit ihren Mitarbeitern eine **hohe Verantwortung** ein. Die Firma wird zunehmend **gläsern**. Das bedeutet: Die Kunden blicken weit hinter die Kulissen und wollen wirklich eindeutig erkennen: Steht das nachhaltige Wirtschaften, der ressourcenschonende Umgang mit der Welt usw. tatsächlich im Vordergrund, oder ist das nur eine verführerische, verlockende Maske?

In diesem Zusammenhang möchte ich darauf hinweisen, dass viele Führungskräfte dabei übersehen, dass auch **der Mensch** eine **sehr entscheidende Rolle** spielt. Insbesondere Kunden wollen immer stärker erkennen, dass es die Firma auch beim Umgang mit ihren Mitarbeitern, Geschäftspartnern usw. ernst meint. Wenn also ein Großkonzern publikumswirksam und somit imagefördernd bei nachhaltigen Lieferanten einkauft, die wirklich ressourcenschonend agieren, kann er sich des Applauses des Kunden sicher sein. Wenn beim Blick des Kunden hinter die Kulissen der Firma dann heraus kommt, dass zwar die Ressourcen der Welt geschont werden, jedoch die Mitarbeiter beim Zulieferanten oder in der eigenen Firma sklavenartig behandelt werden, dann können sich die Akteure sicher sein, dass sie für diese negative Vorgehensweise vom Kunden extrem **abgestraft werden**. Dass diese Vorgehensweise nicht von mir an den Haaren herbeigezogen ist, zeigen aktuell wieder viele Dokumentationen, die genau DAS aufzeigen. Auf der einen Seite wollen die Großkonzerne glänzen. Doch dort, wo sie sich noch vor neugierigen Blicken der Kunden sicher fühlen, forcieren sie auf der anderen Seite eine negative Vorgehensweise.

Meine besondere Empfehlung bei diesem *„erfolgsfitCode"*-Baustein lautet: **Leben Sie** wirklich nach dem **Konfuzius-Prinzip**. Nicht weil es beim Kunden IN ist, sondern weil Sie es als moralische Verpflichtung ansehen, täglich in Harmonie mit dem gesamten Umfeld wirtschaftlich zu denken, zu planen und zu handeln.

Leitgedanke Mitarbeiter

Edel im TEAM – Würde, Menschlichkeit & Geradlinigkeit

Vor 2.500 Jahren hat es uns Konfuzius schon vorgezeigt und als Lehre mitgegeben, was heute im 21. Jahrhundert wieder absolut *„IN"* ist. Edel im Team heißt tatsächlich mit **Würde (1)**, **Menschlichkeit (2)** und **Geradlinigkeit (3)** täglich mit den Kolleginnen und Kollegen sowie Führungskräften in der Firma zu arbeiten.

Leider sieht dies bei der Analyse eines Teams häufig ganz anders aus. Wie oft habe ich – ich betone: seitens der Mitarbeiter – in den anonymen Schwächen-Auswertungen Folgendes gelesen: Wir sprechen oft hinter den Rücken der Kollegen negativ über sie, vorne lächeln wir, hinten stechen wir ab. Die Gerüchte kochen. Statt dem Miteinander wird das Gegeneinander forciert usw.

Ich könnte hier eine wirklich sehr, sehr lange Liste von solchen Statements anführen. Doch ich bin überzeugt, Sie wissen aus dem Alltag längst, was ich meine.

Konfuzius sagt richtig: Es geht nicht um die Worte, sondern es geht **um die Taten, die den Worten folgen**.

Das heißt für Sie: Sind Sie ab heute bereit, wirklich in **Würde (1) zu arbeiten**? Was heißt das? Dass Sie sich für Ihre Firma einsetzen. Man könnte es auch einmal so sagen: Sind Sie würdig, in dieser Firma tätig zu sein? Vielleicht werden Sie jetzt lachen und sagen: *„Na, der Herr Panhölzl spinnt aber."* Ich weiß, viele sehen das nicht so. Ich war selbst einmal Mitarbeiter und habe als Lehrling – wenn Sie so wollen – ganz klein begonnen. Ich weiß, ich habe auch nicht immer alles ernst genommen, was mein Filialleiter und die Inspektoren gesagt haben, was wir in der Berufsschule oder in den internen Schulungen gehört haben. Ich habe, so wie viele meiner Kollegen, das Ganze über mich ergehen lassen. Man hat einfach die Zeit abgesessen.

Heute weiß ich: **Ich tat diesen Personen Unrecht**. Denn viele von ihnen wollten wirklich nur das Beste, dass wir optimal miteinander zusammenarbeiten. Es gibt nichts Schöneres. Denn längst weiß ich – und das glaube ich, wissen auch Sie, wenn Sie ehrlich sind –: Im aktuellen wirtschaftlichen System geht es darum, **gute Arbeit zu leisten;** sich optimal in ein Team einzubringen.

Die Mitschwimmer, die Mitläufer werden immer weniger, denn Firmen müssen heute sehr genau kalkulieren. Man kann sich **ineffektive Mitarbeiter** einfach **nicht mehr leisten**. Mitarbeiter, die vielleicht auch noch andere im Team hinunterziehen. Das ist bitte keine Ausnahme; diese Schwachstelle treffe ich sehr häufig in Firmen an.

Ich muss dazu sagen, liebe Mitarbeiter, dass dies oft sogar vielen Führungskräften nicht klar ist. Sie werden staunen, wenn Sie mein nächstes Statement lesen. Ich habe Firmen betreut mit mehr als 300 Mitarbeitern. Dort hat unter anderem ein Betriebsrat einmal Folgendes festgehalten: *„Wir kämpfen auch in schlechten Zeiten für unsere Privilegien."* Ich fragte: *„Wenn aber die Firma nicht im Stande ist, sie zu gewährleisten, und sie müsste zusperren, könnten Sie auch damit leben?"* Zu meiner Überraschung sagte der Betriebsrat: *„Ja, es ist mir lieber, wenn wir zusperren, als unter geschwächten Bedingungen zu arbeiten."* Ich muss dazu ergänzen, dass diese Firma in einem großen, weltweiten Konzernnetzwerk tätig ist. Einige Tochterfirmen arbeiten mit viel mehr Hochdruck, und dies wird von den dortigen Mitarbeitern akzeptiert. Nur einer will ausscheren. Dieser Betriebsrat möchte lieber 200 Arbeitsplätze riskieren, obwohl – und das meine ich jetzt wirklich ernst – die Mitarbeiter noch einiges an Privilegien hatten, die nicht in Gefahr waren.

Was verstehe ich unter **Menschlichkeit (2)**? Warum ANDEREN ein Bein stellen? Warum sich selbst besser in Szene setzen, wenn wir doch immer sagen: Wir sind ein TEAM? Selbstverständlich spricht nichts dagegen, wenn man persönliche Erfolge aufzeigt, dafür den Applaus erhält. Das ist sogar **absolut richtig** und **wichtig**. Doch es geht auch darum, dass wir alle anderen als Team-Partner anerkennen! Es gibt Personen, die in einer Firma mehr leisten, die besser sind, die sich leichter tun usw. Doch letztendlich brauchen wir uns alle, damit wir als Team am Markt optimal wirken und dadurch den Applaus bekommen. Wäre es nicht schön, wenn man einen Kollegen, auch einer Führungskraft die Hand reicht, wenn sie stürzt? Wenn eine Person nicht weiter weiß und Sie verfügen über die Lösung?

Mobbing hat im auslaufenden 20. Jahrhundert enorm zugenommen und hat sich leider im 21. Jahrhundert extrem fortgesetzt. Ich glaube, dass jetzt viele bereits die Zeichen der Zeit erkennen. Dass nur **ein starkes Miteinander** eine Firma stärkt. Dass es sehr wichtig ist, sich nicht nur im Privaten wohl zu fühlen, sondern auch beim Arbeiten in der Firma. Ein Teil dieses Wohlfühlens entsteht, wenn wir nicht nebeneinander arbeiten, sondern miteinander.

Geradlinigkeit (3), die Konfuzius hoch schätzt, bedeutet heute: Nicht hinter dem Rücken einer Person mit Dritten zu sprechen. Dies passiert sehr oft im negativen Sinne. Geradlinigkeit bedeutet: das offen anzusprechen, was ausgesprochen werden muss. Es geht nicht darum, jemanden zu verletzen. Man muss nicht immer alles gleich sagen, was einem auf der Zunge liegt. Ein **gewisses Maß an Diplomatie** ist immer angebracht. Das wissen Sie.

Mir geht es darum, dass eine **offene**, **ungeschminkte Kommunikation gefördert** und somit **forciert** wird. Sie wissen aus eigener Erfahrung: Nichts bleibt verborgen. Es kommt immer alles ans Licht, – wenn auch vielleicht zeitversetzt. Aber dann umso mehr mit Bitterkeit angereichert. Sie wissen ganz genau, wie man sich fühlt, wenn man über Dritte erfährt, wie über einen negativ gesprochen wurde. Wenn man auf einmal erkennen muss, dass bestimmte Menschen einem ins Gesicht lächeln und hinten bereits das Schwert in der Hand haben.

Stellen Sie sich ganz einfach die Frage: Muss das sein? Ist das notwendig? Denn selbst wenn Sie geschickt agieren, wissen Sie doch: Wie bei einem Bumerang kommt alles Negative zurück; oft doppelt so hart.

Damit ist klar, was *„EDEL“* im Team heißt. Die Welt braucht neue Werte. Denn gerade die sozialen Netzwerke zeigen, dass **Werte wieder hoch im Kurs stehen**. Warum sollten Sie gerade in Ihrer Firma darauf verzichten?

Die Baustein-Herausforderung

Handeln Sie als Führungskraft im Rahmen Ihrer Möglichkeiten moralisch einwandfrei

Die Zeiten der Patriarchen, der Führungskräfte mit der Peitsche in der Hand sind längst vorbei. Viele Führungskräfte wollen dies noch immer ignorieren. Doch glauben Sie mir: Der Zug ist längst abgefahren. Wenn Sie es nicht glauben, werden Sie es bitter büßen; das meine ich im wahrsten Sinne des Wortes. Denn eines sollte Ihnen als Entscheidungsträger klar sein: In der Zukunft werden nur jene Führungskräfte Erfolge erzielen können, die ihre Teams moralisch einwandfrei führen. Das will nicht nur der Mitarbeiter; das wollen nicht nur Ihre Führungskräfte-Kollegen – dies fordert auch der Kunde ein. Akzeptieren Sie es und beschreiten Sie ab heute einen moralisch einwandfreien Weg!

Sehen die Mitarbeiter zu Ihnen mit Anerkennung und Begeisterung auf, oder sehen sie weg?

Ich spreche nicht davon, wie Sie es gerne hätten; wie Sie sich oft vielleicht selbst gerne betrügen; Sondern: Wie sieht die Realität aus? Schauen Ihre Mitarbeiter wirklich aus voller Überzeugung, aus freien Stücken zu Ihnen auf, oder sind Sie eher der Meinung, dass Sie keine gute Figur bei den Mitarbeitern machen? Genau darum geht es. Natürlich weiß ich, dass gerade in größeren Firmen, wenn die Topmanager kommen, die Mitarbeiter zusammenzucken und nach außen freundlich lächeln. Das ist, wie vorher erwähnt, jedoch absoluter Selbstbetrug. Es ist doch viel schöner, wenn die Mitarbeiter deswegen lächeln, weil man Sie als Führungskraft gerne trifft und schätzt. Weil man zu Ihnen aufschaut. Weil man weiß, dass Sie sich immer wieder dafür einsetzen, dass das gesamte Team in eine positive Zukunft geht. Ihre Vorbildfunktion und die Anerkennung von Ihren Teams beeinflussen auch nachhaltig die Firmenerfolge von morgen. Dies wird auch dann eintreten, wenn Sie es aktuell nicht wahrhaben wollen.

Warum oft so hektisch, wenn es mit der „inneren Ruhe" viel einfacher, erfolgreicher und wirkungsvoller geht?

Egal ob Führungskraft oder Mitarbeiter: Vielen Menschen scheint es offensichtlich sogar Spaß zu machen, dass sie sich hektisch geben. Sie wollen damit offensichtlich eines signalisieren: *„Ich bin im totalen Einsatz. Ich bin aktiv. Ich bin dabei."* Schaut man dann ein wenig hinter die Kulissen, sieht das Bild schon ganz anders aus. Da sind dann nicht mehr Machertypen zu sehen, sondern ausgepowerte Persönlichkeiten und Menschen. Verzichten Sie ab heute nicht mehr auf die *„innere Ruhe"*. Denn durch sie geht vieles einfacher. Durch sie werden Sie erfolgreicher, und auch Ihre Botschaften und Taten kommen im Umfeld wirkungsvoller an.

Warum nicht bei den anderen genauso „edel", wie man es selbst erwartet?

Sie wollen sicher, dass man mit Ihnen respektvoll umgeht, dass Sie sich in einem Umfeld bewegen, in dem man sich wohl fühlen kann. Was ist Ihr Beitrag, damit dieser Zustand in Ihrem Umfeld entstehen kann? Das, was Sie wollen, bevorzugt auch Ihr Umfeld. Warum sollten Sie sich also den Spielregeln verschließen, die zu einem edlen Verhalten führen?

Keiner respektiert unmenschlich agierende Personen

Natürlich könnten Sie jetzt sagen: *„Herr Panhölzl, diese Botschaft kann doch nicht stimmen. Immer wieder erkennt man, gerade wenn man sich die*

Geschichte ansieht, dass oft die unmenschlich agierenden Personen die erfolgreichsten waren." Das mag schon sein – doch in den meisten Fällen nur sehr kurzfristig! Heute stehen wir bitte im 21. Jahrhundert. Sie wollen doch sicher respektiert werden, weil andere dies aus freien Stücken tun. Natürlich kann ich mir auch mit Angst, Drohungen, Maßnahmen, Respekt verschaffen. Die Frage ist nur: Können Sie auch damit leben? Im 21. Jahrhundert wird es auf alle Fälle dazu führen, dass Sie als Entscheidungsträger und alle Mitarbeiter untereinander bei einer solchen Vorgehensweise am Öffentlichkeitspranger stehen. Spätestens dann wird es auch für jene Personen unmenschlich, die Unmenschlichkeit säen.

Die Baustein-Aktivierung

Edel als Führungskraft: Bleiben Sie nicht in der Absichtserklärung stecken!

Ich mache als Wirtschaftstrainer immer wieder die Erfahrung, dass Führungskräfte auf ihr Umfeld sehr wohl edel wirken wollen. Sie streben nach Anerkennung, sie wollen beklatscht werden und genießen richtig den Applaus ihres Umfeldes. Es ist daher nur logisch, dass Sie sehr wohl in der Absichtserklärung das Edle forcieren. Bleiben Sie bitte nicht dort stecken! Zeigen Sie es tagtäglich durch Ihr Handeln. Sie werden sehen: Moralisch einwandfrei agierende Führungskräfte gehören 100 %ig zu den Gewinnern im 21. Jahrhundert.

Edel als Mitarbeiter: Andere verletzen, heißt sich selbst verletzen

Stoppen Sie Mobbing! Stoppen Sie ein Gegeneinander! Auch wenn es ab und zu nur in einer schwachen Dosis vorhanden ist – es verletzt immer andere Menschen. Sie wollen doch auch selbst nicht verletzt werden. Genau das wird aber passieren. Denn Ihr Umfeld wird sich merken, wenn Sie es verletzt haben, und bei der nächsten Gelegenheit werden dann Sie verletzt. Sind Sie auch als Mitarbeiter edel. Sind Sie auch mit Ihren Führungskräften respektvoll und nachsichtig. Ja, Sie haben richtig gelesen! Auch die haben es verdient, als Menschen behandelt zu werden. Nicht jede ihrer Entscheidungen wird optimal sein. Führungskräfte werden auch Entscheidungen treffen, die Sie zumindest bei der ersten Übermittlung als unangenehm empfinden. Vertrauen Sie mir: Ich kenne sehr viele Führungskräfte. Die meisten versuchen nur eines: Im Einklang mit den ihnen anvertrauten Mitarbeitern und teilweise auch Führungskräften am Markt erfolgreich zu sein. Stoppen Sie ab heute vermeidbare Verletzungen, und Sie selbst werden es genießen, nicht vom Umfeld verletzt zu werden.

Vorbild und Anerkennung sind die wichtigsten Tugenden von Führungskräften im 21. Jahrhundert

Das Ziel einer Führungskraft im 21. Jahrhundert ist, ein einwandfreies, moralisches Vorbild zu werden und zu bleiben. Nur so bekommen Sie die Anerkennung, die notwendig ist, um mit einem Team erfolgreich wirtschaften zu können. Vorbild und Anerkennung sind aus meiner Sicht tatsächlich die zwei wichtigsten Tugenden von Führungskräften, die sich und ihr Team in eine erfolgreiche Zukunft führen wollen. Im Prinzip ist das Erreichen dieses Zustandes sehr einfach. Sie müssen nur innerlich bereit sein, Ihre sämtlichen Denk-, Planungs- und Handlungsprozesse in diesem Sinne auszurichten.

Dauerhafte Teamerfolge entstehen durch die „innere Ruhe": Das ist das Fundament von „Wohlfühl-TEAMs"!

Innere Ruhe entsteht, wenn Sie es wollen. Nehmen Sie es gelassen! Ich habe erst vor kurzem in einem Vortrag wieder gesagt, dass das Motto *„Einfach leben"* lauten sollte. Sie können sich die erstaunten Gesichter sicher bildhaft vorstellen. In der Pause haben dann einige gesagt: *„Herr Panhölzl, das klingt aber schon sehr einfach: Einfach leben. Sie kennen doch die täglichen Hürden, die Probleme, die man hat. Wie kann man da einfach leben?"* Ganz einfach: Was ist denn die Alternative? Glauben Sie, Probleme lösen sich besser, weil Sie hektischer sind? Weil Sie unkonzentriert arbeiten? Weil Sie auf einmal unkoordinierte Entscheidungen aus Angst, Druck oder sonstigen negativen Zuständen treffen? *„Nein!"*, war sofort die Antwort. *„Nein, nein, da haben Sie Recht."* Also, was spricht denn dagegen, einfach zu leben? Dadurch entsteht die notwendige innere Ruhe. Ich habe mit keinem Wort gesagt, dass die innere Ruhe bedeutet, dass Sie alles ignorieren sollen. Dass Sie irgendwie dahinschweben und das Leben an Ihnen vorbeizieht. Ganz im Gegenteil: Ich bin überzeugt, nur durch die innere Ruhe können Sie auch auf unschön eingetretene Vorfälle optimal reagieren. Denn wie gesagt: Bei Hektik und Co. wird vieles noch schlimmer, als es ohnehin schon ist.

Edel ist ansteckend: Ein Virus, bei dem es sich lohnt, ihn zu verbreiten

Machen Sie den Selbsttest: Werden Sie für ein bis zwei Monate total edel. Schauen Sie, dass Sie alles tun, damit sich das Umfeld wohl fühlt. Verwenden Sie eine positive Kommunikation. Strahlen Sie Ruhe und Entspannung aus; legen Sie ein hektisches Verhalten ab. Sie werden sehen: Wenn Sie so vorgehen, dann werden Sie andere sehr schnell mit Ihrer Vorgehensweise anstecken. In Wirklichkeit wollen alle ein zufriedenes Leben, wollen in diesem Zustand arbeiten und sich dabei wohl fühlen. Warum sollten Sie nicht damit beginnen, diesen Zustand bei sich und in der Folge bei anderen auslösen? Ich bin der Meinung: Nichts spricht dagegen – außer, dass Sie bereit sein müssen, es zu tun! Probieren Sie es einmal aus! Machen Sie einen Probelauf: Sie werden sehen, es wird sehr schnell ein Dauerbrenner werden.

Respekt täglich von allen gelebt, führt immer zu dauerhaften Erfolgs-Ernten

Ich kann es nicht oft genug betonen: Menschen wollen respektvoll behandelt werden! Die Chemie zwischen zwei Menschen muss nicht immer stimmen. Für eines kann ich mich jedoch immer entscheiden: Für einen sachlichen Umgang, der letztendlich dazu führt, dass auch die gewünschten und von mir geplanten Erfolge Realität werden. Gehen Sie ab heute respektvoll mit dem Umfeld um und fordern Sie vom Umfeld auch Respekt ein! Sie können dies ganz offen ansprechen. Egal, ob Sie als Führungskraft oder als Mitarbeiter gerade diese Zeilen lesen. Jeder hat es sich verdient; jeder sollte sich dafür einsetzen. Sie werden sehen: Die Spielregeln des Konfuzius-Prinzips sind einfach, aber enorm wirkungsvoll.

elitec
LEISTUNGSORIENTIERTE PARTNERSCHAFT HAT TRADITION

5 x in Österreich - neben der Elitec-Zentrale in Innsbruck gibt es weitere Niederlassungen in Graz, Klagenfurt, Linz und Wien

Ein Partner der überzeugt

Leistungsorientierte Partnerschaft hat Tradition
... ein Slogan, der viel verspricht ist das Motto eines Teams, das noch mehr bieten kann.
Elitec ist die Nummer eins für anspruchsvolle Elektrogroß- und Elektrofachhändler!

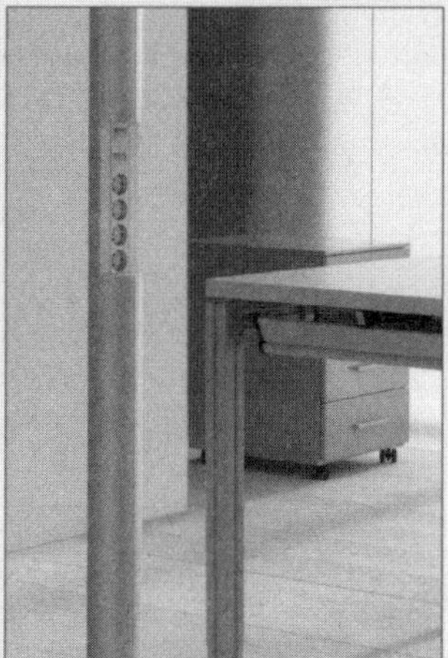

Leitungsführung mit Design & Funktionalität

Elitec beweist seit über 25 Jahren höchstes Qualitätsbewusstsein und erstklassigen Kudenservice. Mit Standorten in Innsbruck, Wien, Graz, Klagenfurt und Linz betreut Elitec über 1.000 Partner-Kunden persönlich und kompetent. Jeder Kunde profitiert vom Know How und der Erfahrung des Spezialisten für elektrische und Infrarot-Heizsysteme, Kabelmanagement und Unterflursysteme.

EIN GUTES GEFÜHL

Innovationsvorsprung, höchste Produktqualität und Toppreise sichern nicht nur die herausragende Marktposition, sondern machen die Entscheidungen in Sachen Elektro-Installationen erstaunlich einfach. Das kompetente Netzwerk und der hohe Anspruch an Lieferanten sprechen für höchste Sicherheit und Langlebigkeit der Systeme. Die strenge Kontrolle von Preis und Produktgüte, sowie die kurzen Lieferzeiten, haben Elitec zu einem der führenden Anbieter von Elektro-Installationsprodukten gemacht. Genießen Sie das Gefühl, eine hervorragende Wahl getroffen zu haben und profitieren Sie von den Leistungen des Elitec-Teams.

HEIZSYSTEME

Elitec liefert alles. Von verlegefertigen Heizmatten bis hin zu punktgenauen Regelgeräten. Terrassen, Außenbereiche, Wintergärten usw. werden vermehrt mit Infrarotwärme bestrahlt. Elitec bietet das ideale System für alle Anforderungen und Einsatzbereiche. Auf das geprüfte Sortiment ist Verlass.

KABELKANÄLE & KABELRINNEN

Mit dem Elitec-Kabelmanagement ist der Kunde bestens beraten. Die verschiedenen Systeme lassen keine Wünsche offen – Sonderlängen und Sonderfarben für Kunden mit besonderen Ansprüchen.

TOP PERFORMANCE

Die Philosophie und der hohe Anspruch an Mitarbeiter, Partner und Produkte sind Grund dafür, dass namhafte Hersteller den Generalvertrieb ihrer Produkte in Österreich Elitec anvertrauen. Das Handeln und die Top-Performance stärken die Marktposition heute und in Zukunft – und sind der Garant für eine erfolgreiche Zusammenarbeit.

FACTS

5 Niederlassungen in Österreich
insgesamt über 30 Mitarbeiter
Marktführer in der Kabelverlegetechnik

Elitec Zentrale:
Griesauweg 35a, 6020 Innsbruck
T: 0512 / 33 4 21
E: elitec.innsbruck@elitec.at
www.elitec.at

Die Besprechung: der Ort der Entscheidung

Leitgedanke Führungskraft

Nicht gegen die Teilnehmer, sondern mit ihnen

Liebe Führungskräfte, es bringt überhaupt nichts, ständig Besprechungsmarathons durchzuführen. In meiner bisherigen Laufbahn als Wirtschaftstrainer – und das sind schon sehr viele Jahre – hat sich bei den meisten Firmen rund um das Thema Besprechungen immer folgendes Fazit herauskristallisiert: Die meisten Teilnehmer hassen Besprechungen! Sie finden sie unnötig. Die Ergebnisse sind schwammig. Die **Abläufe** gehören längst **besser strukturiert** und **optimiert**.

Dies sind nur die häufigsten genannten Aussagen aus einer sehr, sehr langen Liste. Warum ist das eigentlich so? Ganz einfach: In vielen Besprechungen fühlen sich die Menschen deswegen unwohl, weil sie den Sinn für sich nicht erkennen. Weil auch die meisten Ergebnisse und später die darauffolgenden Taten **nicht dem entsprechen**, was man sich unter einer **gelungenen Besprechung** erwartet.

Ich kann mir vorstellen, Ihnen als Führungskraft geht es nicht anders. Das bedeutet auf den Punkt gebracht: Nur wenn **Besprechungen**

1. **attraktiv**,
2. **sinnvoll** und
3. **wirkungsvoll**

sind, werden sie von den **Teilnehmern angenommen**.

Wenn Sie als Führungskraft die Besprechungen vorbereiten, durchführen und auch für die Nachbearbeitung verantwortlich sind, ist es Ihr Job, diese drei Erfolgssäulen von innen mit Leben zu erwecken.

Eine Besprechung ist dann attraktiv, wenn sie Themen behandelt, die auch von den Teilnehmern als wichtig und somit besprechenswert eingestuft werden. Die Teilnehmer müssen das Gefühl haben, dass bei der Teilnahme wirklich jene Bereiche und Vorgänge des Unternehmens behandelt werden, die zu besprechen sind. Sehr häufig verirren sich Führungskräfte in Bla-Bla-

Aussagen, plakativen Aussagen und in zahlenorientierten Forderungen. Genau dies kann sehr heikel werden. Denn was bringt es, wenn Sie als Führungskraft, vielleicht sogar als Chef Ihrer Firma, z.B. beim Vertriebsmeeting Zahlen auf die Wand beamen mit dem Hinweis, dass diese zu erfüllen sind. Dass sie erreicht werden müssen! Wenn drinnen Mitarbeiter sitzen, die gerade darum kämpfen, dass sie zumindest einen Teil dieser Forderungen unter Dach und Fach bringen.

Immer wieder sagen Mitarbeiter zu mir: *„Herr Panhölzl, es ist ja sehr schön, wenn die Führungskraft Forderungen stellt. Wir verstehen auch die Forderungen. Wir wissen, dass die Firma wirtschaftlich erfolgreich sein muss. Doch was bringt uns das alles, wenn wir hier Ziele präsentiert bekommen, die aus unserer Sicht einem Wunschdenken entsprechen.“* Viele Teilnehmer sagen gerade rund um das Thema Vertrieb dann weiter: *„Das ist doch hochgradig demotivierend. Man bespricht hier etwas in der Firma, der Chef zeigt etwas auf, und alle wissen insgeheim, dass das – ich kann es nicht anders sagen – absoluter Blödsinn ist. Dass das ein Wunschdenken ist, welches wir nie erreichen werden. – Das Schlimmste ist dann“*, so die Mitarbeiter sinngemäß weiter, *„Folgendes: Monat für Monat oder Vierteljahr zu Vierteljahr und letztendlich Jahr für Jahr müssen wir dann feststellen, dass oft eine große Kluft besteht zwischen den geplanten Zielen und dem tatsächlich Erreichten.“* Das **demotiviert alle Mitarbeiter** und auch den **Chef**. Doch anstatt daraus zu lernen, beginnt der Kreislauf wieder von vorne. Viele Chefs sagen dann: *„Gut, das ist passiert – Schwamm drüber! Aber jetzt geben wir Gas!“* Und dann wird wieder mit unrealistischen Zahlen operiert.

Sie können diese Vorgehensweise auf alle Besprechungsbereiche in einer Firma ummünzen. Ich könnte hier Hunderte Seiten von Handwerker-Besprechungen füllen, wo Mitarbeiter sagen: *„Die Zeitvorgabe für die Baustelle ist unrealistisch.“* Ich möchte betonen: Es gibt selbstverständlich Mitarbeiter, die deswegen das Ganze ein wenig tiefer stapeln, weil sie nicht so viel arbeiten wollen. Was ich hier aber meine, ist wirklich **die ehrliche Beurteilung von Mitarbeitern**. Diese können in ihren Ausführungen somit anhand von echten Daten, Fakten und Zahlen beweisen, dass selbst gut eingeschulte Mitarbeiter, die mit viel Fleiß und Eifer arbeiten, die Vorgaben niemals in der vorgegebenen Zeit erreichen können.

Hier kommt dann von den Mitarbeitern folgende Kritik, ja sogar oft bereits am Anfang der Besprechung: *„Sie haben den Kunden unrealistische Termine versprochen.“* Natürlich wehren sich viele Führungskräfte dann in der Besprechung und sagen z.B.: *„Ja, was hätte ich denn tun sollen? Der*

Kunde hat uns vor die Wahl gestellt: entweder wir oder die Konkurrenz. Die Konkurrenz hätte den Termin bestätigt. Die hätten Zeit gehabt. Ich wusste also: Wenn ich den Auftrag für uns gewinnen will, müssen wir zusagen. Jetzt müssen wir eben reinbeißen!" Viele Führungskräfte übersehen aber in so einem Fall, dass die Mitarbeiter oft nicht mehr reinbeißen können, weil sie bereits über ihrem Limit arbeiten.

Ausnahmen, liebe Führungskräfte, bestätigen natürlich die Regel. Es wird immer Mitarbeiter geben, die nach solchen Schlupflöchern suchen, die keinem normalen Arbeitsablauf entsprechen. Doch ich kann ruhigen Gewissens sagen, dass sich viele Mitarbeiter wirklich über das Normalmaß für die Firma engagieren. Dass sie versuchen, das Unmögliche möglich zu machen. Doch auch diese Mitarbeiter gelangen an ihre Grenzen. Und diese Grenzen werden oft sehr lange überschritten – bis eines Tages es einfach nichts mehr geht.

Es kommt in diesem Zusammenhang leider auch vor, dass die Führungskräfte aus ihrer Sichtweise, aus ihrem Anforderungsprofil die Vorgaben für die Mitarbeiter definieren. Doch das ist Quatsch. Ich habe schon sehr oft in meinen Vorträgen immer wieder auf diesen Missstand hingewiesen, der da lautet: Sie werden nie unternehmerisch denkende und handelnde Mitarbeiter erhalten! Der Grund dafür liegt auf der Hand: **Weil sie keine Unternehmer sind**! Das heißt nicht, dass Mitarbeiter nicht fleißig sind, sich nicht ohnehin schon über das normale menschliche Maß für eine Firma zumindest für einen gewissen Zeitrahmen einsetzen können und dies auch wollen. Das heißt im Klartext: Ein **Mitarbeiter arbeitet mit** und sieht sich nicht in der Rolle des Unternehmers. Er will diese Rolle auch nicht ausfüllen; sonst hätte er nämlich diesen beruflichen Werdegang eingeschlagen.

Das bedeutet: **Wir Unternehmer** sehen die **Abläufe anders**. Sie sehen als Unternehmer die Firma immer in der **Gesamtheit**. Sie achten auf alles, was das Image z.B. fördert oder schädigt. Bei Ihnen sind auch Kleinigkeiten wichtig. Sie rechnen nicht nach Stunden, sondern freuen sich, wenn sich die Firma gesundheitlich positiv entwickelt. Das kann und wird ein vernünftiger Mitarbeiter nicht tun. Denn er ist ein **Mitspieler** und nicht der, der die Regie führt.

Es ist somit meiner Meinung nach nicht sinnvoll zu verlangen, dass der Mitarbeiter genauso denkt wie der Unternehmer. Denn Hand aufs Herz: Dann müsste er auch das Einkommen des Unternehmers haben. Hier sagen dann sogar viele Unternehmer: *„Ja, Herr Panhölzl, das wäre schön, wenn ich kontinuierlich so viel verdienen würde wie meine hochbezahlten Mitarbeiter.*" Gut, für den gewissen Zeitrahmen ist das nachvollziehbar. Als

Unternehmer muss man auch Phasen zwischen Investition und Amortisation überbrücken. Selbstverständlich dauert es auch seine Zeit, bis der Breakeven erreicht ist und die Erträge so sprudeln, dass Sie sich wieder mehr nehmen können.

Das Schlimmste wäre doch, wenn Sie als Unternehmer immer weniger verdienen würden als Ihre bestbezahlten Mitarbeiter. Denn dann wären Sie ja finanziell besser gestellt, wenn Sie bei einer Firma arbeiten und Ihren Job in leitender Position ausüben würden. Dort in der Führungsposition sind Sie nicht nur bestens aufgehoben, sondern werden mit offenen Armen willkommen geheißen.

Unternehmer sehen es gerne, wenn sie aufgrund ihrer Firmengröße Führungskräfte einstellen, die ihrem Optimal-Bild entsprechen. Das bedeutet, dass diese tatsächlich unternehmerisch denken, planen und handeln. Hier passt dann der Vergleich. Bei Mitarbeitern ist er absolut unangebracht.

Genau wegen solcher Vorgehensweisen und – man kann es nicht anders sagen – Vorurteile laufen Besprechungen oft nicht optimal. Das Wichtigste bei einer Besprechung ist, dass die **gegenseitige Erwartungshaltung offen, klar kommuniziert wird**. Wenn Führungskräfte bzw. in vielen Fällen auch der Chef ein Meeting leiten, müssen sie offen und klar sagen: Worum geht es beim heutigen Meeting? Ist einiges vorzubereiten? Dies ist bereits in der Vorbereitungsphase zu definieren, damit die Teilnehmer beim Meeting optimal vorbereitet erscheinen können. Im Zuge des Meetings geht es dann darum, **wirklich die Themen** zu behandeln, die für **alle attraktiv** sind und die in weiterer Folge **als sinnvoll eingestuft** werden. Das heißt, es bringt auch nichts, über Themen zu sprechen, die nur für bestimmte Personen wichtig sind. Denn die anderen langweilen sich und hören nicht mehr zu. Ich möchte betonen: Diese Tatsache bestätigen mir viele Mitarbeiter. Sie sagen: *„In der Besprechung fadisiere ich mich zwei Drittel der Zeit, weil das Thema für einige interessant ist, aber für mich absolut nicht. Mich betrifft es nicht; somit bringt es gar nichts.“* Solche Verfehlungen sind ebenfalls zu vermeiden.

Die dritte Voraussetzung ist dann die wichtigste. **Wie wirkungsvoll ist die Besprechung?** Wird das Beschlossene auch umgesetzt? Können alle vom übermittelten Wissen profitieren? Wird die Umsetzung = die Aufteilung der Besprechungen unter den Teilnehmern kontrolliert? D.h. gibt es von vornherein festgelegte Termine, wenn überprüft wird, ob die Beschlüsse tatsächlich in der Praxis Realität werden? D.h. unter anderem, dass bei den Teilnehmern nachgeschaut wird, ob sie die jeweiligen Aufgaben und Aktivitäten, die sie aufgrund der Beschlüsse übernommen haben, auch wirklich durchgeführt wurden bzw. noch immer gemacht werden?

Diese drei Voraussetzungen sind von Ihnen als Führungskraft unbedingt einzuhalten. Vor allem, wenn Sie gewährleisten möchten, dass Besprechungen **Orte der Entscheidung werden**. Alles andere ist Verschwendung und hochgradig demotivierend. Eines ist klar: Allein die gebündelte Arbeitszeit aller teilnehmenden Mitarbeiter ist schon oft eine hohe Investition. Wenn anschließend nach einer Besprechung nichts Positives herauskommt, steigert sich eine Demotivierung zusätzlich, und die Firma wird in all ihren Unternehmensbereichen und Abläufen geschwächt.

Leitgedanke Mitarbeiter

Wirkungsvoll Wichtiges weiterbringen

Ich möchte Sie als Mitarbeiter wieder bitten, den Leitgedanken Führungskraft kurz durchzulesen. Denn hier habe ich bereits einige Beispiele aufgezeigt und Hinweise deponiert, was eine gute Besprechung auszeichnet bzw. was oft in Firmen falsch läuft.

Wenn Sie die Zeilen gelesen haben, dann möchte ich bei Ihrem Leitgedanken, liebe Mitarbeiter, noch etwas anhängen: Ohne Besprechung kann eine Firma nicht optimal funktionieren. Alle Mitarbeiter und Führungskräfte arbeiten im Alltag ihre Aufgaben und Aktivitäten ab. Diese müssen irgendwann einmal koordiniert, optimiert, organisiert usw. werden. Das bedeutet: Die Besprechung ist für mich das Herzstück einer Firma. Man kann das ohne weiteres auch mit einem Fitnessstudio vergleichen, wie ich es auch schon in vielen Vorträgen getan habe. D.h. Wissenswertes von außen, Fehler, Probleme, Erkenntnisse usw. werden in einer Besprechung aufgezeigt, gebündelt und behandelt. Selbstverständlich geht es auch hauptsächlich darum, anstehende Probleme zu lösen, optimale terminliche Einteilungen durchzuführen uvm.

Wenn Sie bei einer solchen **Besprechung nicht optimal mitmachen**, dann **schwächt** das die Firma enorm. Wenn Sie der Meinung sind, die Besprechungen sind bei Ihnen nicht attraktiv, es gibt keine Wirkung, die für Sie nachvollziehbar ist usw., dann bitte deponieren Sie das bei der Geschäftsleitung. Genau darum geht es mir. Dass **Besprechungen** wirklich **Orte der Entscheidungen werden**. Sie sind deswegen so notwendig, damit im Alltag alles Hand in Hand läuft und letztendlich ein optimales Team-Zahnrad entsteht.

In einer Besprechung sollten in weiterer Folge auch Ideen geschmiedet, Innovationsphasen gestartet bzw. beendet werden. Hier sind Beschlüsse zu tätigen: Wie schauen die Zukunftsperspektiven aus? Wie kann man die Konkurrenz abhängen uvm.

Ungeachtet, bei welcher Besprechung Sie dabei waren und wie sie gelaufen ist: Ab heute sollten Sie die Besprechung als **wichtiges, strategisches Instrument**, als Herzstück in Ihrer Firma sehen. Akzeptieren Sie, dass sie letztendlich ein Ort ist, an dem Entscheidungen getroffen werden, die die Firma nach vorne bringen. Stellen Sie gemeinsam im Team wirkungsvoll die Weichen, die dann alle weiterbringen, das ist das Ziel einer Besprechung. Sie dürfen nicht nur als passiver Zuhörer dabei sein, sondern sollen sich als aktiver Gestalter dafür engagieren, dass die Wettbewerbsfähigkeit Ihrer Firma immerwährend gewährleistet ist.

Die Baustein-Herausforderung

Besprechungen – verordnetes Übel oder Zukunftsschmiede?

In meinen vielen Jahren als Wirtschaftstrainer konnte ich mich von Folgendem zu 100 % überzeugen: In den meisten Firmen werden Besprechungen oft als verordnetes, notwendiges Übel und nicht als Zukunftsschmiede gesehen. Die Wichtigkeit von Besprechungen wird auch von vielen Mitarbeitern und Führungskräften nicht ernst genommen. Wobei man diesbezüglich festhalten muss, dass Führungskräfte noch eher als ihre Mitarbeiter die Wichtigkeit sehen. Der Knackpunkt bei den Führungskräften besteht jedoch dann darin, dass sie selbst die auferlegten Spielregeln einer Besprechung, die zu zielführenden Ergebnissen führen sollen, oft nicht einhalten.

Was hineinkommt – was herauskommt entscheiden alle Teilnehmer

Besprechungen sind aus meiner Sicht ein **Fitnesscenter**. Wichtiges vom Markt, Wesentliches der Abläufe soll aufgezeigt werden. Anstehende Probleme und Herausforderungen sollten in einem lösungsorientierten Dialog behandelt werden. Meistens ist genau das Gegenteil der Fall: Entweder werden Besprechungen ohnehin schlecht vorbereitet oder niemand hält sich an den Besprechungsplan. Viele Teilnehmer sind schlecht vorbereitet. Viele Themen werden entweder zu lange diskutiert, also unnötig in die Länge gezogen, oder gar nicht angesprochen. Vor allem das, was vielen Teilnehmern wirklich unter den Fingernägeln brennt, was also wirklich wichtig und richtig wäre, wird oft hinten angestellt oder in der Besprechung gar nicht behandelt. Die Teilnehmer brauchen sich somit nicht zu wundern, wenn zielführende Besprechungsergebnisse ausbleiben. Dies führt dann immer wieder dazu, dass einige Führungskräfte Besprechungen nicht mehr als so sinnvoll erachten, weil die Ergebnisse zu wünschen übrig lassen. Und Mitarbeiter – die nehmen sie ohnehin meistens gar nicht mehr ernst.

Wirkungsvoll, zielführend kommunizieren oder „Gegeneinander-Dialoge“ = Ihre Wahl – Ihre Entscheidung

In einer Firma gibt es natürlich viel zu besprechen. Vieles bleibt in den Alltagsabläufen auf der Strecke. Wenn es nun endlich ein Zusammentreffen zwischen allen Beteiligten in einer Firma gibt, in dem insbesondere jene Themen besprochen werden, die für die Teilnehmer wichtig sind, wird oft der *„Gegeneinander-Dialog“* forciert. Selbstverständlich wissen die meisten Menschen, dass nur eine wirkungsvolle, zielführende Kommunikation sinnvoll ist, damit optimale Besprechungsergebnisse erzielt werden können – doch diese Erkenntnis wird von manchen beharrlich ignoriert.

Wer die Wichtigkeit von Besprechungen ignoriert, braucht sich über vermeidbare Probleme nicht zu wundern

Egal ob Führungskraft oder Mitarbeiter: Bei meinen Firmentrainings beklagen sie sich immer wieder auch in persönlichen Vier-Augen-Gesprächen über folgenden Missstand: *„Herr Panhölzl, wir haben so viele dringende Probleme, die behandelt gehören. Doch wir finden nie die Zeit, sie zu besprechen. Selbst in den dafür vorgesehenen Besprechungen werden sie nur am Rande diskutiert. Der Alltag überschattet alles.“* Hier geht es nur mehr um die hektische Reparatur von anstehenden Problemen, die wirklich brennen, die man nicht mehr ignorieren kann. Wenn es dann darum geht, wie man diese negativen Probleme nachhaltig vermeiden kann, ist schon wieder keine Zeit mehr übrig. Auf den Punkt gebracht wird also sehr häufig in Kauf genommen, dass einem eigentlich vermeidbare Probleme ständig das Leben schwer machen, weil man offensichtlich nie Zeit dafür hat, sie mit Lösungsvorschlägen zu behandeln und somit zu eliminieren.

Erfolgreich umgesetzte Firmenkonzepte ohne teamorientierte Besprechungen gibt es nicht

Es ist für mich oft erschreckend, dass auch vielen Führungskräften Folgendes nicht bewusst ist: Ihre Firmenkonzepte können nur dann aufgehen, wenn sie von teamorientierten Besprechungen begleitet werden. Dabei geht es nicht darum, dass Führungskräfte die Wichtigkeit des Firmenkonzepts immer wieder gebetsmühlenartig mit allen darin enthaltenen Zielen und

Planungen präsentieren. Nein, es geht vielmehr darum, dass man im Team daran arbeitet, wie sie Realität werden können. Leider muss ich immer wieder feststellen, dass diese gewinnbringende Vorgehensweise in Firmen selten anzutreffen ist.

Die Baustein-Aktivierung

Vor einer Besprechung müssen Führungskräfte den Sinn erklären und die Wirkung der Botschaft im Team checken

Wenn es darum geht, regelmäßige Besprechungstermine zu vereinbaren, müssen Führungskräfte besonders darauf achten, dass sie in diesem Prozess den Sinn einer Besprechung erklären. Alle Personen, die später an der Besprechung teilnehmen, müssen eindeutig erkennen können: Es macht Sinn, sich aktiv und gut vorbereitet in die Besprechung einzubringen. Ist dies nicht der Fall, muss der Sinn von der Führung noch eindeutiger erklärt werden. Das bedeutet: Die Wirkung, wie die Botschaft im Team ankommt, muss von den Führungskräften mit höchster Sensibilität gecheckt werden. Das heißt: Bevor regelmäßige Besprechungsintervalle eingeplant werden, ist genau darauf zu achten, dass wirklich alle den Sinn verstehen!

Wer Besprechungen leitet, muss sich seiner Verantwortung bewusst sein

Führungskräfte, die Besprechungen leiten, muss eines klar sein: Von ihnen hängt der Ausgang ab. Sie sind der Regisseur der Besprechung. Sie bestimmen, wie sie abläuft, wie welche Ergebnisse zustande kommen und wie sie später umgesetzt werden. Dabei ist besonders wichtig, dass gerade die Besprechungsleiter und somit Verantwortlichen die Besprechung optimal gestalten und positiv durchführen. Wird dies ignoriert und stehen vielleicht sogar negative Aspekte im Vordergrund, dann laufen Besprechungen immer unrund.

Unsere Besprechung – unsere Zukunftsschmiede: Die Initiatoren sind für das Vor, das Während und das Danach einer Besprechung verantwortlich

Meistens wird diese Rolle von den Führungskräften wahrgenommen. Bevor Sie Besprechungen mit Teilnehmern starten, müssen Sie Folgendes wissen: Was ist vor, während und nach einer Besprechung zu tun, damit sie wirklich fruchtet. Sind sich die Führungskräfte darüber nicht bewusst, werden Besprechungsabläufe negativ und destruktiv ablaufen.

Die wichtigsten Erfolgszutaten „vor“ einer Besprechung

- Der Besprechungsleiter gibt die Themen vor.
- Beim Einladen wird den Besprechungsteilnehmern auch die Botschaft eindeutig übermittelt, dass sie sich optimal auf die Besprechung vorbereiten sollen.
- Wichtige Daten und Fakten, die für einen erfolgreichen Besprechungsverlauf notwendig und sinnvoll sind, werden vom Besprechungsleiter zusammengetragen, oder er gibt dies in Auftrag.
- Ein bis zwei Tage vor der Besprechung sollten noch einmal alle Besprechungsteilnehmer an die bevorstehende Besprechung erinnert werden und welche Rolle sie in der Besprechung einnehmen, inkl. der dafür notwendigen Vorbereitungen.

Die wichtigsten Erfolgszutaten „während“ einer Besprechung

- Führungskräfte sollten eine Besprechung immer mit einer ca. etwa fünf Minuten dauernden *„Pro-Welle“* starten. Dabei geht um die Präsentation von positiven und erfolgreichen Ereignissen aus dem Alltag.
- Anschließend sind die Themenschwerpunkte aufzuzeigen, und dann werden die jeweiligen Verantwortlichen gebeten, ihre Erkenntnisse und Eindrücke zu präsentieren.
- In vielen Besprechungen macht es auch Sinn, Gruppenarbeiten einzuplanen. Pro Gruppe sind zwischen zwei bis sechs Personen sinnvoll. Diese sollen dann z.B. zu anstehenden Herausforderungen und Problemen Lösungen erarbeiten, Ideenimpulse begutachten uvm. Wichtig in diesen Gruppenarbeiten ist, dass sich alle intensiv mit den anstehenden zu behandelnden Themen auseinandersetzen. Vermeiden Sie bitte, wann immer es geht, eine offene Diskussion. Denn dieser Dialog zieht meistens alles in eine unnötige Länge und führt großteils zu keinen zufriedenstellenden Ergebnissen.

Die wichtigsten Erfolgszutaten „nach“ einer Besprechung

- Je nach Wichtigkeit der Besprechung sind kurze Notizen und/oder ein Protokoll sinnvoll. In diesen Niederschriften soll glasklar erkennbar sein: Was wurde besprochen? – Was wurde beschlossen? – Wer ist wofür zuständig?
- Je nach Umfang der Aufgaben und Aktivitäten sind von der Besprechungsleitung Kontrolltermine mit einzelnen Teilnehmern zu vereinbaren. Bei diesen Kontrollterminen geht es darum, Soll und Ist zu vergleichen. D.h. wie weit wurden beschlossene Ergebnisse bereits realisiert?

- Zu den wichtigsten Besprechungspunkten sind auch Statusberichte anzufertigen, die es vor allem dem Besprechungsleiter in der nächsten Besprechung ermöglichen, das bereits Umgesetzte zu präsentieren.
- Wenn einzelne beschlossene Vorgehensweisen nicht fruchten, sind sie sofort wieder auf die Tagesordnung der nächsten dafür geeigneten Besprechung zu setzen, um sie einem neuerlichen Teamdialog zuzuführen.

Besprechungsteilnehmer sein heißt: aktiv an erfolgreichen Ergebnissen mitzuwirken!

Insbesondere die von mir angeregten **Gruppenarbeiten** sollten von jedem, der an einer Besprechung teilnimmt, ernst genommen werden. Es geht wirklich darum, dass Sie in der Gruppe geschützt = Anonymität, offen über Probleme, Hürden und Neuigkeiten sprechen. Dass Sie gemeinsam in der Gruppe überlegen: Was läuft optimal und was ist verbesserungswürdig? Kommt man in der Gruppe zum Entschluss: *„Ja, es gibt in den Abläufen Bereiche, die verbesserungswürdig sind“*, sind Sie dazu angehalten, Lösungsvorschläge zu entwickeln. Nur so können erfolgreiche Besprechungsergebnisse erzielt werden.

Verordnen Sie sich einen „Besprechungs-Neustart“, damit sich die erfolgversprechende Zukunftsschmiede etablieren kann und von allen akzeptiert wird!

Ziehen Sie einen Schlussstrich! Das Schlimmste ist, wenn Sie halbherzig versuchen, bestehende Besprechungsabläufe zu optimieren. Gerade die Führungskräfte müssen hier Klartext sprechen. Sie können ohne weiteres sagen: *„Inspiriert durch das Buch bin ich der Meinung, dass wir unsere Besprechungen, die ohnehin nicht zufriedenstellend verlaufen, komplett neu überdenken. Dass wir bereit sind, sie neu auszurichten, damit in der Zukunft eine echte Zukunftsschmiede entstehen kann.“* Dabei ist besonders wichtig, dass die Führungskräfte von den Mitarbeitern ernst genommen werden. Es darf nicht so wirken: *„Aha, der hat ein Buch gelesen, und jetzt kommt die Mogelpackung.“* Alle müssen erkennen: *„Ja, die Führungskraft ist wirklich zu einem Neustart bereit.“* Es ist daher besonders wichtig, dass man sich als Führungskraft auch die Defizite der bisher durchgeführten Besprechungen genau ansieht und Maßnahmen ergreift, damit sie in der neuen Version für immer eliminiert sind.

Die regelmäßigen Besprechungsbilanzen: Was wurde dadurch Positives erreicht?

Machen Sie pro Vierteljahr auch eine sogenannte „*Besprechungsbilanz*". Zeigen Sie den Teilnehmern auf: Was wurde durch die Besprechungen wirklich Positives bewirkt? Immer wieder mache ich die Erfahrungen, dass Besprechungen in Firmen oft gar nicht so schlecht laufen, doch man hat einfach das Gefühl: Sie bringen nichts! Viele sitzen auch drinnen und sagen: „*Das habe ich alles schon gehört.*" Ziehen Sie hier bitte wirklich die Notbremse, indem Sie als Besprechungsleiter eindeutig aufzeigen: Ja, Besprechungen bringen etwas! Ja, Besprechungen sind wichtig! Ja, durch die Besprechungen ist eine erfolgreiche Zukunft gesichert! Das geht am besten mit einer regelmäßigen Besprechungsbilanz.

Mecker-Kultur ade – beibehalten tut weh!

Leitgedanke Führungskraft

Ihre Mecker-Botschaften beeinflussen den Firmenverlauf immer negativ

Schluss damit! Hören Sie auf! Das ist einer Führungskraft nicht würdig! Ja, so würde ich meinen Dialog einleiten, wenn eine Führungskraft ständig meckert. Überall, wo man hinsieht, sind die von mir seit vielen Jahren so bezeichneten *„Schwarzmalerei-Aktivisten"*. Meckern am laufenden Band, jammern ohne Ende. Was soll das? Natürlich ärgert man sich über gewisse Abläufe. Natürlich kann man sich auch mal ärgern, wenn es nicht so gut läuft. Selbstverständlich ist es auch mal angebracht, sich über etwas aufzuregen. Aber doch bitte **nicht am laufenden Band**!

Sie meinen, ich übertreibe? Da irren Sie. Was mir alleine nur die Führungskräfte erzählen! Wie oft beklagen sie sich über etwas! Wie oft habe ich schon bei 4-Augen-Gesprächen gehört: *„Herr Panhölzl, warum bin ich Unternehmer geworden? Warum hat es mich erwischt? Meinen Mitarbeitern geht es doch so gut!"* Ich sage dann immer: *„Ja, wenn Sie meinen. Dann will ich Sie aber Folgendes fragen: Warum werden Sie denn nicht Mitarbeiter, wenn es denen so gut geht?"* Wissen Sie, was dann diese Unternehmer sagen? *„Na jetzt ist es zu spät, jetzt komme ich nicht mehr heraus, und ich habe Schulden. Ich kann eine Firma nicht so leicht stoppen."* Sie merken: Ausreden, Ausreden, Ausreden. Und schon wieder ist es da: das Mecker-Laufband.

Schluss damit! Hören Sie bitte auf, sich ständig über alles zu beklagen! Als Führungskraft ist das besonders wichtig, wenn Sie mit Mitarbeitern sprechen, wenn sie Ihnen zuhören können. Wenn Mitarbeiter über Sie etwas lesen bzw. über Ihre Person gesprochen wird.

Mitarbeiter sind sehr **hellhörig**. Ja, sie hören genau hin, wenn z.B. Lieferanten, andere Personen, Vertreter über Sie als Führungskraft, als Chef sprechen. Wie werden Sie beurteilt? Welche Spuren hinterlassen Sie tagtäglich am Markt? Welche Aura verbreiten Sie?

Wollen Sie immer im Glanz des Meckerers, des Jammerers, des Zauderers, usw. erstrahlen? Wollen Sie immer als jene Führungskraft gelten, die das Negative in den Vordergrund stellt und ganz selten über das Positive spricht?

Ich kann mir nicht vorstellen, dass das Ihr Ziel ist. Wenn Sie ein solches Erscheinungsbild nicht möchten, dann müssen Sie sich selbst fragen: Warum engagieren Sie sich tagtäglich so dafür, dass es entsteht?

Welche Meinung haben Sie jetzt von mir, wenn ich Sie mit solchen Aussagen konfrontiere? Schütteln Sie gerade den Kopf? Sagen Sie: *„Das habe ich nicht verdient. Der Herr Panhölzl übertreibt schon extrem.“* Egal, wie Ihre Reaktion jetzt ist – das Wichtigste ist, dass ich Sie wachgerüttelt habe.

Glauben Sie mir, **Sie hinterlassen** in Ihrem Umfeld jeden Tag **Spuren**! Immer wenn Sie meckern, jammern, sich beklagen, wird das viel bewusster und nachhaltiger aufgenommen, registriert und abgespeichert, als dies mit den positiven Signalen passiert. Ich weiß natürlich, dass Sie als Führungskraft bestrebt sind, auch positive Signale abzugeben; dass Sie versuchen, immer wieder eine **positive Sichtweise der Dinge** zu forcieren.

Doch akzeptieren Sie es bitte: Das Negative, das Sie ausstrahlen, wird mehr verarbeitet und besser aufgenommen. Ja, Sie haben Recht, wenn Sie jetzt vielleicht sagen: *„Naja, das Umfeld hört das lieber. Damit kann es sich besser identifizieren.“* Stimmt, weil auch viele in Ihrem Umfeld, Ihre Mitarbeiter, Freunde, Kollegen, Geschäftspartner gerne jammern. Weil man sich gerne über die aktuelle Situation beklagt. Man greift dann, gerade als Unternehmer, oft auf Aussagen zurück wie: *„Früher war es einfacher! Früher war alles besser!“*

Das Interessante dabei ist: Wenn ich dann mit Personen spreche, die die Wirtschaft aus der Vergangenheit kennen, Senior-Chefs, altgediente Mitarbeiter, höre ich nicht solche Aussagen. Die sagen vielleicht sogar das Gegenteil: *„Früher war es noch härter. Heute haben es die Mitarbeiter viel einfacher. Moderne Maschinen unterstützen sie. Sie müssen nicht so viel heben. Sie müssen nicht mehr so viel denken – moderne Scanner-Kassen ermöglichen das. Moderne Baumaschinen heben Tonnen weg, wo früher hunderte Mitarbeiter hart dafür gearbeitet haben. Auch natürlich unter Gefährdung ihrer Gesundheit uvm.“*

Warum immer an FRÜHER denken und über das Früher sprechen? Es bringt doch nichts mehr. Leben Sie bitte im *„Jetzt und Hier“*. Wem wollen Sie nachtrauern? Einer Zeit, die so nicht mehr kommt? Glauben Sie wirklich, morgen wird alles besser, wenn Sie der Vergangenheit nachtrauern? Das ist doch Quatsch!

Gerade jetzt stellen Sie die Weichen für das Morgen. Und wenn Sie das aktuelle Leben als negativ ansehen, ständig klammern und sich beklagen, wie können Sie dann die Weichen **positiv für ein besseres Morgen stellen**? Bitte verstehen Sie mich nicht falsch! Ja, es kann sein, dass Sie sich aktuell in einer herausfordernden Phase befinden. Dass nicht alles so läuft, wie es Ihren Vorstellungen entspricht. Glauben Sie, es wird besser, wenn Sie sich jeden Tag darüber beklagen? Wenn Sie ständig meckern, wie schlimm alles ist? Glauben Sie wirklich, dass das die beste Ausgangsposition, die beste emotionale Welle ist, die dann die Grundlage für das positive Morgen darstellt? Ich glaube, das ist absoluter Selbstbetrug.

Mecker-Botschaften beeinflussen den Firmenverlauf **immer negativ**. Akzeptieren Sie diese Kernaussage aus diesem Leitgedanken. Verabschieden Sie sich ab sofort vom Meckern, Jammern und von der Klagemauer, vor der viele am Tag stehen. Es geht nicht darum, eine vielleicht wirklich aktuelle, negative Situation zu durchleuchten, über sie zu sprechen; es geht darum, **in welchem Stil Sie das tun!** Wollen Sie eine positive, bejahende Kommunikation mit dem **Ziel der Veränderung,** oder forcieren Sie doch lieber jene, die einen ohnehin schon angespannten Zustand noch schlimmer macht?

Wie so oft im Leben ist **es Ihre Entscheidung**! Treffen Sie die richtige: die **zukunftsbejahende**!

Leitgedanke Mitarbeiter

Meckern bringt keine Vorteile, sondern nur Nachteile

Viele Mitarbeiter beklagen sich über ihre aktuelle Situation. Sie arbeiten zu viel, sie verdienen zu wenig; der Chef ist launisch, die Kollegen unausstehlich uvm.

Ich gebe zu, einige dieser Aussagen sind überzeichnet, überspitzt und sehr plakativ. Doch ich glaube, ich habe den Nagel auf den Kopf getroffen. Denn wenn Sie Ihr Leben durchleuchten, werden Sie viele dieser Klagebotschaften wiedererkennen. Man meckert halt gerne. Doch was bringt es? Es bringt nur Nachteile! Natürlich können Sie sagen: *„Ich meckere deswegen gerne, weil ich dann im Sog der Masse bin.“* Wollen Sie nicht lieber Klasse zeigen? Macht es wirklich Spaß, sich mit dem Umfeld, Ihren Kolleginnen und Kollegen zu solidarisieren? Ja wollen Sie es sogar Ihrem Chef oder Ihren Führungskräften nachmachen, die vielleicht auch gerne das Bild des Meckerers forcieren?

Lesen Sie den *„Leitgedanken Führungskraft"*. Ich habe dort stark in die Wunde des Meckerns hineingedrückt. Mir war es wichtig, auch dem Chef, Ihren Führungskräften eindeutig aufzuzeigen: **Meckern bringt nichts!** Sie können mit einer negativen Kommunikation nichts bewegen. Was soll es denn bringen, wenn Sie aufzeigen, dass ein Zustand negativ ist? Es bringt auch nichts, wenn Sie sagen: *„Ja, das Heute ist nicht so positiv. Früher war es besser oder morgen könnte es besser werden."* Doch das ist eine Illusion. Die Vergangenheit können Sie nicht mehr beeinflussen. Aber die Zukunft wird von Ihnen negativ beeinflusst, weil Sie genau den Gedankengang dieser Kommunikation aktuell forcieren.

Natürlich ist es bequem zu meckern, sich über etwas zu beklagen. Einiges gehört geändert. Doch Sie wissen: Sobald man bei Ihnen selbst anfangen sollte, würden Sie sich sperren. Dann passt auf einmal alles. Dann ist es gar nicht mehr so schlimm. Einmal ehrlich: Was bringt das ständige Meckern? Natürlich meckern wir gerne. Wir leben in einer Mecker-Gesellschaft. Sich dagegen aufzubäumen, ist verdammt schwer. Wollen Sie es sich nicht leichter machen? Wollen Sie nicht Flagge zeigen? Wollen Sie nicht ein Zeichen setzen?

Gerade wenn Sie ein junger Mitarbeiter sind – ich würde sagen so mit 25, 30 Jahren – dann weiß ich, dass viele von Ihnen Konzerne wie Google, Apple, Samsung, Red Bull, Greenpeace usw. bewundern oder/und sie als positiv einstufen und sich angezogen fühlen. Könnten Sie es sich vorstellen, dass der ehemalige – man kann es nicht anders sagen – Wunderwuzzi Steve Jobs bei Apple eine Präsentation gestartet hätte, bei der er ein neues Produkt präsentiert, und er würde dabei ständig jammern? Darüber meckern, was alles passiert ist? Welche Probleme sich aufgetan haben, bis das neue Gerät Marktreife erreicht hat? Glauben Sie mir, die kämpfen oft beinhart hinter den Kulissen. Und viele negative Momente gäbe es, die man aufzeigen könnte. Doch was bringt es? Das spornt übrigens auch die Mitarbeiter hinter den Kulissen an. **An einem Problem reift man**! Wenn Sie heute mit Programmierern sprechen, dann sagen sie: *„Okay, das ist eine harte Nuss, doch ich werde sie knacken."* Die verzweifeln auch immer wieder mal, wenn sie in der Phase der Entwicklung sind. Doch am Ende – und das wissen sie – haben sie ein optimales Produkt entwickelt. Sie sind dann stolz. Denn SIE sind nun wirklich Teil der Lösung. Sie haben es geschafft. Sie wissen ganz genau: Wenn dann die Konzernführung das Produkt präsentiert, waren und sind **sie ein Teil** dieser Erfolgsstory.

Wie sieht es bei Ihnen aus? Sind Sie einer, der gerne meckert? Ich spreche nicht von den gerade beschriebenen kurzen Intervallen. Die gehören zum Leben dazu. Ich spreche von Ihrem Gesamtbild, von Ihrer Lebensweise.

Was bevorzugen Sie? Die **lösungsorientierte Kommunikation**? Dass Sie mit Ihrem Umfeld etwas weiterbringen, oder beschreiben Sie gerne den hemmenden Weg, wo nichts weitergeht, wo nichts gedeihen kann, wo nichts fruchtet? Ja, um das geht es mir. Dass man sich nicht im wahrsten Sinne des Wortes zu Tode meckert. Man kann sich schon einmal über etwas ärgern. Es gibt auch die schlechten Tage in einem Jahr. Nur ein chronischer Dauerzustand sollte es nicht werden!

Verabschieden Sie sich ab heute innerlich vom Meckern. Forcieren Sie eine **zukunftsorientierte Pro-Rhetorik**. Sie werden staunen, was das alles auslöst und wie Sie das Umfeld verblüffen werden. Am Ende entstehen dadurch enorm positive Wellen, die dazu führen, dass Sie Probleme und Herausforderungen viel einfacher positiv bewältigen.

Die Baustein-Herausforderung

Was bringt Ihnen das Meckern wirklich?

Ja, ich weiß, es ist beliebt. Wir meckern alle mal gerne. Doch wenn Sie ganz ehrlich zu sich selbst sind, wissen Sie: Es bringt eigentlich gar nichts. Meckern vergiftet das Klima; es blockiert erzielbare Erfolge und belastet eine ohnehin schon angespannte Situation zusätzlich. Wollen Sie sich auch in der Zukunft wirklich ständig auf dem Pfad des Negativem befinden?

Wer ständig meckert, vergiftet sich und das Umfeld

Wenn man Leute darauf anspricht, ist es ihnen bewusst: Das ständige negative Meckern bringt nichts. Ich spreche nicht von konstruktiver Kritik, sondern wirklich vom ständigen *„Sich-über-alles-Beklagen“*. Damit vergiftet man nicht nur die eigene Lebensqualität, sondern auch das Umfeld. Man steckt alle anderen richtig an. Viele sagen dann zu mir: *„Ich kann schon gar nicht mehr meine Führungskraft, meinen Kollegen hören. Das ist schrecklich: Immer nur das Negative!“* Ist eine solche Vorgehensweise aus Ihrer Sicht wirklich zielführend? Und wenn nein, warum stoppen Sie sie nicht?

Meckern ohne situationsorientierte „Eliminierungsimpulse“ verschlechtert eine ohnehin schon angespannte Phase

Okay, Meckern kann auch sinnvoll sein, wenn ich Defizite aufzeige. Wenn ich den anderen und mir selbst beweise, dass ein Zustand optimiert gehört. Es entsteht jedoch dann durch den Meckerer sehr häufig folgendes Problem: Es wird zwar gemeckert, jedoch die *„Eliminierungsimpulse“* bleiben aus.

Niemand sieht sich auf einmal in der Lage, Verbesserungsvorschläge einzubringen. Was bringt es also, wenn ich nicht am Start bereit bin, mich auch für Lösungsvorschläge zu engagieren?

Schön gemeckert – nichts gewonnen – oft viel verloren

Sie kennen mit Sicherheit all die schönen Stammtischrunden. Hier schimpft man gerne über vieles – unter anderem über die Politik, die Wirtschaftslage, den eigenen Arbeitsplatz, den Chef, die Familie, die Partnerin, den Partner uvm. Vielen ist gar nicht bewusst, dass sie zwar schön meckern, jedoch nichts gewinnen; vielmehr wird die Verliererstraße bestritten. Glauben Sie wirklich, es macht ein gutes Bild, wenn Sie sich ständig über Ihre Firma, die Familie, den Partner beklagen und nie die Konsequenzen ziehen? Würden Sie so eine Person langfristig ernst nehmen? Bringt es viel, über Politiker zu schimpfen, sie an den Pranger zu stellen, ohne selbst Lösungsvorschläge anbieten zu können? Ja, es gibt Menschen, die einfach nur drauflosmeckern, denen es richtig Spaß macht, sich selbst und andere durch das Meckern hinunterzuziehen. Ob es sinnvoll ist, sei dahingestellt.

Wer viel meckert, wird nicht mehr gehört

Zu guter Letzt sollte Ihnen eines bewusst sein: Wer ständig meckert, dem hört man irgendwann einmal nicht mehr zu. Natürlich werden Sie immer noch in die Runden hineinmeckern, doch Ihre Botschaft wird nicht mehr wahrgenommen. Einmal ehrlich: Ein nicht sehr befriedigender Zustand. Oder?

Die Baustein-Aktivierung

Statt „Meckern" positive Dialoge forcieren, die zur Verbesserung einer Situation führen

Ja, das ist der sinnvolle Weg. Meckern Sie nicht, sondern zeigen Sie – wenn es notwendig ist – Missstände auf und engagieren Sie sich gleichzeitig für die Verbesserung. Forcieren Sie wirklich positive Dialoge. Stoppen Sie andere, die mit dem Meckern beginnen, weil das zu nichts führt.

Pro-Dialog-Vorbild werden und bleiben

Machen Sie es den anderen nicht nach. Auch wenn es einfach ist. Zeigen Sie Profil, indem Sie sich für die Rolle des *„Pro-Dialog-Vorbilds"* entscheiden. Nur so sind Dialoge sinnvoll. Nur so können Sie durch Dialoge gewinnen. Die alten Meckerzöpfe schneiden Sie ganz einfach ab – und zwar für immer!

Die „Meckerwende“: Einen Monat ohne Meckern – JETZT!!!

Sie werden staunen, wie wunderbar es sich anfühlt, wenn man nicht mehr meckert. Ziehen Sie den Schlussstrich jetzt für immer. Wenn Sie mir nicht glauben, dass es so einfach ist, dann machen Sie bitte mit mir folgenden Deal: Meckern Sie einen Monat nicht, und zwar in allen Lebensbereichen – privat wie beruflich. Zeigen Sie sich von der besten Seite. Versuchen Sie, Pro-Dialoge zu forcieren. Nehmen Sie nicht mehr an Meckerrunden teil. Wenn die anderen gar nicht mitspielen wollen, dann gehen Sie, oder schweigen zumindest. Sie werden sehen: Es funktioniert. Denn Sie werden schnell feststellen: Ohne Meckern lebt es sich besser.

Wer aufs „Meckern“ verzichtet, gewinnt viel verfügbare Zeit für die positive Erledigung anstehender Aufgaben & Herausforderungen

Meckern kostet viel Zeit und viele Nerven. Hier wird tatsächlich viel Zeit unnötig verbraucht, um etwas ständig aufzuzeigen, was ohnehin jeder weiß, und am Ende des Dialogs stehen alle unbefriedigt auf; dadurch kann es keine echten Lösungsvorschläge geben! Nutzen Sie die Zeit, die Sie durch das Verweigern von Meckern gewinnen, für die positive Erledigung anstehender Aufgaben und Herausforderungen. Stehen Probleme an, die Sie selbst nicht lösen können, animieren Sie andere Kollegen, Sie dabei zu unterstützen. Natürlich kann man hier am **Start das Defizit aufzeigen. Das ist auch kein Meckern!** Danach sollte alle Kraft dafür verwendet werden, wie man die Blockade beseitigen kann.

Sagen Sie zum „Meckerstrom“ des Umfelds konsequent: „NEIN, DANKE!“

Ich weiß, mit dem Strom mitzuschwimmen ist einfacher. Heute sollten Sie dies ganz bewusst verweigern. Sagen Sie *„NEIN, DANKE!“* zum Meckern und machen Sie den Weg für eine **positive Dialogkultur** frei. Schaffen Sie mit Ihrem Umfeld eine **meckerfreie Zone**! Schon nach wenigen Wochen werden Sie diese genießen und zu sich selbst sagen: *„Ich möchte nicht mehr auf diesen wunderbaren, erfolgfördernden Zustand verzichten.“*

Mythos Motivation – Was wirkt wirklich?!

Leitgedanke Führungskraft

Weg vom Einzelbild, hin zum Gesamt-Kunstwerk

Es wird Sie als Führungskraft kaum wundern, dass eines der begehrtesten Themen in der wirtschaftlichen Aus- und Weiterbildung **die Motivation** ist. Dafür gibt es einen glasklaren Grund. Die meisten Menschen wissen ganz genau: **Motivierte Menschen erreichen vieles einfacher, direkter** und **in einem optimalen Zustand** als jene, die sich oft in Demotivations-Phasen befinden.

Es spielt dabei keine Rolle, vor welcher Herausforderung Sie stehen. Ob es die wirtschaftlichen Ziele sind, die Sie verfolgen; ob Sie privat ein glückliches, lebenswertes Leben führen wollen; ob man sich den Sport ansieht, wo Sportler nur dann Spitzenleistung erzielen können, wenn sie **hoch motiviert** sind, usw. Man könnte also die Liste beliebig verlängern und auf alle uns bekannten Bereiche umlegen.

Vor einigen Jahren habe ich versucht herauszufiltern, wie viele Bücher es gibt, die sich im Kern mit der Motivation beschäftigen. Es waren bereits damals mehr als eine Million. Wahrscheinlich war die Zahl noch wesentlich höher, da die Recherche nicht unbedingt einfach war. Doch ich glaube, alleine diese Zahl ist sehr beeindruckend.

Man könnte nun auch als Wirtschaftstrainer meinen: *„Naja, aufgrund dieser Tatsache ist eigentlich schon alles zum Thema Motivation gesagt.“* Ich als Experte könnte mich somit langsam darüber wundern, warum dieses Thema immer noch in so vielen Büchern, Aus- und Weiterbildungs-Ausgaben, wirtschaftlichen Zeitungen und Magazinen usw. als Cover-Story plakativ angepriesen wird. Denn, noch einmal, eigentlich müsste längst alles bekannt und gesagt sein.

Bei der Entschlüsselung des organischen Bauplans erfolgreicher Teams war somit klar: Diese **wichtige Erfolgszutat** muss auch von mir intensiv durchleuchtet werden. Eines kann ich heute 100 %ig behaupten: *„Ja, die meisten Führungskräfte und Mitarbeiter wissen eigentlich schon darüber Bescheid,* *wie Motivation abläuft. D.h. wie man sich selbst motiviert, was zu tun ist, damit man andere Menschen und das gesamte Umfeld dabei unterstützt, dass langanhaltende Motivations-Phasen entstehen und somit erlebt werden können."*

Ich könnte mir gut vorstellen, dass Sie sagen: *„Naja, Herr Panhölzl, das ist alles schön und gut. Diese Einleitung verstehe ich. Doch man muss auch eines glasklar sagen: Nicht immer kann man hochmotiviert sein. Man muss auch ganz ehrlich darüber sprechen, dass im Leben nicht immer alles motiviert läuft. Dass Demotivations-Phasen eintreten. Es gibt einfach Wendepunkte, Schicksalsschläge, brutale Herausforderungen, Niederlagen usw. Die kann man nicht so einfach wegstecken."* Manche behaupten dann gerne in meinen Vorträgen und Seminaren: *„Der motivierende Mensch verblendet sich auch gerne selbst. Er sieht alles in einer sehr positiven Welle. Daraus resultiert ja auch die seit vielen Jahrzehnten bekannte rosarote Brille mit der damaligen Welle, Think Pink – Think Positive."*

Das Fazit von solchen Behauptungen ist somit: Man muss beide Seiten akzeptieren. Ja, ich unterstreiche das auch immer wieder in meinen Vorträgen und Seminaren. Ich gehe sogar noch einen Schritt weiter und warne regelrecht, wenn ich über das Thema spreche, wenn ich Erfolgsrezepte dazu präsentiere, dass man eines akzeptieren muss: Nicht immer läuft im Leben alles so, wie wir es uns vorstellen. Nicht immer kann ich hochmotiviert sein. Die damit eng verbundene, positive Lebenseinstellung ist **kein Allheilmittel**, das ich aus einer Flasche trinke, und schon wird alles wieder super positiv, alles läuft wie geschmiert. Ganz im Gegenteil. **Motivation**, und das muss man begreifen, **ist ein gelebter Zustand**. Das bedeutet: Es geht in erster Linie **um Sie**. Sind Sie bereit, motiviert durchs Leben zu gehen? Die schönen Dinge des Lebens anzunehmen? Das Firmenkonzept, den eigenen Alltag, Ihr privates Leben so zu gestalten, dass darin Phasen der Motivation entstehen können?

Es geht also um Sie. Gerade als Führungskraft stehen Sie unter ständiger Beobachtung. Ob Sie es wollen oder nicht. Sie haben eine **Vorbild-Funktion in Ihrer Firma**. Ihre Aussagen, Gestik, Mimik werden von den Mitarbeitern permanent registriert.

Immer wieder treffe ich bei Firmentrainings auf Aussagen, die dann lauten: *„Herr Panhölzl, wenn unser Chef in der Früh in die Firma kommt, genügt ein Blick. Wir sehen seine Gestik und Mimik und wissen ganz genau, wie der Tag verlaufen wird."* Was heißt das? Wenn der Chef fröhlich hereinkommt, eine einladende, positive Gestik und Mimik hat, dann wissen die Mitarbeiter: Das wird ein guter Tag, auch wenn vielleicht harte Herausforderungen auf uns zukommen. Wenn bei einem Kunden etwas nicht läuft; wenn intern etwas schief geht – wir werden es gemeinsam meistern. Der Chef wird lösungsorientiert denken, planen und handeln. Er wird nicht die Axt herausholen, einen Rundumschlag machen. Er wird niemanden menschlich verletzen. Er wird heute eindeutig vorzeigen: Spucken wir gemeinsam motiviert in die Hände. Lassen wir uns von diesen kleinen Hürden und Tiefschlägen des Alltags nicht aus der Spur bringen. Beseitigen wir sie, damit der Weg für einen positiven Firmenverlauf frei ist.

Wenn der Chef jedoch bereits einen sehr negativen Eindruck macht – einige sprechen sogar über einen angefressenen Eindruck – dann ist Feuer am Dach. Selbst bei Kleinigkeiten wird er auszucken. Das Negative wird in der Kommunikation im Vordergrund stehen, und somit zieht er alle hinunter.

Genauso verhält es sich bei **der Einschätzung der Zukunft**. Wie viele Menschen sagen: *„Ja, wir müssen die Herausforderungen annehmen, auch wenn sie hart sind.“* Und schon beginnt die negative Formulierung. Da werden Szenarien skizziert, die niemals eintreten, jedoch alle in ihrem täglichen Tun negativ beeinflussen. Viele Teams sitzen dann in absoluter Starre, wie die Maus vor der Schlange, um ja nichts mehr falsch zu machen. Es entstehen dann wahnsinnige Ängste, die einen z.B. beim Einschlafen quälen. Ich kenne genug Mitarbeiter, die wirklich Angst vor dem Morgen haben. Die immer darüber nachdenken: *„Was wird alles passieren? Verliere ich meinen Job? Mache ich bei der Arbeit etwas falsch und riskiere ich dann eine Abmahnung? Werde ich in der Lage sein, die zukünftigen Herausforderungen, die damit verbundenen Aufgaben und Aktivitäten zu erfüllen usw.?“*

Wenn Sie eine Rückblende machen, wissen Sie ganz genau: Vieles von diesen Schwarzmalereien, von diesen demotivierenden Impulsen sind unnötig. Denn das damit Verbundene tritt oft nicht ein.

Ein weiteres Phänomen bei der Motivation ist die **Bestechung**. Als Führungskraft möchte man den Mitarbeitern bestimmte Zuckerl geben, damit sie besser drauf sind. Wir wissen seit vielen, vielen Jahren, dass z.B. Geld alleine nicht motiviert. Das heißt im Umkehrschluss aber nicht, dass Geld gar nicht motiviert. Denn das würde ja bedeuten: Wenn Sie Ihren Mitarbeitern weniger zahlen, laufen die genauso einwandfrei. Alle Abläufe werden in Ruhe gesteuert. Alle sind so motiviert wie im bisherigen Zustand. Das ist Quatsch!

Was aber Experten meinen, die sich damit intensiv beschäftigen, können Sie bei jedem Firmentraining feststellen: Geld alleine motiviert nicht. Denn das schönste Einkommen bringt gar nichts, wenn Sie sich seelisch mies fühlen, wenn Sie als Mitarbeiter, als Führungskraft, ja sogar als Chef, Ihre Arbeit mit einem ständigen bitteren Beigeschmack in der Früh beginnen und den ganzen Tag so durchziehen. Geld alleine kann Sie nicht dabei unterstützen, dass Sie im Einklang mit Ihrem Geist, Ihrer Seele sind. Damit sind wir eigentlich auch sinngemäß wieder beim ersten *„erfolgsfitCode“*-Baustein in diesem Buch: beim SPIRIT.

Sie bemerken bereits bei meinen Ausführungen: Das macht Motivation so spannend. Das ist genau der Grund, warum man so viel über Motivation berichten, schreiben und aufzeigen kann. Weil man es nicht an einigen Punkten festmacht, sondern weil es **eine Lebenshaltung ist**. Wie gestalten Sie Ihr Leben? Das bedeutet: Es geht hier nicht um Momentaufnahmen, um Einzelbilder, sondern wirklich um ein **Gesamt-Kunstwerk**. D.h. die Kunst, mehrheitlich motiviert zu leben. Genau hier werden dann die **größten Fehler** gemacht. Wenn die Zeit wieder mal reif ist, versucht man das Team zu motivieren. Das gelingt dann auch kurzfristig! Sehr schnell wird aber vergessen, dass eine nachhaltige und langfristige Wirkung nur dann entsteht, wenn ein **Dauerprozess** eingeleitet wird.

Nur wer **innerlich bereit ist**, **motiviert** zu leben, die damit verbundenen Spielregeln zu beachten und diese Schiene nie wieder verlässt, kommt in den Genuss von **dauerhaften Motivations-Phasen.** Diese stärken einen besonders; auch dann, wenn es einmal nicht so läuft, wie es unseren Vorstellungen entspricht.

Leitgedanke Mitarbeiter

Alle wollen das Gleiche – warum also ständig ausscheren?

Liebe Mitarbeiterin, lieber Mitarbeiter, ich könnte wahrscheinlich hunderte Bücher mit einem Umfang von 300 bis 400 Seiten und mehr füllen, wenn es darum geht, mich mit Ihnen über Motivation zu unterhalten. Sie wissen aus Ihrem eigenen Leben: **Motivation ist etwas Wunderbares**. Man fühlt sich wohl. Es macht Spaß, wo mitzuwirken. Es bereitet Freude, das Leben zu genießen uvm.

Es ist wahrscheinlich auch für Sie nichts Neues, dass Führungskräfte auch gerne motivierte Mitarbeiter haben. Sie als Mitarbeiter, gerade wenn Sie

Kundenkontakt haben, begrüßen es auch, wenn Ihre Kunden hoch motiviert sind. Sie wissen aus eigener Erfahrung, wenn Sie mit voller Motivation dabei sind, **dann gelingt es auch**. Dann schaffen Sie sehr häufig auch einmal etwas, was Sie vorher nicht einmal in Ihren kühnsten Träumen erwartet hätten.

Nehmen Sie nur **Spitzensportler**, Menschen, die wirklich bereit sind, bis an ihre Grenzen zu gehen. Ein gutes Beispiel dafür ist Arnold Schwarzenegger. Er hat bereits verschiedene Lebensabschnitte hinter sich und machte immer wieder eine hervorragende Figur. Natürlich hat auch Arnold Schwarzenegger viele Fehler gemacht. Doch wenn man sich den Menschen Schwarzenegger aus der Perspektive ansieht, dass er sich Ziele steckt, um sie zu verwirklichen, dann kann man nur den Hut ziehen. Denn er ist genau das beste Beispiel dafür, wie ein Mensch hoch motiviert an eine Sache herangeht.

Wie konnte Schwarzenegger solche Muskeln aufbauen und wie wurde er bis heute der beste Bodybuilder aller Zeiten? Sie haben es sicher schon einmal gehört oder vermuten es, dass Schwarzenegger teilweise 10-12 Stunden am Tag trainiert hat. Vor gewissen Wettkämpfen hat er sich oft auf 14-16 Stunden tagtäglich gesteigert. Was bewegt einen Menschen permanent, solche Gewichte zu heben? Dem Körper oft unter größten Schmerzen alles abzuverlangen? Es kann nur die pure Form der Motivation sein. Was hat Schwarzenegger gemacht? Er hat immer eines vor seinen Augen gehabt: Wie wird das **Endergebnis aussehen**? Wie wird es aussehen, wenn ich es erreicht habe?

Er hat sich am **Ziel aufgebaut**. Er wusste, wenn er jetzt bereit ist, die mit Sicherheit auch teilweise schweren Entbehrungen auf sich zu nehmen, wird er in den Genuss von vielen schönen Lebensphasen kommen. Genauso ist es eingetreten.

Schwarzenegger ist dann in das harte Show-Business gewechselt. Im nächsten Lebensabschnitt in die harte Politik gewechselt. Er versucht nun im hohen Alter ein wunderbares Comeback. Was heißt das? Schwarzenegger hat jeden Lebensabschnitt sofort begonnen. Er hat **sich ein Ziel gesetzt** und **war bereit, alles dafür zu geben**. Warum? Weil das **Ziel ein Sog** war. Weil das Ziel in ihm keinen Druck ausgelöst hat, sondern er wollte es tatsächlich verwirklichen. Er war bereit, alles dafür zu tun, dass es im Rahmen seiner Möglichkeiten Realität wurde.

Genau das ist auch oft ein Fehler, wenn Führungskräfte Ihnen, liebe Mitarbeiterinnen, liebe Mitarbeiter, die Zukunft und Ziele präsentieren, Aufgaben und Aktivitäten skizzieren usw. Sehr häufig erfolgt das in einer für Sie demotivierenden Art und Weise. Ich kann mich davon immer wieder überzeugen, wenn ich Firmen vor Firmentrainings analysiere. Wenn ich mit ihnen in 4-Augen-Gesprächen sitze oder anonyme Tests auswerte.

Auf der anderen Seite demotivieren aber auch viele Mitarbeiter ihre Chefs. Wenn die immer wieder zu erkennen geben, dass sie nicht bereit sind, sich über das normale Maß hinaus für die Firma zu engagieren. Bitte akzeptieren Sie: Irgendwann einmal ist jemand da gewesen, der Ihre Firma gegründet hat. Je nach Firmengröße kennen Sie heute noch den Chef oder, wenn es schon in der nächsten Generation ist, dann dessen Familienmitglieder. Und da stellt sich schon die Frage: Sind Sie wirklich bereit, hochmotiviert täglich das zu tun, damit Sie diese Erfolgsstory voranbringen? Dass Ihre Firma auch morgen noch attraktiv auf den Kunden wirkt? Dass Ihre Firma auch morgen noch eine Oase ist, in der man sich wohl fühlt?

Ich weiß, das ist nicht immer so. Denn gerade wenn Führungskräfte und Chefs sagen: O.K., wir holen uns den Herrn Panhölzl als Wirtschaftstrainer, der uns aufzeigen kann, wie wir besser miteinander arbeiten, wie Abläufe besser laufen, wie man beim Kunden punkten kann, usw. – dann gibt es oft **Widerstände**. Erst vor kurzem habe ich mit einem sehr erfolgreichen Veranstalter gesprochen, und der hat bestätigt, dass sogar in seinem Freundeskreis viele sofort eine ablehnende Haltung einnehmen, wenn es um betriebliche Aus- und Weiterbildung geht. Da kommen dann schon Aussagen wie: *„Gib mir lieber die Freizeit, gib mir eine höhere Prämie, als mich in Schulungen zu stecken.“*

Sie sehen also: **Echte Motivation** ist sehr **vielschichtig**. Und eines sollte Ihnen klar sein: Sie werden nur dann in den Genuss von motiviereten Phasen kommen – auch in Ihrer Firma und in der Freizeit – wenn Sie selbst bereit sind, sich dafür einzusetzen.

Natürlich, wie vorher erwähnt, weiß ich, dass es hier oft unterschiedliche Ansichten zwischen der Führungsseite und Ihnen als Mitarbeiter gibt. Vieles davon beruht auch auf Missverständnissen. Denn Sie wissen selbst, dass der Alltag sehr hektisch sein kann, und da ist es nicht immer einfach, dass man alles ausdiskutiert bzw. dass es z.B. einer Führungskraft gelingt, Ihnen eindeutig aufzuzeigen, was sie will. Viele Mitarbeiter vermuten natürlich, dass das Ganze rund um die Motivation nur einem Ziel dient: Dass **mehr Teamleistung** entsteht und die Firma noch mehr Erträge erwirtschaftet.

Sie haben mit dieser Ahnung nicht Unrecht. Doch es handelt sich dabei nur um ein Einzelbild und nicht um das Gesamt-Kunstwerk. Eines ist für mich bewiesen: Sind alle bereit, daran mitzuwirken, dass dauerhafte Motivationsphasen entstehen können, dass man sich wirklich wohl fühlt, dass man Spaß an dem hat, was man tut, dann wird dieser Zustand auch erzielt.

Die Baustein-Herausforderung

Wissen Sie, was Sie motiviert?!

Viele Menschen sagen gerne: Sie möchten motiviert sein. Die Frage ist: Was motiviert Sie wirklich? Was sind Ihre Motive? Was ist aus Ihrer Sicht im Leben lebenswert? Leider muss ich immer wieder feststellen, dass viele Menschen für die Klärung dieser wichtigen Sache in ihrem Leben zu wenig oder gar keine Zeit aufbringen.

Wissen Sie, was das Umfeld motiviert?

Gerade als Führungskraft eines Unternehmens ist es wichtig zu wissen, was die anderen motiviert. Auch hier muss ich das Gleiche wie beim Individuum diagnostizieren: Viele nehmen sich gar keine oder nur wenig Zeit, um herauszufiltern, was das Umfeld motiviert. Wenn dann Führungskräfte in Unkenntnis handeln, sind die Demotivationswellen eigentlich nur die logische Folge dieses Fehlverhaltens.

Was tun Sie täglich als Führungskraft, um andere zu motivieren?

Natürlich haben Führungskräfte auch einen herausfordernden Job. Sie müssen auch täglich viele Aufgaben und Aktivitäten erledigen. Eines sollten Sie als Führungskraft jedoch nicht vergessen: Sie sind auch für die **Teammotivation verantwortlich!** Leider muss ich immer wieder feststellen, dass Führungskräfte hier eher sehr bescheiden agieren.

Was ist als Mitarbeiter mein Motivationsbeitrag für „positive Teamwellen"?

Als Mitarbeiter sind Sie kein Mitläufer. Der Name sagt es ja schon: Sie **arbeiten** an **gemeinsamen Erfolgen mit**. Sie als aktives Mitglied sollten sich daher auch einmal die Frage stellen: Was ist denn eigentlich Ihr Motivationsbeitrag, den Sie in das Team, in die Firma einbringen? Natürlich haben Sie auch das Recht, Motivation einzufordern, z.B. seitens der Führungskräfte oder Ihrer Kollegen. Eines sollten Sie jedoch dabei akzeptieren: Einseitig ist nicht möglich! Ihr Beitrag entscheidet auch darüber, wie das

Umfeld auf Sie reagieren wird. Kommt es zu *„positiven Teamwellen"* oder bleiben sie aus?

Warum ist Demotivation oft viel leichter als Motivation?!

Es ist Ihnen sicher schon aufgefallen: Sich gegenseitig zu demotivieren fällt offensichtlich allen leicht – nur bei der Motivation haben wir oft Schwierigkeiten. Eigentlich ein absurder Zustand. Alle Menschen, mit denen ich spreche, bestätigen mir immer wieder, dass sie motiviert sein wollen, dass sie ein motiviertes Umfeld klar bevorzugen. Natürlich wollen sie Motivation in all ihren Facetten forcieren. Das Schlimmste für sie kommt jetzt: Es ist exakt die gleiche Vorgehensweise, denn **Demotivation und Motivation laufen nach dem gleichen Prinzip ab!** Leider haben sich viele Menschen für die Demotivationswelle entschieden, die ständig forciert und genährt wird.

Die Baustein-Aktivierung

Eigenmotivation durch erfüllbare und anziehende Ziele

Was viele rund um das Thema Motivation übersehen, ist folgende wichtige Tatsache: Motivation entsteht zu einem Großteil aus formulierten, anziehenden und erfüllbaren Zielen. Ziele sind ein **Zukunftsblick**. Das sollte eigentlich klar sein. Wenn der Zukunftsblick, privat sowie beruflich, nicht anziehend wirkt, werden Sie nicht motiviert sein. Demotivation wird als Folgeerscheinung dann um sich greifen. Sorgen Sie ab heute also dafür, dass Sie Ihre Eigenmotivation dadurch stärken, indem Sie daran mitwirken, dass erfüllbare und anziehende Ziele privat und beruflich formuliert werden. Dadurch entsteht eine Sogwirkung, die Ihre Eigenmotivation enorm fördert, und es ist sehr schnell möglich, dass Funken auf alle Beteiligten überspringen.

Ansporn, Lob & Belohnung – der richtige Mix führt zum motivierten Team

Immer wieder beklagen sich Mitarbeiter mittels anonymer Check-in-Tests vor Firmentrainings über folgenden Missstand: Lob und Belohnung sind in der Firma Mangelware. Das Wichtigste für Mitarbeiter ist jedoch das Lob. Sie wollen ganz offiziell ein Lob erhalten, wenn ihre Arbeitsleistung sehr gut war und ist. Sie wollen z.B. auch das Kundenlob hören, das in ihrer Abwesenheit über sie übermittelt wurde. Natürlich ist auch eine Belohnung ab und zu schön. Doch wie gesagt: Diese rundet die Motivationswelle nur optimal ab. Im Vordergrund stehen **das persönliche Lob** und die damit **verbundene Anerkennung**. Gleichzeitig sollten gerade die Führungskräfte für Ansporn sorgen. Hier kann man wunderbar die Parallele zum Sport ziehen: Kein Sportler ist demotiviert, weil er sich hohe sportliche Ziele steckt. Ich spreche hier nicht nur von Spitzensportlern; Sie können diese Vorgehensweise auch wunderbar in kleinen Vereinen z.B. in einem Dorf wiederfinden. Menschen wollen etwas bewegen. Menschen wollen etwas erreichen. Sie stecken sich dabei oft sehr herausfordernde Ziele, die aber immer noch im Kern realistisch und machbar sind. Genauso sollten Sie als Führungskraft und auch als Mitarbeiter vorgehen, wenn Sie sich und andere dauerhaft motivieren wollen.

Die „eigenen Lebensvorstellungen und Erwartungshaltungen“ müssen sich in den Ergebnissen wiederspiegeln

Motivation als Spraydose zu verstehen, wäre fatal. Das passiert jedoch sehr häufig, wenn man das Führungsverhalten von Entscheidungsträgern in Firmen durchleuchtet. Genauso verhält es sich übrigens unter Kollegen. Vielen ist eines nicht bewusst: Eine langfristige Motivation entsteht nur, wenn dauerhaft erzielte Ergebnisse den eigenen Lebensvorstellungen und damit verbunden Erwartungshaltungen entsprechen. Es wäre besonders töricht zu glauben, man könnte Motivation nach dem Bild des Esels mit der Karotte durchziehen. Dieses gern verbreitete Sinnbild zeigt eindeutig auf: Man versucht den Esel zu motivieren, weil er vor sich eine Karotte sieht, die er niemals erreichen kann. So dürfen Sie auf gar keinen Fall die Eigenmotivations- und die Fremdmotivationsaktivitäten anlegen. Man kann schon die Karotte etwas weiter vom aktuellen Standort platzieren. Wichtig ist nur: Wenn dann die betreffende Person in das Zielfinale eintaucht, dass sie die Karotte auch tatsächlich erhält. Die Ergebnisse müssen also mit den Lebensvorstellungen und Erwartungshaltungen kompatibel sein, um eine dauerhaft anhaltende Motivation zu etablieren.

Führungskräfte, die motivieren wollen, müssen auf die „Umfeld-Lebensvorstellungen und Erwartungshaltungen“ sensibel eingehen.

Gerade Führungskräfte müssen mit den Vorstellungen des Umfeldes sehr sensibel umgehen, wenn sie dauerhaft motivieren wollen. Wie bereits beim vorherigen Punkt eindeutig aufgezeigt, bringt es nichts, sich selbst oder dem Umfeld die Karotte vorzuhalten, die man nicht erreichen kann. Führungskräfte müssen die Lebensvorstellungen und Erwartungshaltungen eines Umfeldes akzeptieren. Nur dann sind sie in der Lage, die Menschen dauerhaft für sich zu gewinnen. Dadurch entsteht dann die immerwährende Motivation.

Die optimale Verschmelzung der Teammotive ist eine ernstzunehmende Herausforderung der Unternehmensführung

Was die Firma will ist oft schnell geklärt. Was das Team will, ist oft im Verborgenen. Akzeptieren Sie bitte als Entscheidungsträger, dass die Teammotive mit den Vorstellungen der Unternehmensführung immer kompatibel sein müssen. Nur gemeinsam an einem Strang in eine Richtung können Sie Positives bewegen. Nur wenn sich alle in den Ergebnissen verwirklicht sehen, entsteht eine dauerhafte Motivation. Sind die Teammotive nicht kompatibel mit jenen Vorstellungen seitens der Unternehmensführung, dann sind die Bruchstellen in der Motivationswelle vorprogrammiert. Diese werden sich dann sehr schnell in Demotivationswellen umdrehen.

Motivierend sind ausnahmslos „positive Erlebnisse" und „positive Ergebnisse"

Seit vielen Jahren stelle ich beim Thema Verkauf folgende Frage: *„Was ist Motivation?"* Dabei ergänze ich gerne*: „Es geht darum, wie man andere Menschen motiviert."* Verkäufer wissen ganz genau: Motivation beeinflusst einen positiven Abschluss am besten. Motivierte Kunden kaufen gerne! Motivierte Sportler bringen Höchstleistungen! Motivierte Mitarbeiter können auch schwierige Aufgaben und Aktivitäten bewältigen! Damit ist alles gesagt.

Man kann gut verstehen, dass viele Menschen in der Motivation ein richtiges Zaubermittel sehen, mit dem man Unglaubliches möglich macht; mit dem man auch den Alltag wunderbar gestalten kann. Wenn ich dann aber die Frage stelle: *„Wie motiviert man andere Menschen?"*, kommen viele Impulse. Doch die richtige Antwort bleibt meistens aus. Die Impulse lauten dann unter anderem so oder ähnlich: *„Ich muss selbst motiviert sein. Ich muss anderen beweisen, dass es sich lohnt, sich für eine Sache einzusetzen. Ich muss mein Gegenüber ernst nehmen. Ich muss die Eigenmotivation vorleben."* Die Aussagen stimmen im Kern natürlich alle, doch es gibt eine **Schwachstelle**. Nehmen wir das Beispiel Eigenmotivation: Wenn Sie in Ihrem Beruf sehr erfolgreich sind und damit andere anstecken wollen, können Sie sehr schnell das Gegenteil erzielen. Denn viele werden dann im Umfeld sagen: *„Mein Gott, ist der arrogant. Wie der angibt. Naja, ihm geht es halt gut; er kann es ja."* Glauben Sie wirklich, dass man dadurch schnell andere Menschen motivieren kann, indem man aufzeigt, dass man selbst gut unterwegs ist? Dass man selbst super drauf ist? Auch das kann gefährlich sein. Stellen Sie sich einmal vor: Im Umfeld ist jemand negativ drauf; er ist richtig in der Demotivationswelle drinnen. Jetzt kommen Sie, voll motiviert, und beweisen ihm dadurch, wie schön das Leben eigentlich sein kann. Ich glaube, Sie können sich gut vorstellen, dass der Funke nicht so einfach überspringt. Deswegen spreche ich auch in diesem Baustein von *„Mythos Motivation"*. Nach ungefähr zehn bis fünfzehn Minuten lüfte ich dann immer wieder das Geheimnis: Sie können andere Menschen und übrigens auch sich selbst nur dann motivieren, wenn Sie ausnahmslos positive Erlebnisse und positive Ergebnisse kommunizieren und mit diesen das Machbare und Mögliche beweisen. Genau darum geht es! Menschen wollen sich an positiven Erlebnissen und Ergebnissen orientieren. Sie wollen glasklar erkennen: *„Ja, es ist möglich! Auch bei mir!"* Dazu brauchen Sie Sicherheit. Sie wollen sich an etwas festhalten können. Das alles erzielen Sie am besten, indem Sie auch in einer demotivierten Phase allen und sich selbst beweisen: Es geht, wenn wir nur wollen! Die bisher in Ihrem Leben erzielten positiven Erlebnisse und Ergebnisse bestätigen dies immer wieder aufs Neue. Falls Sie jetzt noch zögern und sagen: *„Naja, hat da der Herr Panhölzl wirklich Recht? Ist das so?"*, dann können Sie gleich einen Mini-Selbsttest machen. Er wird Ihnen bestätigen, dass Sie tatsächlich nur mit dieser Formel – also mit positiven Erlebnissen und Ergebnissen – sich selbst und andere motivieren können. Sie alle wissen 100 %ig, wie Demotivation entsteht. Wenn negative Erlebnisse und Ergebnisse entstehen, sich verzahnen und hartnäckig etablieren, sind Sie demotiviert. Motivation und Demotivation entsprechen also der YIN-und-YANG-Philosophie. Yin und Yang stehen für polar einander entgegengesetzte und dennoch aufeinander bezogene Kräfte oder in vielen Bereichen auch Prinzipien. D.h. zu einer Welle muss es auch immer wieder eine Gegenwelle geben. Genauso ist es mit Motivation und Demotivation.

Demotivation – Motivation = Welche Kettenreaktion wollen Sie täglich bei sich und in Ihrem Umfeld auslösen?

Es geht also letztendlich darum, für welche Kettenreaktion Sie sich entscheiden. Die Demotivation läuft oft wie geschmiert. Bei der Motivation wäre dies genauso möglich, wenn Sie es wirklich wollen. Natürlich ist es oft einfacher, das Negative aufzuzeigen. Drehen Sie es ab heute um und engagieren Sie sich für das Positive. Sie werden sehen: Die Kettenreaktion läuft tatsächlich in der gleichen Art und Weise ab – nur mit einem viel schöneren Ergebnis!

Druck, Zwänge & Co.: Womit kann man leben – wo ist die Grenze?

Leitgedanke Führungskraft

Ansporn & Sog oder Energie-Entzug & Teilnahmslosigkeit

Eines ist mir als Unternehmer klar: Der **Takt des wirtschaftlichen Lebens**, gekoppelt mit den **Anforderungen des Wettbewerbs,** gibt auch sehr häufig den **internen Firmentakt** vor. Führungskräfte und Unternehmer stehen naturgemäß häufiger unter Druck, Zwängen und Ähnlichem. D.h. es entstehen Zustände, die man gerne vermeiden möchte, aber nicht immer kann.

Sehr häufig sagen Führungskräfte zu mir: *„Bereits Mitte des Monats werde ich ein wenig unruhig, wenn ich bemerke, dass die Auslastung nicht passt, dass bei einigen Projekten etwas schiefläuft oder dass ganz einfach die Umsätze nicht stimmen. Das sind natürlich jene Momente, die man nur schwer seinen Mitarbeitern klarmachen kann. Sie werden von denen auch oft nicht verstanden; wenn man ehrlich ist, müssen sie sie auch nicht verstehen."* Sie ergänzen ihre Aussagen: *„Herr Panhölzl, ich möchte oft gerne so sein wie mein Mitarbeiter, der pünktlich nach Hause gehen kann, der gesichert sein Gehalt bekommt, der sich einfach keine Gedanken machen muss, wie es mit der Firma weitergeht, wo neue Umsätze herkommen usw. Ich nehme die Arbeit mit nach Hause. Ich quäle mich mit diesen Fragen sehr lange, auch oft in der Freizeit, am Wochenende."*

Vor vielen Jahren habe ich zum Thema Nachfolge mit allen einhergehenden Erfolgszutaten vor Landwirten referiert. Dazu gehört auch Motivation; die Leidenschaft, einen Betrieb in der nächsten Generation zu übernehmen, und eng damit verbunden auch der innere Wille, es wirklich zu wollen.

Nach dem Vortrag gab es eine Diskussionsrunde. Ein Landwirt meldete sich mit folgenden Worten: *„Herr Panhölzl, Sie haben mir aus dem Herzen gesprochen. Sagen Sie das bitte noch einmal deutlich meinem Sohn, der neben mir sitzt. Aufgrund meines Alters steht die Hofübergabe in einigen Jahren an. Ich würde es begrüßen, wenn mein Sohn den Hof übernehmen würde. Er ist von der Ausbildung her dazu in der Lage, doch er weigert sich* *beharrlich. Er arbeitet aktuell in einer großen Firma und hat bereits in den letzten Jahren, immer wenn es darum geht, über die Hofübergabe zu sprechen, mir Folgendes unmissverständlich mitgeteilt: Er will meinen Hof nicht! Das ist unfassbar! Das kann ich nicht glauben! Er will den Hof nicht weiterführen, obwohl das die neunte Generation wäre. Sie müssen meinem Sohn einmal richtig den Kopf waschen. Der muss richtig aufwachen. Er will unser traditionelles Lebenswerk zerstören. Ich verstehe nicht, warum er den Hof nicht haben will. Der steht auf gesunden Beinen, wir sind angesehene Bauern. Was soll das?"*

Bevor ich noch antworten konnte, meldete sich bereits der Sohn: *„Herr Panhölzl, das ist wieder typisch für meinen Vater. Er erzählt bei solchen Veranstaltungen nur das, was gut klingt. Er sagt nicht, wie es wirklich ist. Es gibt einen ganz einfachen Grund, warum ich den Hof nicht übernehmen will: Seit Jahrzehnten höre ich von meinem Vater, unter welchem Druck er gezwungen wurde, von seinem Vater den Hof zu übernehmen. Welche Entbehrungen er bis heute auf sich nehmen musste, damit der Hof optimal läuft. Immer wieder habe ich diese Aussagen gehört, wenn sich meine Eltern unterhalten haben, als ich ein Kind war. Es gab oft sehr heftige Streitigkeiten, weil beide gesehen haben, dass mit dem Hof ein gewaltiger Rucksack zu tragen ist. Ich habe dann, natürlich dank meines Vaters, eine gute Ausbildung gemacht und arbeite heute bereits in einer sehr guten Position in einer Firma. Jetzt soll ich sie aufgeben, um den gleichen Leidensweg wie mein Vaters zu gehen. Das kann doch nicht sein! Hier spricht er von der positiven Seite eines Landwirts; mir hat er jahrzehntelang vorgejammert, wie die negative aussieht. Nein, danke, darauf verzichte ich gerne."*

Sie können sich vorstellen, ich brauchte selbst nicht mehr weiter auszuholen, sondern ich konnte nur das bestätigen, was ihm der Sohn aufgezeigt hat. Welcher Mensch geht gerne einen Lebensweg, in dem Druck, Zwänge und viele andere unschöne Belastungen auf ihn warten?

Genauso verhält es sich auch bei der Führung von Mitarbeitern. Entweder erzeuge ich als Führungskraft **positiv Ansporn und Sog,** oder ich spiele **meine Macht** aus und erreiche damit nur eines: eine **Schwächung des Teams**. Ihre Mitarbeiter können keine optimale Leistung erbringen, wie sie von ihnen erwartet wird, wenn Sie ihnen ständig Energie entziehen. Das führt dazu, was viele Führungskräfte kennen: Die Mitarbeiter wirken teilnahmslos; sie hören zwar die Botschaften ihrer Führungskräfte, jedoch nehmen sie sie nicht mehr ernst. Klingt hart, ist aber so! Ob man das als Führungskraft hören will oder nicht.

Als Führungskraft kann man nur bei der Teamführung den positiven Weg des **Ansporns** gehen, **Sogwirkungen** erzeugen. Das führt dann wirklich dazu, dass Mitarbeiter bereit sind, sich für die Erfüllung der Ziele konsequent einzusetzen.

Leitgedanke Mitarbeiter

Wenn Gedanken Berge versetzen

Das Leben ist nicht immer einfach. Wir stehen oft vor großen Herausforderungen. Wir befinden uns privat und/oder beruflich auch immer wieder in Wettbewerbs-Situationen, die man für sich positiv entscheiden möchte.

Oft entsteht Druck auch deshalb, weil wir nicht bereit sind, uns innerlich mit den anstehenden Aufgaben und Aktivitäten richtig auseinanderzusetzen. Viele Menschen schreien dann gerne auf, wenn Vorgaben erfolgen, lesen sofort das Negative aus der Präsentation heraus, nehmen sich oft nicht einmal die Zeit, sich genauer mit den Zielen und Vorgaben zu beschäftigen. Das führt in einer Firma sehr schnell zu **Spannungen**.

Ihr Chef, Ihre Führungskräfte müssen natürlich die Firma so steuern, dass Ziele im versprochenen Rahmen erfüllt werden können. Der **eigentliche Taktgeber** ist nicht Ihr Chef, Ihre Führungskraft, sondern **der Kunde**. Er kann aus den verschiedensten Anbietern wählen. Das bedeutet, dass eine der wichtigsten Aufgaben auf der Unternehmer-Seite darin besteht, mit den Führungskräften und Mitarbeitern dafür zu sorgen, dass Ihre Firma **attraktiv** auf den **Kunden wirkt**; in weiterer Folge, wenn der Kunde ja sagt, dass eine ordnungsgemäße Erfüllung gewährleistet werden kann. Genau jetzt ist der Zeitpunkt, wo **Sie zum Zug kommen**. Durch die Firmen-Angebote entstehen interne Abläufe, die immer von Aufgaben und Aktivitäten geprägt sind. Jetzt sind Sie derjenige, der hier Regie führt. In Ihrer Firmenrolle hängt jetzt alles an Ihnen, ob Sie bereit sind, das zu tun, was getan werden muss.

Wenn man dann z.B. in einer Besprechung sitzt und über diese Abläufe spricht, dann haben oft Mitarbeiter wirklich das Gefühl: Jetzt geht es wieder um Druck. Es werden sicher wieder Maßnahmen aufgezeigt, die einem nicht gefallen. Die Führungskräfte werden nun wieder das Alltagsgeschäft negativ beeinflussen und verlangen etwas, was wir nicht erfüllen können und wollen.

Glauben Sie, so kann eine erfolgreiche Firma im 21. Jahrhundert funktionieren? Ich glaube nicht!

Erst vor kurzem habe ich ein Gespräch mit einem Unternehmer geführt, den ich seit sehr vielen Jahren kenne. Ihm kann man folgendes Prädikat verleihen: 100 % Menschlichkeit. Er forciert die Menschlichkeit in der Firma, wo es nur geht. Natürlich muss er seine Firma auch erfolgreich führen und gegenüber den Mitbewerbern absichern. Dies erwarten übrigens auch seine Mitarbeiter. Seit ungefähr zwei Jahren präsentiert er seinem Umfeld gerne folgende Einschätzung, wenn er in die Zukunft blickt: Wir werden in der Zukunft mehr arbeiten müssen und im Vergleich zu heute weniger verdienen. Wir werden auch unseren sehr üppig ausgelebten Wohlstand ein wenig einschränken müssen. Das hören seine Mitarbeiter und auch seine Führungskräfte nicht gerne. Doch er ist ein Unternehmer, der auch sehr auf Nachhaltigkeit bedacht ist. Der nicht im Einklang mit der Natur, mit den Ressourcen usw. arbeiten will, weil es IN ist, weil es gut klingt, sondern weil er **es aus Überzeugung tun will**. Das unterscheidet ihn von vielen, die sich gerne plakativ den grünen Mantel umhängen, doch täglich Entscheidungen forcieren, die genau in die Gegenrichtung steuern.

Jetzt sind wir wieder beim Thema *„Druck, Zwänge & Co.“* Nicht alle Zukunftsperspektiven klingen aus der heutigen Sicht positiv. Wer spricht schon gerne von Einschränkung? Von mehr Leistung für vielleicht das gleiche Gehalt oder zumindest im Vergleich für weniger, als Sie heute dafür erhalten würden? Dieser Unternehmer spricht nicht davon, dass es zu so brutalen Einschnitten kommt, die uns sehr, sehr weh tun. Er spricht nur davon: „Auf der einen Seite werden wir uns ein wenig zurücknehmen müssen; auf der anderen Seite müssen wir uns ein wenig mehr einsetzen.“

Die Entrüstung der Mitarbeiter war sofort groß; eine lautstarke Ablehnung war die Folge. Man kann ohne weiteres sagen: Das Betriebsklima wurde durch diese Aussagen sehr schnell vergiftet. Wie gesagt, ich kenne diesen Unternehmer schon sehr, sehr lange und weiß, dass er wirklich in guter und teamstärkender Art und Weise agieren wollte und agieren will. Es ist ja auch noch gar nichts passiert. **Doch die Barrieren im Kopf sind bereits da**.

Vieles verhindern also auch Mitarbeiter nur, weil sie versuchen, aus ihrer Sichtweise zu denken, und nicht bereit sind, sich für Neues zu öffnen. Vieles wird gleich als Druck, als Zwang, als unmöglich eingestuft, obwohl einiges mit Sicherheit gehen würde, wären sie nur innerlich dazu bereit.

Sie wissen ganz genau: **Gedanken können Berge versetzen**. Viele bekannte Erfolgsstorys, die aktuell als beste Unternehmer der Welt auf dem Podest stehen, haben genau mit solchen Gedanken begonnen. Wenn Sie sich die Erfolgsstory von vielen, vielen top erfolgreichen Unternehmern und deren

Mitarbeitern ansehen, dann eint diese eines: **Am Anfang** war immer **der Gedanke**, der so stark wurde, dass sie Berge versetzen konnten, die von anderen Konkurrenten am Markt als unverrückbar eingestuft wurden.

Seien Sie bitte ehrlich zu sich selbst und zu Ihrem Umfeld. Versuchen Sie, sich Zeit zu nehmen, um wirklich entscheiden zu können: Ist ein Ziel, ein Vorhaben und alles, was damit verbunden ist, schon Druck, Zwang, Belastung, die man nicht erfüllen kann, oder kristallisieren sich **gehbare Wege heraus**? Sie werden sehen: Bei **genauer Betrachtung überwiegen die gehbaren Wege**.

Die Baustein-Herausforderung

Wer als Führungskraft zu viel Druck ausübt, erreicht wenig bis gar nichts

Viele Führungskräfte glauben immer noch, dass sie mit Druck viel bewegen können. Das mag kurzfristig zutreffen, weil auch die Mitarbeiter keine Alternative haben, sich dieser negativen Welle zu entziehen. Bei der ersten Gelegenheit werden sie jedoch der Firma die rote Karte zeigen und sie verlassen. Im täglichen Alltag ist diese extrem gefährliche Institution vielen Führungskräften gar nicht bewusst.

Mehr Einsatzphasen sind okay – chronische Druckphasen führen zum K.o.

Natürlich gibt es immer angespannte Phasen – so ist nun einmal der Zyklus in einer Firma. Hier kommt viel zusammen: Die Kunden fordern viel; große Bestellmengen gehen herein; viele Kunden stehen im Geschäft. Hier müssen alle zusammenhalten, und da kann man auch einmal richtig Gas geben. Dagegen spricht überhaupt nichts. Schlimm wird es, wenn Führungskräfte übersehen, dass diese Mehreinsatzphasen in einen chronischen Zustand münden. Leider ist dies in vielen Firmen nicht die Ausnahme, sondern sehr häufig die Regel. Am Ende wundern sich dann auch Führungskräfte, warum Teile des Teams auf einmal k.o. gehen und Burnout-Symptome plötzlich sichtbar werden. Am meisten erstaunt sind dann oft die Führungskräfte, wenn sie selbst davon betroffen sind. Dabei wird gerne übersehen, dass man oft auch selbst der Verursacher ist.

Negatives Verhalten spornt niemanden an

Wer als Führungskraft ständig Druck, Zwänge und Ähnliches forciert, wird ablehnende Teams erhalten. Das Gleiche gilt auch für Kollegen untereinander. Eines sollte jedem Menschen, der in der Wirtschaft tätig ist, klar sein: Durch ein negatives Verhalten wird niemand angespornt und motiviert, aktiv mitzuwirken. Alle werden versuchen, sich so weit als möglich vor der Erfüllung zu drücken bzw. ein langsameres Tempo zu forcieren. Dass dies wirklich so ist, davon konnte ich mich bei meinen Trainings immer wieder überzeugen.

Wer seine „Macht" als Führungskraft ständig negativ ausspielt, agiert im Team in Wahrheit „machtlos"

Viele Führungskräfte spielen ihre Macht oft brutal aus. Natürlich haben sie eine Position, die ihnen das auch ermöglicht. Ich empfehle solchen Führungskräften immer wieder einmal, darüber nachzudenken, was ihnen diese Pseudomacht eigentlich bringt; denn sie ist nur künstlich vorhanden und entspricht nicht der Realität. Sie kennen das sicher aus eigener Erfahrung: Wenn man einen Vorgesetzten nicht schmecken kann, dann verhält man sich, sobald er da ist, angepasst. Man huldigt ihm, ist devot. Sobald er weg ist, zieht man ihn oft ins Lächerliche. Wollen Sie als Führungskraft bei den Mitarbeitern und auch bei Ihren Führungskräftekollegen einen solchen Eindruck wirklich hinterlassen?!

Warum auf negative Gedanken setzen – wenn positive zur „Mehrenergie" im Team führen?

Als Führungskraft und auch als Mitarbeiter muss man in der Lage sein, die Grenze zwischen positivem Engagement und negativem Arbeiten zu ziehen. Tut man das nicht, entstehen permanent negative Gedanken, die dann zu einer Verweigerung führen. Das ist immer die beste Ausgangsposition für die innerliche Kündigung eines Menschen in einer Firma. Wer von seinem Team und von sich selbst ein Mehr an Energie will, wird das nur über positive Gedanken erreichen, die in ein vorteilhaftes Arbeiten münden.

Die Baustein-Aktivierung

Die „Unternehmer- und Führungskräfte-Leistungsbereitschaft“ kann nicht 1:1 auf die Mitarbeiter übertragen werden

Viele Unternehmer und Führungskräfte haben tatsächlich das Problem, nicht zu verstehen, dass die Mitarbeiter für ihre Firma nicht so engagiert arbeiten wollen, wie sie es selbst täglich tun. Ein weiterer Irrglaube hält sich beharrlich in diesem Zusammenhang. Viele Unternehmer und Führungskräfte wollen „unternehmerisch denkende Mitarbeiter“. Das ist unmöglich! Denn wenn dem so wäre, dann wäre der Mitarbeiter ein Unternehmer! Ich meine damit nicht, dass die Mitarbeiter nicht das Firmenkonzept bejahen sollen, sich nicht für die Firma engagieren sollen. Ich meine, dass Mitarbeiter nie, wie richtige Unternehmer denken werden. Akzeptieren Sie ab heute, dass Sie Ihre Leistungsbereitschaft als Entscheidungsträger nicht 1:1 von den Mitarbeitern erwarten können.

Die Erwartungshaltungen der Führungskräfte müssen mit denen der Mitarbeiter kompatibel und erfüllbar sein

Achten Sie als Führungskraft darauf, dass Ihre Erwartungshaltungen nicht in Druck, Zwänge etc. münden. Eine gute Führungskraft weiß genau, wo die Grenze der Mitarbeiter verläuft; das heißt, womit kann man sie belasten und wo kommt es zur Überlastung? Wenn Sie so an die täglichen Herausforderungen herangehen, dann sind Mitarbeiter auch bereit, sich voll für das Tagesgeschäft zu engagieren.

Mitarbeiter suchen oft nach einem Ausweg aus einer verfahrenen Situation – Führungskräfte müssen diesen aufzeigen

Lassen Sie Ihre Mitarbeiter nicht im Stich. Im Alltag kommt es immer wieder vor, dass Mitarbeiter bei der Ausübung ihrer Tätigkeiten plötzlich vor einer ausweglosen Situation stehen. Es hat sich eine verfahrene Situation entwickelt, und nun wissen sie nicht mehr, wie sie diese in den Griff bekommen. Dadurch entsteht negativer Druck. Viele Mitarbeiter haben dann auch noch Angst, diese verfahrene Situation den Führungskräften sichtbar zu machen. Dadurch entstehen Probleme, die im schlimmsten Fall auch beim Kunden sichtbar werden, weil niemand bereit ist, sie intern offen zu diskutieren und um Hilfe zu bitten. Verzichten Sie ab heute auf solche negative Phasen, indem Sie als Führungskraft eindeutig aufzeigen: Jeder kann zu Ihnen kommen, wenn er nicht mehr weiter weiß, und es wird ihm geholfen.

Nicht ständiges „Mehrarbeiten", sondern „klüger Arbeiten" führt zu den gewünschten Erfolgen

Im Zuge meiner Firmentrainings diagnostiziere ich sehr häufig, dass im Team-Alltag unnötiger Druck durch Doppel- und Mehrgleisigkeiten entsteht. Ich staune immer wieder, dass selbst die Mitarbeiter davon Bescheid wissen. Sie sagen klipp und klar: *„Herr Panhölzl, wir machen gewisse Abläufe doppelt und dreifach. Vieles läuft in unserer Firma viel zu kompliziert. Wir stehen uns selbst im Weg."* Gleichzeitig zeigen die Führungskräfte und die Mitarbeiter schonungslos auf, dass sie nicht mehr weiter wissen. Dass sie nicht mehr wissen, wie sie das tägliche Arbeitspensum schaffen können. Nutzen Sie Ihre Teamressourcen optimal, indem Sie sofort auf *„klüger Arbeiten"* umstellen. Das bedeutet, dass alle herzlich dazu eingeladen sind, aufzuzeigen, wie man unnötigen Druck durch Doppel- und Mehrgleisigkeiten sowie sonstige Verfehlungen vermeiden kann.

Verwechseln Sie „konsequentes Arbeiten" nicht mit „sich kaputt arbeiten"

Ich liebe Menschen, die konsequent arbeiten. Sie können durch diese Vorgehensweise viel bewegen. Sie kommen schneller ans Ziel als andere, die ständig am Start darüber nachdenken, wie sie nun den Weg zum Ziel gehen. Viele Menschen verwechseln jedoch konsequentes Arbeiten mit „sich kaputt arbeiten". Sie geben endlos Gas, sie arbeiten unmenschlich lange und gönnen sich keine Ruhephasen. Sie glauben tatsächlich, dass sie durch diese Vorgehensweise in der Lage sind, täglich mehr zu bewältigen. Das Gegenteil ist der Fall! Wer sich keine Ruhe gönnt, kann seine Energie nicht aufladen, und ohne Energie kann man nicht optimal arbeiten. Verzichten Sie ab heute auf die Selbstschwächung und forcieren Sie diese Vorgehensweise auch nicht in Ihrem Umfeld.

Kurzfristige Sprints dürfen keinesfalls in einen endlosen Marathon münden

Kurze Belastungen sind okay. Das erfordert der Markt immer wieder; das müssen Mitarbeiter und Führungskräfte akzeptieren. Mehreinsatz ist auch okay, wenn es die Situation erfordert. Nur eines dürfen Sie nicht: einen Dauerzustand daraus machen. Denn dieser führt immer in eine negative Situation und in letzter Konsequenz in ein nicht mehr korrigierbares K.o. Sehr häufig sprechen wir von Lebensqualität. Jeder will sie, und wenn dem so ist, sollten Sie sich auch dafür einsetzen. Sagen Sie JA zu Sprints, aber lehnen Sie endlose Marathons ab.

Gespaltene Gesellschaft = Führungskräfte und Mitarbeiter müssen Barrieren im Kopf eliminieren

Leitgedanke Führungskraft

Nicht für mich, sondern für das Team

Sehr häufig sind das Verhältnis und die Zusammenarbeit zwischen Führungskräften und Mitarbeitern angespannt. Das liegt unter anderem auch daran, dass seit Generationen das Gegeneinander stärker als das Miteinander forciert wurde und wird. Sie kennen das: Als **Führungskraft** ist man häufig der **Buhmann**. Der, der von Mitarbeitern etwas will, der immer an allem schuld ist, der Aufgaben und Aktivitäten einfordert, der Ziele vorgibt, der die Verantwortung dafür trägt, wenn nicht alles so lustvoll in der Firma verläuft wie gewünscht. Man kann ruhig sagen: der **Störfaktor der Firma**.

Ich habe dazu einen kleinen Klassiker als Beispiel, den ich bereits vor vielen Jahren in einem Vortrag brachte: Ich habe in einem Firmentraining genau dieses Gegeneinander aufgezeigt und die Mitarbeiter dann mit der Frage konfrontiert: *„Wenn der größte Störfaktor der Chef ist, dann müssten wir ihn eigentlich entlassen.“* Es gab zwar keinen stürmenden Applaus, doch das Lachen und die zustimmende Gestik und Mimik waren unübersehbar.

Warum ist das so? Weil wir uns als Führungskräfte im Alltag immer in der **Befehlsrolle** befinden. Die Führungsseite ist dafür verantwortlich, dass – salopp gesagt – der Laden gut läuft.

Jetzt könnte man sehr schnell als Führungskraft sagen: *„Ja, da haben Sie Recht, Herr Panhölzl; hier haben die Mitarbeiter wirklich Barrieren. Sie sind leider viel häufiger gegen etwas als dafür.“* Doch hier dürfen wir nicht einseitig denken. Auch bei Führungskräften lassen sich sehr viele Mankos rund um das Thema *„Gespaltene Gesellschaft – Mehr Gegeneinander statt Miteinander“* diagnostizieren.

Führungskräfte neigen auch gerne dazu, vieles gleich über den **Kostenkamm** zu scheren. Das hat in den letzten Jahren sehr stark zugenommen.

Teilnehmer, die meine Vorträge und Seminare besuchen bzw. unter anderem auch meinen Blog (www.panhoelzl.com) lesen, wissen, dass ich mich zunehmend mit dieser Thematik auseinandergesetzt habe.

Es ist mittlerweile erwiesen, dass selbst führende Unternehmer die, wie ich sie gerne nenne: *„sprechenden Taschenrechner / die Erbsenzähler"* in größeren Firmen zurückpfeifen. Man hat längst erkannt: Eine Firma nur über die Kostenschere ertragreicher zu machen, funktioniert nur kurz, und **später entstehen fatale Mangelerscheinungen:** Wertvolles Know-how geht verloren; die Firma verliert an Innovationskraft; das noch vorhandene Personal ist hochgradig demotiviert; alle sind darauf bedacht, ja keine Fehler zu machen. Hier haben viele Führungskräfte ein an sich sinnvolles Instrument brutalst missbraucht: das Kostenstellen-Denken.

Selbstverständlich ist es sinnvoll, mit den Ressourcen einer Firma so effizient wie nur möglich umzugehen. Das ist die richtige und wahre Botschaft. Es stand aber **nirgends** geschrieben, sich **kaputtzusparen**. Dass man beim Eintreten von Fehlern versucht, diese anderen Abteilungen in die Schuhe zu schieben, nur um nicht selbst als interne Kostenstelle mit den Kosten für die Verfehlung belastet zu werden. Es ist für mich absolut erstaunlich, dass sehr viele Firmen immer noch nach diesem negativen Schema arbeiten.

Apropos Kosten. Immer wieder bette ich auch folgendes Erlebnis an passender Stelle in meine Ausführungen ein: Bei einem Unternehmen waren die Firmentrainings bereits gebucht. Ich saß gerade mit dem Chef in einem 4-Augen-Gespräch, um die Verfeinerung der Abläufe und die damit verbundenen Details zu besprechen. In diesem 4-Augen-Gespräch sagte plötzlich der Unternehmer: *„Ich muss Ihnen etwas zeigen."* Er überreicht mir ein Blatt Papier in DIN-A4-Größe, und dort war tabellarisch aufgelistet, was seine über 200 Mitarbeiter Monat für Monat kosten. Die Summe, die dabei über ein Jahr entstand, war natürlich wirklich beeindruckend. Ich merkte bereits bei der Übergabe, dass ihn dieses Thema emotional sehr bewegte. Mit etwas aufgeregter Stimme sagte er: *„Was sagen Sie, Herr Panhölzl? Ist das nicht unglaublich, was die Mitarbeiter kosten? Ständig steigt alles, und ich weiß bald nicht mehr, wie ich diese Kosten in der Kalkulation unserer Produkte unterbringe. Die Mitarbeiter auf der anderen Seite behaupten immer wieder, dass sie eigentlich viel zu wenig verdienen. Die wollen gar nicht erkennen, dass sie ja nicht das Netto-Gehalt verdienen, sondern das Brutto-Gehalt. Dass sie das 13. und 14. Gehalt bekommen, d.h. Urlaubs- & Weihnachtsgeld werden auch bezahlt. Dass sie mindestens 4 Wochen – also ein weiteres Monat – an bezahltem Urlaub genießen dürfen, und auch Krankenstände sind zu berücksichtigen."* Ich sagte, das sei doch verständlich, weil Menschen nur das sehen und fühlen, was sie auf die Hand bekommen.

Ich habe natürlich keinen Zweifel daran gelassen, dass ich diesen Unternehmer verstehe. Doch jetzt kam er richtig in Fahrt. Er sagte: „*Herr Panhölzl, wo soll das noch hinführen? Was diese Mitarbeiter kosten! Das ist doch unglaublich! Ich weiß wirklich nicht mehr, wie ich diesen Posten finanzieren soll, und die Mitarbeiter sind sowas von uneinsichtig. Ich verstehe das nicht.*“ Ab diesen Zeitpunkt erlaubte ich mir Folgendes einzuwerfen: „*Gut, lieber Unternehmer, ich löse das für Sie. Beginnen wir gleich damit.*“ Er unterbrach mich und sagte: „*Das kann ich mir nicht vorstellen. Ich muss doch die Löhne bezahlen; das ist doch gesetzlich. Was soll ich da herumdoktern? Da können Sie keinen Vorschlag haben. Das ist so, wie es ist.*“ Ich sagte: „*Wollen Sie es wissen oder nicht? Ich habe eine Antwort darauf, und wir sollten uns eigentlich gleich mit dieser beschäftigen.*“ Jetzt war er wirklich verblüfft und sagte: „*Okay, heraus damit! Das möchte ich jetzt wissen; das interessiert mich.*“ Ich sagte: „*Gut, fangen wir gleich an. Erste Frage: Wer ist schuld? Zeigen Sie mir den in der Firma, der diesen Kostenaufwand verursacht hat. Wer hat diesen Mitarbeiter eingestellt? Wer ist schuld an dieser Kostenexplosion? Her damit – den nehmen wir uns gleich als erstes vor!*“ Jetzt war er wirklich erstaunt und total verwundert. Mit etwas zittriger Stimme sagte er: „*Ich! Ich war das. Ich verstehe Sie nicht.*“ Um das Ganze noch etwas zu verschärfen, sagte ich dann blitzartig: „*Pfui, pfui! Wie konnten Sie das nur Ihrer Firma antun?*“

Wir mussten dann beide herzlich lachen. Denn ich wollte damit Folgendes aufzeigen: Die gespaltene Gesellschaft entsteht auch permanent deswegen, weil wir diesen Gedankengängen immer wieder Futter zuführen. Weil wirklich viele Unternehmer, möglicherweise auch Sie als Führungskraft, sehr häufig über Kosten sprechen. Ja, auch über Kosten, die die Mitarbeiter betreffen.

Glauben Sie, dass sich ein Mitarbeiter wohl fühlt, wenn er ständig hört, was er kostet? Natürlich verursacht er Kosten, könnte man meinen. Ich sehe das aus einer anderen Sichtweise: Sie haben ihn eingestellt! Sie haben gesagt: „*Ja, ich glaube, unsere Firma benötigt ein neues Team-Mitglied.*“ Was kann der Mitarbeiter dafür, dass er für seine Arbeitsleistung ein Gehalt bekommt?! Das ihm für seinen Einsatz zusteht. So ist unser aktuelles Wirtschaftssystem aufgebaut!

Natürlich haben Sie Recht, wenn Sie sagen: „*Moment einmal, er bekommt natürlich viel mehr, als ihm netto ausbezahlt wird.*“ Da bin ich voll auf Ihrer

Seite. Ich erzähle das auch immer wieder in meinem Umfeld; ich zeige das immer wieder bei den Mitarbeitern auf. Doch eines wissen wir ganz genau: Fühlen tut er nur das, was er wirklich in der Hand hat. Also können wir den Mitarbeiter nicht schuldig sprechen. Man sollte ihn nicht immer mit solchen – wenn auch im Ansatz richtigen – Aussagen konfrontieren. Diese führen immer zu Missverständnissen und zu einem schlechten Klima.

Eine gespaltene Gesellschaft, d.h. das ständige Gegeneinander auch seitens der Führungskräfte führt unausweichlich dazu, dass die **Leistungskraft des Teams geschwächt wird**.

Egal, was Sie kommunizieren. Gerade in solchen heiklen Bereichen sollte immer klar sein: Sie sprechen nicht für sich, sondern für die Mitarbeiter. Die Mitarbeiter arbeiten nicht für Sie, sondern deswegen, damit Sie privat ein erfolgreiches Leben genießen können usw. Das muss den Mitarbeitern immer wieder aufs Neue klar gemacht werden: Es geht darum, dass sie durch die Arbeit in Ihrer Firma ihr Leben positiv gestalten können. Dazu gibt es so lange keine Alternative, solange das heute aktuelle Wirtschaftssystem besteht.

Leitgedanke Mitarbeiter

Für mich und nicht für die Führungskräfte

Eines sollte Ihnen als Mitarbeiter klar sein: Es ist nicht sinnvoll, die Spaltung einer Gesellschaft zu forcieren. Ich weiß, dass das aber viele Mitarbeiter gerne tun. Insbesondere Mitarbeiter stufen die Chefs und die Führungskräfte tatsächlich oft als Störfaktoren bzw. als negativ handelnde Personen ein.

Ich weiß, da ich selbst einmal Mitarbeiter war, dass nicht jede Aufgabe, jede Entscheidung einer Führungskraft nachvollziehbar ist. Bekannt ist auch, dass Führungskräfte einem oft Aufgaben zuteilen, die nicht so lustig sind; die man nicht unbedingt erledigen will; vor denen man sich gerne drücken möchte.

Eines sollten Sie diesbezüglich wissen: Die Führungskräfte **tun das nicht, um Sie zu ärgern**! Die Führungskräfte wollen nicht, dass Sie darunter leiden! Sondern es geht darum, dass diese Aufgaben erfüllt werden müssen. Ihre Führungskraft hat das heute aktuelle wirtschaftliche System nicht erfunden. Ihre Führungskraft und in erster Linie der Gründer der Firma hat dafür gesorgt, dass Sie als Mitarbeiter mitspielen können; dass Sie die Chance haben, einen Job in der Firma zu erhalten.

Stellen Sie sich einmal vor, es gäbe keine Führungskräfte, Gründer, Unternehmer usw. Wie würde dann Ihr Leben verlaufen? Vielleicht hätten wir ein anderes System? Doch ich glaube eher, es würde chaotisch verlaufen. Denn eines ist klar: Bis heute, da können Sie Jahrhunderte zurückdrehen, hat sich die Wirtschaft so weit entwickelt, wie wir sie heute kennen. Natürlich hat sich das Ganze immer wieder leicht verändert. Doch **die Grundzüge** sind eigentlich **gleich geblieben**.

Akzeptieren Sie, dass vieles in der Firma eigentlich für Sie gemacht wird. Damit Sie einen sicheren Job haben. Damit dies erzielt wird, ist es zwingend notwendig, dass sich der **Kunde wohl fühlt** und Ihrer Firma das **Ja-Wort** gibt. Selbstverständlich könnten Sie jetzt sagen: *„Okay, Herr Panhölzl, dann wechsle ich."* Doch vertrauen Sie mir: Überall treffen Sie auf das gleiche **Leistungsprinzip**: **Leistung trifft Gegenleistung**. Sie können mir vertrauen: In keiner Firma werden Sie ein anderes System vorfinden!

Es geht wirklich darum, dass Sie innerlich bereit sind, dass **Gegeneinander abzulegen**. Ich spreche hier vom Gegeneinander zwischen Ihnen als Mitarbeiter und den Führungskräften und Chefs. Denn jedes Gegeneinander **schwächt auch Sie**. Mehr Gegeneinander bedeutet gleichzeitig auch eine Verschlechterung des Betriebsklimas. Dies führt unausweichlich dazu, dass auch das Arbeitsklima nicht mehr besonders ist. D.h. Sie arbeiten eigentlich dann unter erschwerten Bedingungen. Denn an der Situation wird sich durch dieses falsche Verhalten nichts ändern. Der Chef mit seinen Führungskräften muss dafür sorgen, dass die Firma rund läuft. Auch wenn die Mitarbeiter oft versuchen, vieles zu tun, damit dieser Zustand nicht erreicht wird. Doch das ist **kontraproduktiv,** denn letztendlich bezahlen Sie die Rechnung. Im schlimmsten Fall, dass Ihre Firma zugesperrt werden muss. Ich bin überzeugt, das wollen Sie nicht!

Ich weiß, es ist nicht immer einfach, Mitarbeiter in einer Firma zu sein. Ich weiß, es gibt vieles im täglichen Ablauf, was nicht den eigenen Vorstellungen entspricht; dass es unangenehme und unbequeme Phasen gibt. Diese sollten aber nicht zu einer **gespaltenen Gesellschaft** führen. Denn die **Führungskräfte können nicht ohne Sie,** und **Sie können nicht ohne die Führungskräfte**. Nur GEMEINSAM ist eine erfolgreiche Zukunft möglich!

Die Baustein-Herausforderung

Feindbild Chef, Feindbild Führungskraft! Warum?

Was mir als Wirtschaftstrainer besonders weh tut, ist das ständige Aufzeigen von Feindbildern. Leider auch von gewissen Institutionen geschürt, findet die Verbreitung immer noch regelmäßig statt. Fragen Sie sich als Mitarbeiter bitte einmal, warum Ihr Chef ein Feindbild sein soll! Warum Führungskräfte Feindbilder sind? Nur weil sie Ihnen Arbeit anschaffen? Nur weil sie den Takt vorgeben, wohin die Firma gehen soll? Haben sie nicht auch Ihren Arbeitsplatz geschaffen, indem sich der Chef als Mensch entschieden hat, selbstständig zu werden? Warum sehen wir so oft im anderen das Negative und nicht das Positive?

Feindbild Mitarbeiter! Warum?

Genauso verhält es sich auch oft bei den Führungskräften. Oft empfinde ich Unbehagen, wenn ich diesen Entscheidungsträgern zuhören muss, wie sie über ihre Mitarbeiter sprechen. Auf der einen Seite zeigen sie in der Firmenphilosophie gerne auf, wie wichtig das menschliche Kapital der Firma ist. Sieht man jedoch dann hinter die Kulissen der Firma, zeichnet sich ein ganz anderes Bild ab. Hier wird dann die andere Seite sichtbar, wo es eher um das Feindbild Mitarbeiter geht und nicht um ihr wertvollstes Kapital. Sie haben den Mitarbeiter eingestellt. War es eine falsche Entscheidung? Haben Sie die falsche Wahl getroffen? Warum sind Führungskräfte oft so negativ gegenüber dem eingestellt, was sie selbst an Bord geholt haben?

Ein Mitarbeiterleben ohne Chef – wie würde das aussehen?

Wenn Sie auch zu jenen Mitarbeitern gehören, die gerne über den Chef schimpfen, dann stellen Sie sich bitte wirklich einmal folgende Frage: Wie würde denn das Leben aussehen, wenn es keinen Chef geben würde? Na gut, man könnte sagen: *„Super, ich brauche nicht mehr zur Arbeit gehen und habe ein tolles Leben.“* Wenige Sekunden später werden Sie feststellen: *„Nein, das stimmt nicht ganz. Denn ich brauche ja einen Job, ich brauche Arbeit. Ich brauche das, was daraus resultiert: das Geld. Sonst kann ich kein schönes, behagliches Leben führen.“* Also, wie antworten Sie auf diese Frage?

Warum sich oft mit viel Eifer für das „Trennende" engagieren – wenn das „Miteinander" viel erfolgversprechender ist?

Ich muss gestehen, ich habe es noch nie verstanden, auch wenn es mir Mitarbeiter und Führungskräfte erklären wollten. Denn auch die Erklärungen sind für mich nicht nachvollziehbar. Ich bin der Meinung: Wenn man in einem Team zusammenarbeitet, sollte man sich immer für das Miteinander engagieren. Man ist ja im Team. Man möchte doch gemeinsam jeden Tag am Markt punkten, damit man auch das private Leben erfolgreich und positiv gestalten kann. Leider engagieren sich viele für das Trennende. Sollten auch Sie sich für das Trennende engagieren oder in Ihrem Umfeld ein solches Verhalten diagnostizieren, dann stellen Sie sich diese Frage: Warum ist es so IN, sich für das Trennende zu engagieren, wenn doch nur das Miteinander zum Erfolg führt?

Es sind oft vorgegebene, gesellschaftliche Spielregeln und nicht das „Böse" meines Gegenübers

Eines muss uns schon klar sein: Viele Verhaltensmuster sind gesellschaftlich geprägt und somit vorgegeben. Ich habe durch meinen Beruf die besondere Ehre, wirklich tief hinter die Kulissen einer Firma zu blicken. Dort erkenne und erfahre ich Verhaltensmuster, die man so offen nie zu Gesicht bekommt. Eines kann ich bestätigen: Die wirklich Bösen sind sehr selten. Die meisten sind durch ein Verhalten, ein Muster geprägt und müssen eine Rolle spielen. Das trifft übrigens auf Führungskräfte genauso wie auf Mitarbeiter zu. Die Frage ist nur: Könnten wir in der Firma, in der wir im Team tätig sind, nicht die Masken fallen lassen und uns für ein echtes Miteinander einsetzen? Somit könnten wir sicherstellen, dass wir intern mit Sicherheit nicht gespalten werden.

Die Baustein-Aktivierung

Weg mit den Feindbildern!

Verzichten Sie ab heute auf Feindbilder. Ihr Chef ist kein Feindbild! Mitarbeiter sind keine Feindbilder! Führungskräfte sind keine Feindbilder! Und auch Kunden sind keine Feindbilder! Eines muss Ihnen klar sein: Feindbilder führen nur zu einer negativen Situation, und die wollen Sie sicher nicht ständig forcieren. Also raus aus den Feindbildern, hinein in den **liebevollen** und **respektvollen** Umgang mit dem **Umfeld**!

Ohne Unternehmer – keine Jobs für Mitarbeiter

Klingt banal, ist es auch, und doch wird es selten akzeptiert. Akzeptieren Sie, dass Unternehmer wichtig und notwendig sind, damit Mitarbeiter einen Job haben. Fühlen Sie auch ab und zu einmal das Risiko, welches Unternehmer auf sich nehmen; vor allem, wenn diese kleine und mittlere Betriebe leiten. Wie wichtig sie sind, beweist auch die Quote, dass in Österreich und in Deutschland über 98 % dieser Größe entsprechen. Wenn es den Unternehmer vor Ort nicht mehr gibt, verschwinden mit ihm auch die Arbeitsplätze. Das sollten sich alle Mitarbeiter einmal bewusst machen, wenn sie wieder einmal gerne das Feindbild Chef forcieren.

Werden Sie als Mitarbeiter kulant

Natürlich machen auch Führungskräfte Fehler. Auch Ihren Mitarbeiter-Kollegen passieren Fehler. Sind Sie in der Zukunft mehr kulant: Sie machen ja auch Fehler. Es müssen nicht gleich Feindbilder entstehen, weil man ausrutscht. Freuen Sie sich ab heute nicht, wenn ein Kollege / eine Kollegin oder vielleicht eine Führungskraft am Boden liegt. Reichen Sie lieber die Hand, denn das gehört sich in einer Gesellschaft, die bereit ist, sich gegenseitig zu helfen.

Akzeptieren Sie als Entscheidungsträger in der Firma, dass Mitarbeiter kein Kostenfaktor sind!

Immer wieder sprechen mich Führungskräfte auch darauf an, was Mitarbeiter kosten. Das ist legitim. Alles in der Firma wird in Zahlen berechnet, und die Personalkosten sind ein erheblicher Teil, der von einer Firma erwirtschaftet werden muss. Was ich in diesem Zusammenhang immer wieder ablehne, ist die Tatsache, dass Mitarbeiter in Dialogen fast ausnahmslos als Kostenfaktor aufgezeigt werden. Bedenken Sie: Sie als Führungskraft haben die Mitarbeiter eingestellt. Wenn Sie sich darüber ärgern, wie hoch die Kosten sind, dann müssten Sie den Schuldigen bestrafen. Der sind Sie meistens selbst, denn Sie haben die Kosten durch die Einstellung verursacht. Ich bin der Meinung: Mitarbeiter verdienen ihr Gehalt für die Leistung, die sie erbringen. Den Mitarbeiter hat es nicht zu interessieren, wie Sie die Auslastung der Firma schaffen. Das ist Aufgabe der Unternehmensführung mit ihren Führungskräften. Akzeptieren Sie das und verzichten Sie, ständig den Mitarbeitern vorzuhalten, was sie kosten!

Im „Miteinander“ liegt der immerwährende Erfolg

Stoppen Sie ab heute Ihr Engagement für das Trennende. Das geht einfach: Sie brauchen sich einfach dafür nicht mehr zu engagieren. Engagieren Sie sich ab heute nur mehr für das „Verbindende“; das zeichnet erfolgreiche Teams aus. Immer wieder höre ich von Führungskräften und auch Mitarbeitern, dass sie genau das anstreben. Sie sagen: *„Wir wollen ein erfolgreiches Team werden.“* Wenn dem so ist, dann lassen Sie bitte den Worten auch **Taten folgen**. Die erste gute Tat soll Folgende sein: Engagieren Sie sich ab heute bitte für das Verbindende und nicht mehr für das Trennende.

Im echten TEAM entstehen die private und die berufliche Lebensqualität mit MehrWert

Wer sich für das Verbindende engagiert, kommt in den Genuss einer hervorragenden Lebensqualität; das ist für mich erwiesen. Das bedeutet aber auch: Sie müssen bereit sein, daran mitzuwirken, dass ein echtes Team entsteht! Das heißt aber: Alle setzen sich dafür ein, dass sich die Stärken optimal verzahnen und dass damit, wie im aktuellen System sinnvoll, wirtschaftliche Erfolge erzielt werden können. Durch diese Vorgehensweise entstehen eine private und eine berufliche Lebensqualität mit einem besonderen MehrWert. Es macht richtig Spaß, in einem echten Team mitzuwirken! Das Engagement dafür lohnt sich also letztendlich auch deswegen, weil Sie selbst davon enorm profitieren.

Mut machen bei Misserfolg

Leitgedanke Führungskraft

Nicht verletzen und hetzen, sondern verarzten

Eines wissen Sie als Führungskraft ganz genau: Misserfolge will niemand gerne erleben. Leider treten sie ein; ob wir wollen oder nicht. Wenn in einer Firma Misserfolge eintreten oder sich abzeichnen, kommt **Ihnen** eine **besondere Rolle** zu. **Sie** sind der **Doktor**, der dafür sorgt, dass alles wieder gut wird. Sie sind der Primar, der Chefarzt, der nun das OP-Team aktivieren muss, damit die Verletzungen beseitigt werden können.

Viele Führungskräfte – man kann es leider nicht anders sagen – weigern sich! Sie wollen diese Führungsaufgabe nicht gerne wahrnehmen. Das geschieht oft aus einem einzigen Grund: Weil sie die Lösung selbst nicht wissen!

In der Praxis sieht das dann wie folgt aus: Sie konfrontieren die Mitarbeiter mit einem negativen Ergebnis, mit negativen Erkenntnissen, mit einem unbefriedigenden Zustand. Beispiel: Die Verkaufszahlen passen nicht; die Reklamationen beim Kunden steigen; die Kunden-Beschwerden nehmen bei der Produktqualität, bei der Dienstleistungsqualität zu uvm. Jetzt wollen sie, dass diese negative Entwicklung sofort gestoppt wird und der bereits vorhandene Schaden so schnell als möglich vom gesamten Team behoben wird.

Das ist oft leichter gesagt als getan. Ich habe selbst Spitzenverkäufer erlebt, bei denen auf einmal nichts mehr gelaufen ist. Als hätte man sie angenagelt, standen sie immer an der gleichen Stelle. Jahrelang hatten sie Spitzenergebnisse, eine tolle Abschlussquote, waren im wahrsten Sinne des Wortes die Lieblinge des Kunden. Plötzlich lief es nicht mehr. Solche wirklich guten Verkäufer verzweifeln dann richtig. Dann sagen sie in Trainings zu mir: *„Herr Panhölzl, ich verstehe die Welt nicht mehr. Ich mache doch nichts anders; ich bin doch genauso wie vorher. Auch die Kunden, habe ich das Gefühl, haben sich nicht geändert. Ich weiß nicht, warum es nicht läuft.“*

Die Gründe dafür sind vielschichtig. Ich könnte jetzt auch sämtliche Abteilungen, Berufe, Branchen, Produkt- und Dienstleistungs-Angebote durchgehen. Überall könnte ich die gleichen Beispiele aufzählen. Es gibt Momente, da läuft es nicht mehr so, wie es einmal war.

Noch heikler wird es, wenn man sich auf das **Glatteis *„Zukunft“*** begibt. Wenn man Neues, Unbekanntes ausprobiert. Ich bin überzeugt, Ihnen als Führungskraft ist es in vielen Phasen sicher auch so rund um die mannigfachen Möglichkeiten des Internets gegangen. Natürlich haben uns hier die Anbieter wahre Wunder versprochen. Eines wussten die Führungskräfte immer: Man muss bei einer Entwicklung dabei sein, wenn man merkt, dass sich ein Trend nachhaltig etabliert. Die Frage ist nur: Wie macht man eine gute Figur? Was wirkt, und wo sind eher die Fallen, bei denen man feststellt: Wir haben Geld versenkt, wir haben Ressourcen eingesetzt, aber gebracht hat es nichts!?

Misserfolge begleiten uns das ganze Leben. Ihr Job ist es, auch wenn man das als Führungskraft nicht gerne wahrhaben will, die **Rolle des Chefarztes** im wahrsten Sinne des Wortes einzunehmen und mit der Verarztung und Pflege zu beginnen. Leider machen viele Führungskräfte genau das Gegenteil: Sie verletzen das Team noch weiter. Sie erschweren eine ohnehin schon angespannte Situation und hetzen im schlimmsten Fall auch noch gegen einige Mitarbeiter.

Ich erlebe es z.B. im Verkauf immer wieder, dass der Druck auf jene Mitarbeiter besonders erhöht wird, die aktuell keine guten Verkaufszahlen und Abschlussquoten vorweisen können. Einmal ehrlich, liebe Führungskraft: Haben Sie jemals besser gearbeitet, wenn der Druck auf Sie erhöht wurde und Sie ohnehin schon daran verzweifelt sind, warum es nicht so läuft, wie Sie es sich selbst vorgestellt haben?

Leitgedanke Mitarbeiter

Nicht wegschauen, sondern hinschauen

Wenn sich Misserfolge abzeichnen, wenn Kollegen feststecken, wenn Führungskräfte einen ratlosen Eindruck auf Sie machen, dann bitte schauen Sie nicht weg. Sie sind **Teil eines Teams** und das bedeutet **hinschauen!** Sofort hilfreich die Hand reichen, wenn es notwendig ist. Ich weiß, Sie werden nicht überall gleich die richtige Antwort haben. Ich weiß, dass man als Mitarbeiter oft selbst händeringend um die passende Lösung sucht – doch nur in der Einzelversion.

Von einem konnte ich mich immer wieder überzeugen: Wenn ein Team zusammenhält, alle innerlich bereit sind, etwas zu bewegen, dann findet man auch **gangbare und umsetzbare Lösungen**. Ich habe immer gesagt:

Team heißt für mich, das **Gemeinsame in den Vordergrund zu rücken**! Nicht sich in heiklen Phasen gegenseitig das Leben zusätzlich zu erschweren. Genau darum geht es aber! Denn sehr häufig ist es so, wenn sich eine Kollegin, ein Kollege, ja vielleicht sogar eine ganze Abteilung auf dem Pfad des Misserfolges befindet, dass man als Zuschauer deren Situation noch verschärft. Ja, es ist leider Gottes IN, dass man dann Kollegen mobbt. Dass man mit dem Finger auf DIE zeigt, die ohnehin schon auf dem Boden liegen. Finden Sie das richtig? Auf jemanden draufzuhauen, dem es ohnehin schon schlecht geht?

Sie können gerne die richtige Antwort überprüfen. Wenn Sie derjenige sind, auf den das zutrifft, bei dem gerade der Misserfolg so richtig wütet, dann wissen Sie genau, wie Sie sich fühlen. Dann wollen Sie garantiert nicht, dass andere auf Sie zeigen, über Sie lachen, Sie denunzieren und in Summe mobben. Dann hätten Sie gerne hilfreiche Hände, die Sie aus diesen Misserfolgsphasen wieder herausholen.

Ein Team ist wirklich unschlagbar, wenn es zusammenhält. Sie wissen ganz genau: Wir alle kochen mit dem gleichen Wasser. Wir wissen auch, **wer entscheidet**: nämlich **der Kunde**. Ob Großkonzern, Kleinbetrieb, Einzelkämpfer oder Riesen-Mannschaft, letztendlich stellt uns der Kunde auf das Podest, und er holt uns auch wieder herunter, wenn ihm danach ist. Wir müssen somit letztendlich nur eines machen: **eine gute Figur beim Kunden**.

Das wird uns nicht immer gelingen. Deshalb kommt es zu Problemen, zu ungelösten Schwächungen der Firma. Die einzig richtige Antwort, wenn solche Misserfolgsphasen zu laufen beginnen, ist: *„zusammenstehen"*. Alle vorhandenen Kräfte zu bündeln, um den Weg so schnell als möglich aus diesen Misserfolgstälern zu finden und so damit den nächsten Erfolgsberg zu erklimmen.

Wenn Sie sich erfolgreiche Menschen ansehen, erkennen Sie eines immer eindeutig: dass diese oft sehr tief in solche Täler hinein mussten. Und wenn sie sich wirklich mit voller Kraft dagegengestemmt haben, dann sind sie auf einem noch höheren Berggipfel wieder herausgekommen. Die Frage ist nur: *„Wofür entscheiden Sie sich?"* Sich bei Misserfolgen gegenseitig Mut zu machen, die Kräfte zu bündeln – oder sich in einer ohnehin schon angespannten Situation weiter zu schwächen?

Die Baustein-Herausforderung

Draufsteigen, wenn ein anderer aus dem Team am Boden liegt – fühlt sich das gut an?

Diese Frage sollten sich Führungskräfte und Mitarbeiter auch in Ihrer Firma stellen. Jeder weiß, dass das Leben auch von Misserfolgsphasen geprägt ist. Jeden kann es erwischen. Leider muss ich immer wieder im Zuge meiner Firmentrainings feststellen, dass bei Eintreten von Fehlern und den daraus resultierenden Misserfolgen folgender Sport sehr häufig betrieben wird: *„Wir suchen zuerst den Schuldigen und lösen vielleicht dann das Problem."* Machen Sie bei diesen negativen Wellen bitte nicht mit! Bedenken Sie, dass es auch Sie immer wieder einmal erwischen kann. Und wenn Sie dann am Boden liegen, wollen Sie garantiert auch hilfreiche Hände, die Sie dabei unterstützen, dass Sie sich wieder aufrichten können.

Misserfolge beseitigen oder Betroffene weiter fertigmachen?

Wenn sich Misserfolge im Team einstellen, sollten die Betroffenen nicht durch zusätzliche Attacken verletzt werden. Leider muss ich auch in diesem Fall immer wieder feststellen, dass das ein Vorgehen ist, das gerne forciert wird. Manche Mitarbeiter und leider auch Führungskräfte machen sich insgeheim richtig lustig darüber, dass andere gerade unter einer Verfehlung im Alltag leiden. Nicht selten wird dann leider versucht, diese ohnehin schon angespannte Phase zusätzlich zu erschweren, indem man als Nichtbeteiligter z.B. durch bösartige Aussagen zusätzliches Salz in die offene Wunde streut.

Voreiliger Schuldspruch, oft mit mangelhaftem Hintergrundwissen, begünstigt Misserfolge

Ich finde es ganz schäbig – ich kann es nicht anders formulieren –, dass man sich oft nicht die Zeit nimmt, die wahren Hintergründe eines Misserfolges zu durchleuchten. Sehr schnell wird dann gegenüber einem Teamkollegen, einer Teamkollegin ein Schuldspruch ausgesprochen. Diese sind dann sehr verletzt, weil sie oft unschuldig zum Handkuss gekommen sind. Solche voreiligen Schuldsprüche begünstigen natürlich enorm das Entstehen von Misserfolgen. Doch eines muss allen Beteiligten, die hier mitmachen, klar sein: Das gesamte Teamvertrauen bleibt durch eine solche Vorgehensweise auf der Strecke.

Besser oder schlechter werden – welchen TEAM-Weg forcieren Sie?

Genau darum geht es. Sie entscheiden jeden Tag durch Ihr Verhalten, wenn Misserfolge eintreten, ob die Zustände, die dazu geführt haben, im Team beseitigt werden oder ob es zu vermeidbaren Erschwernissen kommt. Eines sollte Führungskräften wie auch Mitarbeitern klar sein: Konzentriert man sich stärker auf das gegenseitige Weiterverletzten und nicht auf die Beseitigung der Probleme, die zu diesem Zustand geführt haben, entsteht ein **chronischer Zustand**, der oft irreparabel ist.

Die Baustein-Aktivierung

Keiner liebt Misserfolge – nur menschlich können sie eliminiert werden

Ich hoffe, dass diese Aussage auch für Sie nichts Neues ist. Ich habe noch nie einen Menschen getroffen, der Misserfolge liebt, wenn diese eintreten. Egal, ob Sie ein Betroffener sind oder andere gerade in diesem Schlamassel stecken. Das einzig Zielführende ist nun, alle menschlichen Stärken, die im Team vorhanden sind, zu verzahnen, damit die Ursachen, die zum Misserfolg geführt haben, beseitigt werden können. Das ist **die einzig richtige** und **wichtige Vorgehensweise**, an deren Ende dann wieder ein gangbarer Erfolgsweg entsteht.

Wie sieht Ihre Hilfsbereitschaft aus, wenn Sie jemand im Team benötigt?

Machen Sie den Menschen Mut, wenn sie am Boden liegen? Reichen Sie jedem Teammitglied, egal ob Führungskraft oder Mitarbeiter, die Hand? Bieten Sie Ihre Unterstützung an! Verzichten Sie in solchen Phasen auf jegliche Überheblichkeit, sondern beweisen Sie Ihre menschliche Größe, indem Sie verständnisvoll und rücksichtsvoll andere dabei unterstützen, eingetretene Misserfolge zu beseitigen!

Jemandem im Team die Hand zu reichen, wenn er Hilfe braucht, fühlt sich immer gut an

Sie selbst werden enorm von Ihrer Hilfsbereitschaft profitieren. Es fühlt sich wirklich gut an, wenn man anderen Menschen hilft. Sie werden mit Sicherheit auch immer wieder im Leben Hilfe benötigen. Es ist keine Schande, Hilfe anzunehmen! Für mich ist es eine Schande, Hilfe zu verweigern! Leben Sie nach diesem Grundsatz, und Sie werden dadurch ein angesehenes Teammitglied werden und bleiben.

Nur im Team kann man Misserfolge beseitigen

Eine Firma reagiert immer homogen. Jeder einzelne in einer Firma ist ein Teil des Ganzen. Geht es einem Teil schlecht, werden auch die anderen damit angesteckt. Daher ist es schon aus eigenem Interesse sinnvoll, sich beim Erkennen von Misserfolgen für deren Eliminierung zu engagieren. Vergleichen Sie Ihr Team mit Ihrem Körper. Wenn es einem Teil schlecht geht, wollen Sie diesen Teil auch schnell behandeln, damit unter anderem ein Übergriff auf andere Organe vermieden werden kann. Genauso sollten Sie auch in Teams handeln, bei denen Sie mit an Bord sind.

Mut-Tankstelle Führungskraft

Führungskräfte sollten sich immer als **Mut-Tankstelle** präsentieren. Wenn alles läuft, dann können Sie als Führungskraft ein Team leicht dirigieren. Erst wenn es kracht, wenn sich Probleme auftürmen, Misserfolge eintreten, sind Ihre Fähigkeiten dringend gefordert. Die Mitarbeiter benötigen dann eine klare Führung; also jemanden, der einem aufzeigt, wie man aus einer verfahrenen Situation wieder herauskommt. Ich weiß natürlich: Auch Führungskräfte tun sich dabei nicht immer leicht. Sie müssen nur akzeptieren: Es ist Ihr Job! Sie haben sich für die Rolle der Führungskraft entschieden. Und die letzte Instanz, wenn niemand mehr in der Lage ist, in der Firma Probleme zu lösen, sind Sie. Nehmen Sie bitte Ihre Rolle wahr! Denn gerade in turbulenten Phasen, in denen vieles unrund läuft, brauchen Mitarbeiter dringend eine Tankstelle, die ihnen Mut spendet und sie aufrichtet.

Misserfolge sind getarnte Erfolge, wenn Sie die Erkenntnisse akzeptieren

Eines sollten Sie immer akzeptieren, wenn Misserfolge eintreten: **Ohne Misserfolge gibt es keine dauerhaften Erfolge!** Misserfolge machen uns stark. Aus Misserfolgen können wir wunderbar ablesen, was wir in der Zukunft besser machen können, damit sich dauerhafte Erfolge einstellen. Natürlich ist es nicht gerade bequem, wenn ein Misserfolg richtig wütet. Doch wenn Sie Ihr Leben in der Rückblende betrachten, wissen Sie ganz genau: Es gibt immer den Tag danach, der wieder schön und angenehm ist. Ihr Einsatz entscheidet auch über die Länge von Misserfolgsphasen. Engagierter und effizienter Mehreinsatz bedeutet auch eine schnellere Eliminierung von solch negativen Zuständen. Akzeptieren Sie die Erkenntnisse und lernen Sie aus Misserfolgen! Das **Schlimme** an Misserfolgen ist nicht, dass sie eintreten, sondern dass man vielleicht dazu neigt, die Probleme, die dazu geführt haben, ständig **aufs Neue zu wiederholen**.

Fehlerkultur heißt: „Damit interne Fehler keine Marktprobleme werden."

Leitgedanke Führungskraft

Offen, ehrlich, menschlich mit Lösungs-Wegweisern

Eines der am häufigsten diagnostizierten Probleme in Firmen ist eine **mangelhafte Fehlerkultur,** ja in manchen Unternehmen ist sie schlichtweg gar nicht vorhanden. Was bedeutet das? Sobald Fehler eintreten, werden sie sehr häufig **verheimlicht**. Die betreffenden Personen haben gegenüber den Vorgesetzten oft Angst, Fehler zuzugeben. Der Grund: Sie wissen aus Erfahrungen, dass es für sie sehr unangenehm wird, wenn sie einen Fehler zugeben.

Dieses **menschliche Manko** hat auch bei großen Firmen dazu geführt, dass z.B. Manager in Deutschland und Österreich scheinbar unfehlbar sind. Dass es einfach nicht IN sein kann, dass Manager Fehler machen. Diese Selbsttäuschung hat bis heute in vielen Firmen gefährliche Auswirkungen. Es ist natürlich unmöglich, dass selbst erfahrende Führungskräfte fehlerfrei agieren. Alleine durch Marktveränderungen ergeben sich immer wieder neue Wettbewerbs-Situationen. Eine Firma muss immer wieder angepasst, neu ausgerichtet werden und da ist ein permanentes, fehlerloses Agieren der Führung unmöglich.

Das Schlimmste aus meiner Sicht ist jedoch noch immer die Tatsache, dass sich bei Fehlern Mitarbeiter – bzw. bei größeren Firmen auch die betreffenden Führungskräfte – wie Austern verschließen. Man versucht zu vertuschen. Man versucht alles zuzudecken, bis es halt nicht mehr geht. Wenn die **Fehler erst sichtbar werden**, will **es keiner gewesen sein**. Es ist dann auch für die Führungsseite, die die Fehler behandeln soll, sehr schwierig, Ursachen und Wurzeln herauszufiltern. Meistens dauert es ja wirklich oft einen längeren Zeitraum, bis Fehlerentwicklungen sichtbar werden. Sehr häufig sind dann auch mehrere Personen daran beteiligt; oft sind auch externe Partner in die Abläufe integriert. Wenn jedoch die verantwortlichen Führungskräfte dann nicht in der Lage sind, gemeinsam mit den betroffenen und verantwortlichen Personen die Quellen der Fehlentwicklung zu finden, können auch keine wirkungsvollen Lösungsansätze entwickelt werden.

Das Fehlen einer gewinnbringenden Fehlerkultur führt zu einer an sich vermeidbaren Schwächung einer Firma. In überschaubaren wirtschaftlichen Rahmenbedingungen können dann Teams noch gegensteuern und mit einem erhöhten Aufwand die Fehlentwicklung so halbwegs wieder geradebiegen. Jetzt stehen wir gerade in turbulenten wirtschaftlichen Veränderungen, und das Tempo der Marktveränderungen nimmt stetig zu. Dies bedeutet, dass jede vermeidbare Fehlentwicklung der Firma nicht nur zu einer zusätzlichen Belastung des Teams führt, sondern sehr häufig das *„Fehlerfass"* zum Überlaufen bringt. Viele Firmen sind dann neben den ständig steigenden üppigen Herausforderungen des Alltagsgeschäfts nicht mehr in der Lage, auch noch permanent Zeit für Fehlerbehebungen aufzuwenden.

Eine offene, ehrliche und ungeschminkte Fehlerkommunikation sowie die innerliche Bereitschaft, diese in der Firma tagtäglich zu leben, müssen oberstes Ziel der Unternehmensführung sein.

Führungskräfte, die auf das Definieren einer gemeinsamen Fehlerkultur verzichten, die im Alltag meist gewinnbringend eingesetzt werden kann, verzichten nicht nur auf erzielbare Erfolge, sondern nehmen eine ständige Wettbewerbsschwächung auf sich.

Leitgedanke Mitarbeiter

Akzeptieren & richtig reagieren

Fehler sind nie etwas Schönes. Doch ein altes Sprichwort sagt: *„Wo gehobelt wird, fallen auch Späne."* Das bedeutet: Ein Arbeiten, ein Leben ohne Fehler ist nicht möglich! Es bringt auch als Mitarbeiter, als Betroffener nichts, einen Fehler zu verheimlichen; obwohl das in sehr vielen Fällen gängige Praxis ist. Schauen Sie sich den *„Leitgedanken Führungskraft"* an – dort habe ich genau das deponiert, was Sie mir jetzt wahrscheinlich antworten würden: *„Ich würde ja gerne einen Fehler zugeben, habe aber vor den negativen Auswirkungen, die danach seitens der Kollegen und der Führung folgen, einfach Angst."*

Leider spielen sehr häufig auch die Kollegen ein für mich bis heute nicht nachvollziehbares Spiel. Es ist scheinbar in vielen Firmen IN, jene, die ohnehin gerade **geschwächt** sind, **niederzumachen**. Auf die noch draufzuhüpfen, die schon am Boden liegen. Es ist leider tatsächlich so, dass sich manche Mitarbeiter sogar richtig freuen, wenn einer Kollegin, einem Kollegen ein Fehler passiert. Obwohl sie ganz genau wissen, dass es nicht lange dauern wird, dass auch sie wieder einmal an der Reihe sind, Fehler zu machen, nutzen sie – man kann es nicht anders sagen – oft gerne die Gunst der Stunde und genießen es richtig, anderen beim Fehlermachen zuzusehen. Sie genießen es direkt, wenn Kollegen mit den daraus resultierenden negativen Auswirkungen kämpfen müssen. Das geht dann sogar so weit, dass sogar die Kolleginnen und Kollegen dafür sorgen, dass der Fehler noch verstärkt wird! Dass von der Führungskraft dann noch härter gegen diejenigen Kollegen vorgegangen wird, die die Fehler verursacht haben.

Ich kann das wirklich mit ruhigem Gewissen so behaupten, denn nach mittlerweile 15 Jahren Firmentrainings, in denen mir sehr tiefe Einblicke in Firmenabläufe gewährt wurden, ist diese Tatsache für mich 100 %ig bewiesen. Auch bei der endgültigen Entschlüsselung des organischen Bauplans erfolgreicher Teams konnte ich mich immer darauf verlassen, dass mir viele Mitarbeiterinnen und Mitarbeiter diese tiefen Einblicke gewährten.

Gerade rund um das Thema Fehlerkultur wurden für mich Vorgehensweisen sichtbar, die ich – menschlich gesehen – nicht verstehen konnte.

Gehen Sie heute mit Ihren Führungskräften einen anderen Weg. Er lautet: **Akzeptieren Sie Fehler, die eintreten, und reagieren Sie richtig darauf**. Das heißt, bitten Sie, wenn notwendig, sofort um Hilfe, damit Sie im Team unter Einbeziehung der Führungskräfte eine eingetretene Fehlentwicklung beheben können. Bitten Sie auch Ihr Umfeld und die Führungskräfte, Sie zu schulen; Ihnen die richtige Vorgehensweise aufzuzeigen, wenn Sie sich nicht sicher sind. Sie kennen bestimmt die alte Weisheit: Kein Meister ist vom Himmel gefallen. Durch die temporeiche Weiterentwicklung der Gesellschaft in vielen Bereichen reichen auch die Schulbildung, die berufliche Ausbildung, ja selbst ein Studium nicht mehr aus. Training ist heute mehr denn je gefragt, weil viele **Veränderungen** erst im **Hier und Jetzt eintreten** und somit nicht vor Jahren geschult werden konnten.

Das Schlimmste, was Sie beim Auftreten von Fehlern wirklich tun können, ist, diese zu verheimlichen oder durch Mobbing andere vom Fehler Betroffene noch stärker zu beschädigen.

Die Baustein-Herausforderung

Schweigen bei Fehlern führt zur kurzfristigen Ruhe vor dem großen Sturm

Mitarbeiter wie Führungskräfte neigen in gewissen Phasen gerne dazu, Fehler zu verheimlichen. Dieses Schweigen verschafft momentan natürlich Ruhe, weil der Fehler für andere noch nicht sichtbar ist. Sie wissen, wenn Sie auf Ihr Arbeitsleben zurückblicken, dass das immer die Ruhe vor dem großen Sturm ist. Wenn sich Fehler dann noch dazu aufstauen und in große Probleme münden, die sich am Ende als Misserfolge entpuppen, liegen die Nerven bei vielen Beteiligten blank. In solchen Phasen wird sehr häufig vermeidbares menschliches Leid produziert. Dadurch wird es noch schwieriger, die eingetretenen Missstände zu beseitigen. Wer das Schweigen forciert, muss damit rechnen, dass er ganz bewusst auf eine ruhige, überschaubare und kontrollierbare Phase verzichtet. Wenn dann die Fehler sichtbar werden und sich zu einem größeren Brocken aufgetürmt haben, kommt es nicht selten vor, dass unkontrollierte Phasen eintreten, die viele Beteiligte auch emotional verletzen. Stellen Sie sich einmal die Frage, wenn ein Fehler bei Ihnen auftritt, warum Sie sich für diesen schwierigen Weg entscheiden. Warum Sie sich das antun.

Fehler werden immer sichtbar – oft mit unschönen Nebenwirkungen!

Akzeptieren Sie, dass Fehler meistens irgendwann sichtbar werden. Selbst wenn Sie nicht gleich als Betroffener geortet werden können, werden Sie trotzdem von den negativen Teamwellen erfasst. Wenn Sie am Ende dann doch als Mitverursacher oder sogar als Hauptschuldiger feststehen, können wirklich unschöne Nebenwirkungen entstehen. Sie haben durch das Zuwarten eine beherrschbare Situation verschlechtert. Dafür müssen nun alle in der Firma bitter bezahlen. Dies zu verzeihen, ist für viele Menschen, auch in einem funktionierenden Team nicht immer einfach.

Wovor haben Sie Angst, wenn Sie einen Fehler zugeben?

Ich weiß schon, als Mitarbeiter werden Sie sagen: *„Schauen Sie sich bitte mal meine Führungskräfte an. Die sind wirklich brutal. Wenn ich einen Fehler mache, dann spielt es Granada; dann hacken die voll auf mir herum. Ich habe noch lange die Nachreden, die ich ertragen muss. Es ist wirklich nicht schön, in meiner Firma Fehler zu melden.“* Ich kann Sie beruhigen: So lauten die Aussagen in vielen Firmen. Doch sie entsprechen nicht immer der Realität, und man sollte von der Führungsseite her – wenn es so ist – sehr schnell eine Korrektur dieses falschen Weges einfordern. Wir können auf der einen Seite nicht immer behaupten: Wir sind ein Team. Und genau bei solchen heiklen Phasen sind wir dann auf der anderen Seite Einzelkämpfer, die nur darauf bedacht sind, in diesem Fall den anderen das Leben schwerer zu machen, als es notwendig ist. Fehler gehören nun einmal zu unserem Leben. Wichtig ist, dass sie schnell beseitigt werden, bevor sie größere Schäden intern und extern anrichten können.

Wirklich schlimm wird es, wenn interne Fehler zu „Kunden-Fehlern" werden

Eines sollte jedem in einer Firma klar sein: Solange Fehler intern passieren, sind sie zwar auch unschön, aber man kann sie beseitigen. Und vor allem: extern ist nichts passiert. Das heißt: Man hat sich die Sache untereinander ausgemacht, und der Markt hat davon nichts mitbekommen. Wirklich schlimm wird es aus meiner Sicht, wenn aus internen Fehlern, die man beseitigen hätte können, Marktprobleme werden. Wenn Fehler beim Kunden sichtbar werden. Wenn Kunden diese Fehler durch eine negative Mund-zu-Mund-Propaganda verbreiten. Dann sind sie 100 %ig unkontrollierbar und Sie haben am Markt das Nachsehen. Selbstverständlich freut sich die Konkurrenz. Die Frage ist nur: Sollte man der Konkurrenz diese Freude gönnen? Ich vertrete den Standpunkt: NEIN!

Werden Fehler nicht intern lösungsorientiert behandelt, kommt es häufig zu Kundenbeschwerden, die noch mehr Aufwand bedeuten.

Sind Sie sich ab heute im Klaren, dass das interne Lösen von Fehlern wesentlich leichter funktioniert und viel weniger Aufwand bedeutet, als wenn sie extern sichtbar werden. Ich kann mir nicht vorstellen, dass Sie wirklich einen Mehraufwand beim Behandeln von Fehlern erreichen wollen. Genau der wird aber eintreten, wenn interne Fehler beim Kunden sichtbar werden. Das Bearbeiten und vor allem das Bewältigen von Kundenbeschwerden sind immer mit einem erheblichen Mehraufwand verbunden. Nicht eingerechnet ist der damit einhergehende Imageverlust. Machen Sie es sich einfacher und ändern Sie Ihre Fehlerkultur dahingehend, dass sich die Mehrbelastung durch Fehler, die immer gegeben ist, nicht unnötig sprunghaft erhöht, nur weil Sie beim Eintritt die schweigende Zuschauerrolle forciert haben.

Die Baustein-Aktivierung

Lieben Sie Fehler – ohne sie geht es nicht!

Wenn Sie jetzt sagen: *„Der Panhölzl spinnt doch. Wer liebt denn schon Fehler?"*, dann akzeptiere ich den Einspruch und beharre trotzdem auf meinem Standpunkt. Selbstverständlich werden Sie keine Fehler bewusst produzieren, bewusst anzetteln. Mir geht es um **Ihre emotionale Haltung zu Fehlern**. Fehler sind gut: Fehler machen uns besser! Aus Fehlern können wir lernen, wie wir es in der Zukunft anders machen. Daher ist der Fehler an sich tatsächlich ein Erfolgsinstrument. So sollten Sie es sehen, wenn er auftritt. Dadurch stärken Sie sich emotional, und Ihre Fähigkeiten können sich optimal entfalten. Denn dies benötigen Sie letztendlich, damit Fehler eliminiert werden können.

Stehen Sie zu Ihren Fehlern, liebe Führungskraft

Gerade Führungskräfte tun sich besonders schwer, Fehler einzugestehen. Vor allem dann, wenn diese im Team sichtbar werden. Gerade in Deutschland diagnostiziere ich immer wieder, dass Topmanager eigentlich fehlerlos sein müssen. Das ist natürlich Quatsch! Führungskräfte, egal in welcher Position sie tätig sind, machen Fehler und müssen Fehler machen. Wichtig ist, dass Sie als Führungskraft eine offene, klare und ungeschminkte Fehlerkommunikation forcieren. Das stärkt nicht nur Ihre Position, sondern macht Sie menschlich. Die Mitarbeiter wollen erkennen, dass auch Sie ein Mensch sind. Dass auch Sie Ihre fehlerhaften Seiten haben. Wichtig ist letztendlich nur, dass sich alle gemeinsam dafür einsetzen, diese Schwachstellen wieder zu beseitigen.

Stehen Sie zu Ihren Fehlern, liebe Mitarbeiter

Ich weiß: *„Leichter gesagt, als getan!"*, werden Sie sagen. Ich kann mir das gut vorstellen. Ich weiß aus vielen Firmentrainings, dass Chefs nicht gerade positiv reagieren, wenn Fehler auftreten. Man muss natürlich als Mitarbeiter dabei unterscheiden: Ist es der erstmalige Fehler, der gerade passiert ist und gegen den man noch keine Lösung hat, oder befindet man sich bereits in einer mehrfachen Wiederholung? Eines muss Ihnen als Mitarbeiter klar sein: Mehrfache Wiederholungen können von Führungskräften nicht akzeptiert werden. Darum geht es mir aber beim Thema Fehlerkultur nicht. Es geht mir darum, dass Sie, wenn notwendig, auch die Führungskräfte dahingehend sensibilisieren, dass Sie Fehler offen, ungeschminkt und eindeutig präsentieren können und Sie nach der Präsentation nichts zu befürchten haben. Wenn Ihre Führungskräfte dazu nicht bereit sind, dann bringen Sie in der nächsten dafür geeigneten Besprechung dieses Anliegen mit der Bitte vor, es zu erfüllen. Beide Seiten werden profitieren, wenn die Führungskräfte einer offenen, klaren und ungeschminkten Fehlerkommunikation, ohne jegliche negative Maßnahme nach der Präsentation, zustimmen.

Führungskräfte sind beim Auftreten von Fehlern für eine „angstfreie Zone" verantwortlich

Sie als Führungskraft sind dafür verantwortlich, dass in Ihrer Firma eine „angstfreie Zone" vorhanden ist. Mitarbeiter dürfen keine Angst haben, wenn sie Fehler aufzeigen. Das Gleiche gilt natürlich auch für Führungskräftekollegen. Bitte nehmen Sie diese Empfehlung wirklich ernst. Sie tun sich selbst und der Firma nichts Gutes, wenn Mitarbeiter beim Präsentieren von Fehlern Angst haben, dass sie das anschließende Echo der Führungskräfte mit voller Härte treffen wird. Das führt ausnahmslos zum **Fehlerversteckspiel**, und das kann nicht im Sinne einer erfolgreichen Führungskraft sein. Ich habe im Punkt vorher eindeutig aufgezeigt: Natürlich kann es auch nicht sein, dass Mitarbeiter ständig dieselben Fehler machen. Ich spreche ausschließlich von jenen Fehlern, die zum ersten Mal eintreten oder gegen die man noch keine passende Lösung gefunden hat. Diesbezüglich ist eine Wiederholung sehr wohl möglich. In diesem Zusammenhang ist auch folgende Erkenntnis wichtig: Sie müssen als Führungskraft darauf achten, dass bei aufgetretenen Fehlern Lösungsvorschläge vorhanden sind. Solange die ausbleiben, werden die Fehler aufs Neue gemacht. Sind Lösungsvorschläge vorhanden, sollten sie optimal und dauerhaft kommuniziert werden. Sehen Sie sich bitte hier auch als Coach. Sie wissen aus der Praxis: Einmal aufgezeigt, wirkt noch nicht; man muss ständig am Ball bleiben. Insbesondere bei sensiblen Geschäftsabläufen sollte man immer wieder das Team fit-coachen. So wie beim Sportler zählt auch hier das regelmäßige Trockentraining, damit live keine Patzer passieren.

Wer ständig die gleichen Fehler macht, gehört nicht in das Team

Wenn Sie nun schon einige Bausteine in diesem Buch gelesen haben und mich vielleicht sogar ergänzend aus Seminaren, Vorträgen und Ähnlichem. persönlich kennen, dann könnte ich mir gut vorstellen, dass Sie jetzt sagen: *„Diese Aussage passt eigentlich nicht ganz zu Herrn Panhölzl. So formuliert er doch nicht! Er ist immer sehr menschenorientiert, erfolgsorientiert und bestrebt, mit positiven Botschaften erfolgreiche Phasen zu bewirken."* Sie haben Recht: Genau das bin ich. Doch in einem Punkt muss ich Ihnen auch reinen Wein einschenken: Es gibt einfach Mitarbeiter, die nicht zu einem Team passen. Das ist für mich gar nicht so negativ, wie es sich möglicherweise in der Überschrift anhört. Denn fest steht: Erst wenn man ein wenig zusammen gearbeitet hat, kann man genau herausfiltern: Passt man wirklich zusammen? Kann man sich arrangieren, oder geht es vielleicht doch nicht? Ich muss Ihnen hier leider glasklar aufzeigen: Ich habe in meinen mittlerweile vielen Jahren als Wirtschaftstrainer immer wieder zur Erkenntnis gekommen: Manche Menschen sind nicht belehrbar. Manche Menschen wollen sich einfach nicht anpassen. Es gibt diese Störenfriede in Teams, und die müssen von der Unternehmensführung konsequent verabschiedet werden. Ich möchte betonen: Das ist für beide Seiten sinnvoll, weil auch die betroffenen Personen selbst in dieser nicht zu reparierenden Situation unglücklich sind. Ab und zu ist eine Trennung auch für beide Seiten heilsam. Ich möchte dick unterstreichen: Das betrifft Mitarbeiter genauso wie Führungskräfte. Wer nicht zusammen passt und sich nicht zusammenraufen kann, muss wieder getrennt werden.

Setzen Sie sich dafür ein, dass interne Fehler zu keinen vermeidbaren „Kundenproblemen" werden

Engagieren Sie sich für diese wichtige Zutat Ihrer Fehlerkultur. Fehler sollten so weit als möglich wirklich intern beseitigt werden. Nicht immer lässt sich das zu 100 % einrichten. Manchmal werden Fehler auch bei Kunden sichtbar, je nach Branche wird es sogar so sein, dass ein möglicher Fehler erst beim Kunden sichtbar werden kann. Dagegen können Sie nichts tun. Ich spreche hier ausschließlich von jenen **Fehlern**, die im Team entstehen und die man intern locker hätte lösen können, bevor sie extern sichtbar wurden. Dafür müssen Sie sich mit vollem Engagement einsetzen. Denn das Schlimmste, was Ihnen passieren kann, ist, dass interne Fehler zu Marktproblemen werden. Gönnen Sie der Konkurrenz nicht diesen Wettbewerbsvorteil! Schwächen Sie nicht Ihr Image, Ihre Marktposition! Das alles ist unnötig, wenn Sie ab heute akzeptieren: Eine offene, klare und ungeschminkte Fehlerkommunikation ist der Schlüssel zu dauerhaften Erfolgsphasen in Ihrer Firma.

Keine Ausreden mehr: Dieser Befreiungsschlag führt zur Wohlfühl-Firma

Leitgedanke Führungskraft

Sich und andere zum Erfolg führen

Das Ausredenkarussell dreht sich immer wieder, immer schneller und wird immer dann eingesetzt, wenn man es sich bequemer machen will, wenn man von eigenen Verfehlungen ablenken will. Stoppen Sie als Führungskraft, als jene Person, die die Vorbildfunktion in der Firma innehat, das ständige **Starten des Ausredenkarussells**. Beginnen Sie bitte gleich bei sich selbst! Ich weiß aus Erfahrung, dass viele Führungskräfte tagtäglich unendlich viele Ausreden auch sich selbst aufzeigen, um sich rechtzufertigen, warum das eine oder andere nicht so funktioniert, wie es eigentlich ihren Vorstellungen entspricht.

Das ist Ihrer als zukunftsorientierte Führungskraft unwürdig. Damit können Sie Ihre Firma nicht dauerhaft auf Erfolgskurs halten.

Wir leben heute bereits in einem Zeitalter, in dem Entscheidungen immer schneller gefällt werden müssen. Das bedeutet aber nicht nur, dass es darum geht, die Entscheidung zu fällen, sondern sie soll richtig getroffen werden. In den Phasen zur Entscheidung ist es besonders wichtig, dass man auch darauf achtet, dass keine möglichen Ausreden bereits vorsorglich mit eingepackt werden. So nach dem Motto: *„Okay, ich stimme jetzt mal im Meeting dafür. Später kann ich mich ja immer noch rechtfertigen, warum es doch nicht funktioniert hat, weil ich das Ausredenkarussell wieder anwerfe.“*

Sie als Führungskraft stehen in diesem Unternehmensbereich unter ständiger Beobachtung seitens der Mitarbeiter. Das muss Ihnen bewusst sein. Die Mitarbeiter werden genau darauf achten, ob Sie Ihren eigenen Vorgaben Folge leisten. Ob Sie bereit sind, sich für Ihre eigenen Ziele voll einzusetzen; ob Sie auch die Wege richtig eingesetzt haben, die dann letztendlich zum erfolgreichen Ziele-Finale führen.

Jeder Ausrutscher, jede Abweichung wird von den Mitarbeitern registriert. Warum? Sie werden diese dann verwenden und einsetzen, wenn Sie ihnen wieder eine Standpauke halten. Das bedeutet: Wenn Sie als Führungskraft den Mitarbeitern aufzeigen, dass sie sich nicht an die Vorgaben halten, dann ist es für diese ein Leichtes, den Ball zurückzuspielen. Denn sie werden Ihnen aufzeigen, dass Sie es auch nicht immer so genau nehmen.

Damit sind wir bei einem **weiteren wichtigen Punkt**: Es ist natürlich unmöglich, dass man in der Zukunft alles richtig einschätzt, dass man immer gleich die richtigen Wege findet. Ich habe bereits in diesem Buch mehrfach bei den geeigneten *„erfolgsfitCode"*-Bausteinen festgehalten, dass man auch Fehler macht. Dass auch Unregelmäßigkeiten eintreten. Dafür braucht man sich als Führungskraft auch nicht zu schämen. Wichtig ist nur, dass man den Mitarbeitern glasklar beweisen kann: Man hat diese Fehlentwicklung erkannt, sie akzeptiert und war sofort wieder bereit, nach Lösungen zu suchen, wie man es besser machen kann. Genau darum geht es. Nicht die Ausrutscher, nicht die Verfehlungen sind schädlich für das Vorankommen einer Firma, sondern die Ausreden, die dann oft zur Ablenkung ins Rennen geschickt werden.

Wenn Sie als Führungskraft auf Ausreden verzichten, ist das wirklich wie ein Befreiungsschlag. Sie erkennen auf einmal: *„Okay, ich habe mir die Ziele gesteckt. Ich habe Partner, Mitarbeiter usw. an Bord geholt, und jetzt geht es darum, alles zu tun, was getan werden muss, damit wir das erfolgsgekrönte Ziel-Finale erreichen. Rutschen wir aus, kommen wir nicht weiter, hängen wir fest, so ist das noch kein Beinbruch. Denn wir werden uns sofort wieder an die Arbeit machen, um nach neuen Lösungen und gangbaren Wegen zu suchen. Sobald diese gefunden sind, starten wir die Umsetzung wieder konsequent."*

Stoppen Sie das Ausredenkarussell! Setzen Sie auf eine wirklich vorgelebte, konsequente Umsetzung. Sie werden sehen: Auf einmal geht vieles leichter. Auf einmal kann man auch schwierige Situationen sehr schnell meistern. Sie können auf keine Ausreden mehr zugreifen, weil Sie den Weg bewusst versperrt haben.

Durch diese Vorgehensweise kommen Sie in einen besonderen Genuss: Es wird Ihnen als Führungskraft wesentlich leichter fallen, andere und sich zum Erfolg zu führen, weil Sie keine Gedanken mehr daran verschwenden, das Ausredenkarussell zu starten.

Leitgedanke Mitarbeiter

Ständig auf der Flucht sein, macht alles nur schlimmer

Jaja, liebe Mitarbeiterinnen und Mitarbeiter, die Ausreden haben es in sich. Sie sind äußerst praktisch und bequem. Doch Sie wissen sicher, deren Wirkung ist sehr kurz. Meistens wird später alles schlimmer. Natürlich neigt man als Mensch gerne dazu, sich mit Ausreden auch selbst zu täuschen. Man möchte z.B. im Zuge einer Besprechung vor den anderen auch nicht blöd dastehen, und dann erfindet man schon mal eine Ausrede oder zeigt einen Zustand für den man selbst nichts kann, etwas negativer auf.

Wie oft höre ich auch von Mitarbeitern: *„Es sind halt die Marktumstände. Die Konkurrenz mit ihren brutalen Preisen macht uns das Leben schwer. Da kann man einfach nicht dagegen auftreten.“*

Das sind so Klassikeraussagen, die auf den ersten Blick wirklich ganz gut wirken. Man kann sich natürlich sofort anschließen und sagen: *„Naja, da haben Sie Recht. Das sehe ich auch so.“* Warum ist das so? Weil diese Aussagen der Realität entsprechen. Es wird, wie in unserem Beispiel, immer wieder Anbieter geben, die einen günstigeren Preis oder ein besseres Produkt haben und bei denen die Mitarbeiter freundlicher sind; wo sich der Kunde wohler fühlt usw. Diesbezüglich kann man unendlich viele Punkte aufzählen, warum es ein anderer besser kann als man selbst.

Die gleiche Vorgehensweise forcieren Mitarbeiter gerne, wenn es darum geht, Ziele und Vorgaben einzuhalten. Das läuft auch in Firmen sehr häufig demokratisch. Denn die Mitarbeiter haben bei Besprechungen immer wieder die Möglichkeit, sich einzubringen. Ich weiß, Sie könnten jetzt sagen: *„Naja, Herr Panhölzl, bei uns ist das nicht ganz so.“* Doch, ich glaube, da irren die Meisten. Denn viele Führungskräfte und Unternehmer sagen: *„Wir würden mehr Besprechungen machen. Wir forcieren ohnehin jetzt bereits sehr viele, doch leider bringen sich die Mitarbeiter zu wenig ein.“* Mir wird dann klipp und klar aufgezeigt: *„Herr Panhölzl, die Mitarbeiter sitzen drinnen wie stumme Fische. Man hört von ihnen nichts – bis vielleicht auf wenige Ausnahmen. Meistens ist es so, dass die Führungskräfte das Programm abspulen, ihre Botschaften kundtun; die Mitarbeiter nicken das ab, und das war's.“*

Später, wenn es darum geht, das Beschlossene, das Präsentierte umzusetzen, kommt es dann zum lautstarken Unmut. Denn plötzlich zeigen die Mitarbeiter im Alltagsgeschäft sehr wohl auf, warum das so nicht funktionieren kann, dass es sowieso ein Blödsinn und dass das schon gar nicht der richtige Weg ist.

Wissen Sie, was für mich als Wirtschaftstrainer dabei so interessant ist? Aus der Vogelperspektive gesehen, höre ich immer wieder die gleichen Argumente. Das würde in unserem Beispiel bedeuten, dass nicht nur Sie sich über die Konkurrenz beschweren, die immer besser ist, sondern auch Ihr Konkurrent das Gleiche tut. Das heißt, wir alle drehen oft am selben Ausredenkarussell und behaupten genau aus diesen Gründen, dass es nicht so geht, wie wir es uns vorstellen.

Durch diese Vorgehensweise, das ist vielen Mitarbeitern gar nicht bewusst, sind sie ständig auf der Flucht. Denn durch die Ausreden können Sie möglicherweise, wie oben erwähnt, im Moment etwas kaschieren. Langfristig befinden Sie sich auf der Verliererstraße. Es wird somit alles nur noch schlimmer. Denn durch die **Ausreden** kann man **die Defizite**, **die Blockaden** keinesfalls beseitigen. Dadurch entstehen keine Lösungen, die einen befriedigenden Zustand herbeiführen. Daher lautet mein Appell an Sie: Weg mit den Ausreden! Machen Sie gemeinsam mit den Führungskräften diesen Befreiungsschlag. Sie werden sehen: Sie werden sich in der Zukunft in der Firma um einiges wohler fühlen. Auch wenn das vielleicht jetzt für Sie nicht ganz nachvollziehbar ist, weil die Ausreden doch bequemer sind, werden Sie feststellen, dass meine Empfehlung langfristig tatsächlich **positiv wirkt**. Menschen, die sich nicht mehr permanent in Ausreden flüchten, verwenden ihre wertvolle Zeit, um sich intensiv mit der Herausforderung zu beschäftigen und finden immer gangbare Wege, an deren Ende Teamerfolge stehen.

Die Baustein-Herausforderung

Sie wissen meistens, wie es optimal geht! – Warum tun Sie es oft nicht?!

Verzichten Sie auf das **Drehen des Ausredenkarussells**. Ausreden bringen nichts, denn am Ende kommt immer viel Bitterkeit an die Oberfläche. Ausreden mögen kurzfristig bequem sein; sie lenken von vielem ab. Aber Ihre Schwächen zeigen sie eindeutig auf! Starke Persönlichkeiten, engagierte Mitarbeiter brauchen keine Ausreden, weil sie täglich konsequent und zielorientiert das tun, was sie beim Eintritt in die Firma und in der Fortsetzung bei Besprechungen zugesagt haben.

Ausreden sind Bequemlichkeit auf Zeit mit viel Frust am Ende des Weges

Akzeptieren Sie bitte, dass Sie durch Ausreden versuchen, einen schwächenden Zustand zu überdecken, ohne wirklich an die Wurzel des Übels heranzugehen. Man verschafft sich dadurch, wie bei Fehlern, Bequemlichkeit auf Zeit. Sie wissen aus Erfahrung, dass am Ende oft viel Frust auf einen wartet. Nehmen Sie nur das Beispiel eines Verkäufers, der nicht ehrlich ist und sagt, wo er hängt. Dieser versucht seine Verkaufsstatistiken zu beschönigen, indem er aufzeigt, dass viele Aufträge im Status der Warteschleife sind. Wenn nach einigen Wochen dann doch herauskommt, dass alles nur heiße Luft war, werden sich seine Vorgesetzten die Sache intensiver ansehen, und der Frust wird auf beiden Seiten sprunghaft steigen. Vermeiden Sie solche unschönen Lebensphasen. Sprechen Sie offen bei Ihren Kollegen, Ihren Führungskräften das an, was Sache ist, und verstecken Sie sich nicht hinter unnötigen Ausreden!

Warum Ausreden und nicht erfolgfördernde Wege erfinden?

Viele Menschen bringen enorm viel Energie für Ausreden auf. Ich sage oft: *„Wenn Sie diese Energie in Innovationsphasen einsetzen würden, würde Ihre Firma förmlich vor neuen Ideen explodieren. Sie würden Ihre Firma strategisch enorm stärken.“* Genau das machen aber die betroffenen Menschen nicht. Sie nehmen sich wirklich viel Zeit für das Erfinden von Ausreden, statt für erfolgfördernde Wege. Wenn Sie auch zu dieser Gruppe gehören, dann sollten Sie sich folgende Frage stellen: Warum verschwenden Sie Ihre Energie für eine solch törichte Vorgehensweise? Denn eines wissen Sie sicher: Am Ende führen die Ausreden zu angespannten Phasen mit all ihren negativen Begleiterscheinungen.

Jäger oder Gejagte – warum nicht harmonisch und erfolgsorientiert?

Ausreden halten nur kurzfristig; Sie werden also schnell zum Gejagten im Team. Andere Kollegen werden auch auf Sie zeigen. Dies trifft auch auf Führungskräfte zu. Selbst ihre Position schützt sie nicht vor gefährlichen Ausrutschern auf dem glatten *„Ausredenparkett“*. Verzichten Sie auf Ausreden! Machen Sie heute den Befreiungsschlag! Sie werden Folgendes bemerken: Sie können ab diesem Zeitpunkt mit Ihrem Umfeld täglich Ihre Aufgaben und Aktivitäten harmonisch und erfolgsorientiert erfüllen.

Die Baustein-Aktivierung

Nie wieder Ausreden – ein herrliches Leben!

Verzichten Sie auf Ausreden! Sagen Sie nicht: *„Das geht nicht."* Probieren Sie es ganz einfach! Sie werden staunen – es funktioniert! Machen wir wieder einen kleinen Deal: Versuchen Sie einen Monat lang, keine Ausreden zu verwenden. Schieben Sie keine Scheinargumente vor. Verzichten Sie ab heute bewusst, eine momentan nicht optimal laufende Situation durch Ausreden zu verstecken, denn sichtbar werden sie immer. Probieren Sie es bitte aus! Sie werden mir nach dem einen Monat Recht geben: Es hat sich gelohnt, diese Empfehlung anzunehmen und auszuprobieren. Ich möchte diese Botschaft noch mit einem Klassiker unterstreichen, den man immer und überall antrifft: Ausreden? – Geht nicht! Gibt's nicht!

Dauerhaft bequem oder die Angst im Nacken

Sie müssen sich entscheiden: Setzen Sie auf die kurzfristige Bequemlichkeit oder wollen Sie auf Dauer die Bequemlichkeit genießen? Sie wissen doch ganz genau: Wenn Sie Ausreden verwenden, die nicht mehr halten, brechen die Dämme. Dieses Gefühl haben Sie jedoch nicht erst dann, wenn wirklich die Dämme brechen, sondern die Angst sitzt Ihnen, wenn Sie ehrlich sind, schon längst im Nacken. Immer wieder haben Sie Angst, dass das sichtbar wird, was Sie mit Ihren Ausreden verdecken wollen. Sind wir uns ehrlich: Genauso läuft es doch auch, wenn man in einer Beziehung *„fremd geht"*. Das kennen Sie sicher nur vom Hörensagen. Die Personen, die den Seitensprung verursacht haben, fühlen immer die Angst im Nacken, dass der Partner davon erfährt; dass der Seitensprung aufgedeckt wird. Es wird das eine oder andere Mal klappen, doch dauerhaft funktioniert es nicht. Selbst wenn ein Seitensprung lange nicht nachgewiesen wird –der Partner, der im Ungewissen ist, spürt doch, dass irgendetwas in der Beziehung nicht stimmt. Dieses Gefühl kann dann so weit führen, dass die Partnerschaft daran scheitert. Das wollen Sie doch weder privat noch beruflich riskieren! Daher verzichten Sie ab heute auf Ausreden – es wird Ihnen guttun.

Die kostbare Zeit, die für Ausreden draufgeht, wird besser in Lösungsimpulse investiert!

Ausreden kosten Zeit: Sie müssen erfunden werden! Ein top aufgebautes Ausredengerüst muss gepflegt werden. Sie wissen längst, worauf ich hinauswill: Irgendwann schaffen Sie es nicht mehr, das Ausredenkarussell optimal in Fahrt zu halten. Sie haben irgendwann die Übersicht verloren, und dann brechen die vorher beschriebenen Dämme; dann kommen die unschönen Szenen. Warum machen Sie es nicht anders? Setzen Sie doch diese Energie, die Sie für Ihr Ausredengerüst benötigen, ein, um lösungsorientierte Impulse zu entwickeln. Gehen Sie an die **Wurzel des Übels!** Die gehört beiden Seiten! Dann ist der Weg wieder für ein positives Miteinander, für runde Abläufe uvm. frei. Das gilt auch für Ihr privates Leben! Nehmen wir den vorher angesprochenen Seitensprung. Was davor war, ist zu eliminieren – nicht der Seitensprung soll das Ziel sein! Sprechen Sie offen, wenn in der Beziehung etwas nicht passt – das ist leichter, als viele glauben. Viele reden aneinander vorbei. Sie ahnen zwar schon etwas, aber sie wollen es nicht aussprechen. Worauf wollen Sie warten? Sie wissen doch, wie das Ende aussieht! Natürlich kann dabei herauskommen, dass die Trennung die Lösung ist. Aber wovor schrecken Sie zurück? Wollen Sie viele Jahre in Bitterkeit leben, nur weil Sie zu diesem Schritt nicht bereit waren? Machen Sie sich doch beide das Leben leichter, indem man offen darüber spricht, was zu tun ist. Sollte eine Trennung dabei herauskommen, ist auch das positiv! Das Gleiche gilt natürlich auch für das berufliche Leben. Es ist nicht immer bequem, die Wurzel des Übels direkt anzusprechen. Es ist nicht immer einfach, lösungsorientierte Impulse zu finden. Doch wenn man sie hat, ist man froh, dass man diesen Weg gegangen ist.

Der erste Schritt ist immer der schwerste – danach läuft es wie geschmiert

Ich weiß schon: Es ist für viele Menschen nicht einfach, ihr geliebtes Ausredenkarussell aufzugeben. Sie haben es oft viele Jahre lang benutzt. Es hat auch immer wieder mal gute Dienste geleistet – wenn auch nur kurzfristig! Jetzt auf einmal sollten Sie sich umpolen? Viele sagen: *„Das ist unmöglich!"* Ich sage: *„NEIN!"* Sie müssen eigentlich nur innerlich bereit sein, den ersten Schritt zu gehen. Machen Sie heute, jetzt und hier den Befreiungsschlag und verabschieden Sie sich von den Ausreden! Beruflich bedeutet das, dass Sie ein aktiver Teil werden, der dazu beiträgt, dass eine *„Wohlfühl-Firma"* entstehen kann. Sie verbrauchen keine vorhandenen Teamstärken, keine Energie, keine Zeit für das Erfinden von Ausreden und das ständige Aufrechterhalten des Ausredengerüsts. Sie sprechen Klartext. Sie verletzten damit niemanden, sondern versuchen sich mit lösungsorientierten Impulsen dafür zu engagieren, dass alle von einer sich ständig fortsetzenden Firmenerfolgsstory profitieren.

Arbeiten im guten Rhythmus – Realität statt Wunschdenken

Leitgedanke Führungskraft

Wenn Beschlüsse Realität werden

Sie als Führungskraft sind dafür verantwortlich, dass Ihr Team permanent darauf achtet, dass es in **einem guten Rhythmus arbeitet**. Es geht nicht einfach nur darum, die täglich anfallenden Aufgaben und Aktivitäten zu erfüllen, sie einfach nach Schema X abzuspulen. Es geht darum, **Doppelgleisigkeiten** und **unnötige Mehrbelastungen zu vermeiden**.

Ich bin immer wieder erstaunt, dass ich genau diesen Missstand sehr häufig beim Durchleuchten von Firmen antreffe. Dass mir Mitarbeiter und Führungskräfte dies permanent aufzeigen, wenn es darum geht, die Abläufe ihrer Firma zu analysieren. Auch die Betroffenen sind dann sehr erstaunt. Denn in den meisten Firmen sieht das in der Analyse-Phase so aus: Zuerst erzählen mir die Führungskräfte, dass ihr Team immer stärker belastet wird. Dass auch sie, die Führungskräfte, es kaum mehr schaffen, die anstehenden Aufgaben und Aktivitäten zu bewältigen. Im Originalton hört sich das sinngemäß immer wie folgt an: *„Herr Panhölzl, wir haben das Gefühl, dass wir immer mehr arbeiten und weniger erreichen."* Das geht dann so weit, dass Führungskräfte sagen: *„Eigentlich könnte ich schon rund um die Uhr arbeiten."* Das bedeutet: Es gibt keinen Endpunkt mehr, der definiert ist. Die Führungskräfte signalisieren somit: Es liegt immer noch genug Arbeit im Büro, im Geschäft, in der Werkstätte. Sie könnten also wirklich mühelos 24 Stunden arbeiten, und dann hätten sie noch immer nicht alles aufgearbeitet.

Alleine mit diesen Gedankengängen, mit diesen Hinweisen tut sich eine Führungskraft nichts Gutes. Denn sie lebt dann ständig im Gedanken, im Wissen, dass sie eigentlich noch nicht alles erledigt hat. Es wird dabei nicht einmal genau überprüft, ob das tatsächlich der Realität entspricht. Das ist aber nicht der Fall. Wenn nämlich tatsächlich immer so viele wichtige Aufgaben und Aktivitäten liegen bleiben würden, wäre die Firma längst konkursreif, oder zumindest würde es in der Firma sehr turbulent zugehen. Zu guter Letzt würde ein solches Verhalten auch zu negativen Auswirkungen beim Kunden führen, denn bei dem käme der ganze Schlamassel an.

Hier hat man also meiner Meinung nach einen verschwommenen Blick, einen Nebelblick und ist oft nicht bereit, für klare Sicht zu sorgen. Was meine ich damit?

Die Führungskräfte haben durch ihre Position eine besondere Aufgabe und Verpflichtung inne. **Sie führen** sich und **andere Menschen**. Das bedeutet: Sie sind verpflichtet, dafür zu sorgen, dass sich alle im Team in einem wirklich gesunden Rhythmus entwickeln können. Dazu gehört es auch, dass man sich glasklare Endpunkte setzt: Was ist möglich und was geht nicht mehr?

Es ist unmöglich zu behaupten, dass tagtäglich vieles liegen bleibt. Das kann ab und zu passieren; das kann einmal in einer bestimmten Phase konzentriert vorkommen. Aber es darf auf gar keinen Fall ein chronischer Dauerzustand werden! Eines meiner ersten Führungs-Seminare hatte den Titel *„Die Dienen- & Führen-Simulation"*. Ich habe den Teilnehmern folgende Kernbotschaft vermittelt: **Führen heißt, dem Team dienen**. Eine Ihrer wichtigsten Aufgaben besteht also auch darin, dort die Grenze zu ziehen, wo Werte verletzt werden, wo Team-Ressourcen ernsthaft gefährdet sind. Es ist sicher für Sie als Chef oder Führungskraft nichts Neues, dass sehr erfolgreiche Unternehmen heute ganz besonders auf die Gesundheit ihrer Mitarbeiter achten. Es werden nachhaltige Maßnahmen gesetzt, die dazu führen, dass das Team gesundheitlich gestärkt wird. Mittlerweile erfassen diese Erkenntnis und die damit verbundenen Aktivitäten sehr, sehr viele Branchen. Erst vor kurzem habe ich einen äußerst interessanten Bericht über Baufirmen gelesen, die sich wirklich intensiv damit beschäftigen, was sie den Mitarbeitern anbieten können, um ihr Wohlbefinden, ihre Gesundheit zu fördern. Hier wird auch einiges an Geld investiert. Es werden während der Zeit Experten in die Firma geholt; es werden Trainings und vieles mehr angeboten.

Dic Entscheidungsträger in den Firmen haben, wenn sie klug, weise und fair handeln, längst erkannt, dass es Sinn macht, ihre wichtigste Investition, ihr wertvollstes Gut – **den Menschen – in der Firma zu stärken**. Auch wenn es vielleicht jetzt auf den letzten Blick menschlich so einwandfrei klingt, ist es tatsächlich so, dass der Mensch in den meisten Firmen die teuerste Investition darstellt. Für Geräte, den Maschinenpark, die Programme, die Updates und Ähnliches wird regelmäßig viel Geld ausgegeben. Es werden Wartungsintervalle eingehalten und vieles mehr. Gerade beim Faktor Mensch ist man oft zurückhaltend und sparsam. Dies, obwohl dann oft im gleichen Atemzug dieselben Entscheidungsträger sagen: *„Der Mensch ist das wichtigste Kapital der Firma."*

Dies bedeutet, für Sie als Führungskraft – und natürlich in weiterer Folge für das Team – muss eine Belastungs-Obergrenze definiert werden. Eine permanente Überlastung des Teams ist nicht sinnvoll. Das führt dazu, dass Sie unter anderem auch sehr gute Mitarbeiter verlieren. Aus der Sicht des Mitarbeiters eine glasklare Entscheidung. Denn irgendwann kommt der Punkt, wo jeder Mensch sagt: *„Ich kann nicht mehr."* Ignoriert man solche Fehlentwicklungen, forcieren Führungskräfte sogar einen schlechten Rhythmus, die ständige Überforderung eines Teams, dann – man kann es ruhig einmal so sagen – kann dieser Virus eine ganze Branche erfassen und sich dort hartnäckig einnisten. Ein gutes **Beispiel** dafür ist die **Gastronomie**. Hier sehen Sie oft eine hohe Fluktuation. Und wenn man Mitarbeiter fragt, warum das so ist, dann sagen sie: *„Weil vieles einfach unmenschlich ist. Die Arbeitszeiten, die Entlohnung, der ständige Stress, die Anforderungen usw."* Ein wirklich vorbildlicher Gastronom hat mir diesbezüglich erst vor kurzem Folgendes gesagt: *„Viele Köche arbeiten oft unter unmenschlichen, beinharten Bedingungen bei Spitzenköchen. Da stehen dann vielleicht auf dem Papier die üblichen 40 Stunden. In Wirklichkeit arbeiten die aber 80 Stunden und oft ein wenig mehr. Sie gehen sehr spät schlafen, müssen oft in der Früh schon wieder da sein. Sie müssen unter härtesten Arbeitsbedingungen arbeiten, wie Hitze in der Küche, Enge am Arbeitsplatz usw."* Ich sagte dann ganz überrascht: *„Ich habe das schon ein wenig so am Rande gehört, aber ich kann mich gar nicht erinnern, dass sich solche Mitarbeiter aufgrund dieser negativen Arbeitsbedingungen enorm beschweren. Dass es hier viele Klagen von den Gewerkschaften oder bei Arbeitsgerichten usw. gibt."* Seine Antwort, die dann kam, öffnete mir die Augen, denn er sagte: *„Klar, die angehenden Köche, die sich z.B. in der Ausbildung befinden oder sehr junge Köche sind, wissen ganz genau: Wenn sie das eine Jahr oder vielleicht sogar zwei Jahre durchhalten, dann können sie bei sehr guten Betrieben überall in der Welt in einer guten Position anheuern. Denn dann haben sie ein Dienstzeugnis von einem bekannten, vorzeigbaren Spitzenkoch. Von diesem Mythos, von dieser Aura profitieren also die Spitzenköche, und die Mitarbeiter sind bereit, diese kurzfristige enorme Belastung auf sich zu nehmen."*

Langfristig gelingt es in dieser Branche sehr selten, ein top eingespieltes Team aufzubauen, weil die Leute den schlechten Rhythmus auf Dauer ganz einfach nicht aushalten. Manche sagen dann noch: *„O.K., in der Jugend mache ich da mit. Man kann auch ordentlich Geld verdienen, wenn man z.B. gleichzeitig auch noch als Kellner tätig ist. Dann sucht man sich einen Beruf, der sich durch Werte und mehr Menschlichkeit auszeichnet."*

Es ist also weder für Sie noch für Ihre Ihnen anvertrauten Mitarbeiter vorteilhaft, wenn Sie nicht dafür sorgen, dass sie in einem guten Rhythmus arbeiten. Wer also ständig das Gefühl hat, einiges ist noch nicht erledigt, ist irgendwann erledigt.

Leitgedanke Mitarbeiter

Hand in Hand führt zu Erfolgen am laufenden Band

Beim Leitgedanken Führungskraft habe ich bereits mit vielen Beispielen eindeutig darauf hingewiesen, dass vor allem **Doppelgleisigkeiten** und das ständige Gefühl, noch immer nicht alles erledigt zu haben, zu einer enormen **Schwächung des Team-Potentials führen**. Menschen können nicht wie Maschinen rund um die Uhr arbeiten. Das ist Ihnen als Mitarbeiter mit Sicherheit bewusst. Selbst Maschinen brauchen Auszeiten, müssen gewartet werden, neue Ersatzteile sind notwendig uvm.

Wichtig ist mir, dass **das Arbeiten im guten Rhythmus** nicht nur die Aufgabe der Führungskräfte ist. Es ist für eine Führungskraft unmöglich, permanent die Abläufe in einem Team zu beobachten, im wahrsten Sinne des Wortes hinter jedem Mitarbeiter zu stehen. Bereits ab drei bis vier Personen ist das nicht mehr möglich. Alles, was darüber hinausgeht, macht ein solches Unterfangen sogar unmöglich. Das bedeutet für Sie als Mitarbeiter: Sie müssen Ihren Führungskräften z.B. bei Meetings eindeutig aufzeigen: Was ist möglich, was ist ab und zu noch vertretbar, und wo ist die Grenze zum Unmöglichen? Im täglichen Ablauf neigt man gerne dazu, den Rucksack, den man trägt, ständig mit mehr Aufgaben und Aktivitäten zu füllen. Ich finde es immer wieder bewundernswert, wenn ich als Gast bei Besprechungen dabeisitze, wo es darum geht, Projekte, Aufgaben, Aktivitäten usw. zwischen den Teilnehmern aufzuteilen, und es kommt dann, wie es kommen muss: Der Meeting-Leiter präsentiert anstehende Aufgaben, die verteilt werden. Natürlich weiß jeder der Teilnehmer, dass er bereits einiges an Aufgaben und Aktivitäten in der Firma täglich zu erfüllen hat. Im Prinzip sagen mir die Führungskräfte und die Mitarbeiter in Vier-Augen-Gesprächen, dass ihr Alltag eigentlich schon zu 120 % ausgefüllt ist. Was rein rechnerisch gar nicht geht. Damit wird nichts anderes aufgezeigt als die Tatsache, dass sie eigentlich schon überfordert und überlastet sind. Es ist daher für mich immer wieder erstaunlich, dass in einem Meeting noch zusätzliche Aufgaben übernommen werden, wenn man doch eigentlich weiß: Die Grenze ist längst überschritten.

Natürlich sagen dann gerade Mitarbeiter zu mir: *„Naja, was soll ich machen? Das entspricht den Vorstellungen des Chefs.“* Ich möchte betonen, dass das wirklich ein aufgelegter Selbstbetrug ist. Denn das geht dann so weit, dass auch Mitarbeiter zu mir sagen: *„Herr Panhölzl, natürlich weiß auch der Chef bereits, dass es nicht machbar ist. Denn in den letzten Monaten, manchmal sogar, wenn man auf die letzten Jahre zurückblickt, wird glasklar sichtbar: Es kommt* ***immer häufiger zu Zielverfehlungen****. Wir geben Termine vor, die dem Kunden kommuniziert werden; man kann sie jedoch nicht einhalten. Die Kunden müssen ständig vertröstet werden. Lieferungen können nicht mehr erfolgen und vieles mehr. Man nimmt hier ganz bewusst vorprogrammierte Beschwerden und Reklamationen in Kauf – eigentlich ein unhaltbarer Zustand."* Das heißt aber: Alle wissen Bescheid, dass sie sich in keinem guten Rhythmus mehr befinden, und trotzdem sind sie masochistisch unterwegs und sagen einfach zu, weil es der andere gerne hört. Das heißt, die Mitarbeiter richten sich nach der Führungskraft und sagen: *„Warum soll ich nicht JA sagen? Wenn es nicht funktioniert, muss das ohnehin die Führungskraft ausbaden."*

Finden Sie nicht auch, liebe Mitarbeiter, dass das ein Phänomen ist? Hier wird ein ständiger Kreislauf am Leben erhalten, obwohl man weiß, dass er sich nie in eine positive Richtung bewegt.

Dauerhafte Erfolge sind wirklich nur möglich, wenn Sie Hand in Hand mit Ihren Kollegen, mit externen Geschäftspartnern usw. arbeiten. Denn erst dann können selbstgesteckte Termine eingehalten werden. Selbstverständlich gibt es immer Ausnahmen; von denen spreche ich aber nicht. Wenn Sie permanent in einem schlechten Rhythmus arbeiten, beschädigen Sie das Team chronisch. Viele werden ihre Leistung nicht mehr erbringen können, und die Burnout-Rate steigt dann extrem. Führungskräfte und Mitarbeiter verlieren den Überblick. Sie sehen sich einfach nicht mehr im Stande, das, was getan werden muss, zeitlich noch in einem vernünftigen Rahmen unterzubringen.

Wenn dann dieser Zustand eintritt, ist der Aufschrei groß – doch dann ist es zu spät!

Die Baustein-Herausforderung

Warum „Mehrlasten" tragen, wenn weniger auch erfolgreich zum Ziel führt?

In einer Firma ist es wie in einer Gesellschaft. Was lange zusammen wirkt, verfilzt sich und muss immer wieder einem Erneuerungs- und Optimierungsprozess unterzogen werden. Damit haben auch Politiker zu kämpfen, weil sich durch das ständige Kompromisseschließen die Abläufe verfilzen. Das bedeutet: Es wird immer schwieriger, alle Abläufe in einem optimalen Fluss zu halten. Genauso verhält es sich auch in einer Firma. Man schleppt plötzlich mehr Last mit sich, weil man auf den guten Rhythmus im Team verzichtet. Man nimmt sich oft zu wenig Zeit, um sich wieder anzusehen, ob alles im Team rund läuft oder ob man mit Nachjustierungen, Optimierungsphasen und – wenn notwendig – Erneuerungsmaßnahmen frischen Wind in die alten Segel bringen muss. Eines ist den meisten Menschen bewußt: Nur in einem guten Rhythmus kann man vorankommen. Es ist wie in einem Boot: Wenn alle gegeneinander rudern, kommt man nicht vom Fleck. Wenn alle im gleichen Rhythmus in die richtige Richtung rudern, befindet man sich sehr schnell in voller Fahrt auf dem Erfolgskurs.

Führungskräften ist oft gar nicht bewusst, dass sie auch für das Wohlgefühl im TEAM zuständig sind

Führungskräfte sind für das **Wohlgefühl einer Firma** verantwortlich. Stehlen Sie sich bitte von dieser Aufgabe nicht weg; sie ist ernst zu nehmen. Denn eines ist klar: Nur wenn sich ein Team wirklich wohl fühlt, können Sie Spitzenleistungen erwarten. Das wollen Sie mit Sicherheit! Daher ist Ihr Engagement als Führungskraft für das Wohlgefühl im Team eine besonders wichtige Führungsaufgabe, die Sie nicht ignorieren sollten.

„Hand in Hand" oder „unnötige Mehrarbeit" am laufenden Band

Arbeiten im schlechten Rhythmus bedeutet auch, dass man sich das Leben selbst schwerer macht als unbedingt notwendig. Das passiert ab und zu auch unbewusst. Besonders wenn Teams in Firmen länger zusammenarbeiten, schleichen sich Störfaktoren ein. Es kommt zu unrund laufenden Abläufen. Man blockiert sich gerne gegenseitig usw. Oft findet sich niemand, der sich dafür Zeit nimmt, sich die Abläufe aus der Vogelperspektive anzusehen, um die bereits eingetretenen Bruchstellen zu finden. Eines muss Ihnen klar sein: Wenn ein Team nicht Hand in Hand arbeitet, wenn das Team-Zahnrad nicht optimal miteinander harmoniert und somit die Zacken erstklassig ineinandergreifen, kommt es immer zu unnötiger Mehrarbeit.

„Wer es sich nicht leichter macht, wird es schwer haben"

Vielleicht sagen Sie: „*Was interessiert mich eigentlich der gute Rhythmus? Ich arbeite meine Aufgaben täglich ab, und das war's.*" Diese Aussage kommt nicht nur von Mitarbeitern; auch bei Führungskräften treffe ich sie immer wieder an. Ich sage: „*Nein, so geht das nicht! Sie sind Teil eines Teams. Sie sind Teil einer menschlichen Kette.*" Wir sprechen hier nicht von herzlosen, emotionslosen Maschinen, sondern es geht um Menschen, die miteinander optimal zusammenwirken sollen, damit die geplanten Firmenerfolge Realität werden können. Sie wissen, dass auch Maschinen Service und Pflege benötigen. Am besten kann man dies beim Auto nachvollziehen: Hier wird mittels Serviceheft klipp und klar vorgeschrieben, welche Intervalle einzuhalten sind. Es ist auch genau festgehalten, welcher Service durchzuführen ist. Diesbezüglich wird auch immer gecheckt, ob im Auto alles optimal miteinander harmoniert, ob alles wie vorgesehen läuft. Das beginnt bei banalen Sachen – ob z.B. das Licht richtig eingestellt ist – und endet beim Nachsehen des Motorölstandes. Es wäre also töricht zu glauben, dass Sie der gute Rhythmus nichts angeht: Er ist für Sie und für das Umfeld wichtig!

Die Baustein-Aktivierung

Machen Sie aus „Mehrbelastungen" Entlastungen

Engagieren Sie sich ab heute für das *„Arbeiten im guten Rhythmus"*. Versuchen Sie herauszufiltern, wo es in den Abläufen Bruchstellen gibt. Wo etwas aus dem Ruder läuft. Wo im Team nicht mehr alle Hand in Hand zusammenarbeiten können. Genau dort sollten Sie sofort aktiv werden. Versuchen Sie sich immer dafür zu engagieren, dass vermeidbare Mehrbelastungen eliminiert werden. Schärfen Sie den Teamblick für Entlastung! Sie werden sehen, wie viele Möglichkeiten plötzlich sichtbar werden.

Stoppen Sie die Blockaden im Kopf

Immer wieder sagt man gerne: *„Das geht nicht. Das können wir nicht. Das hat bei uns noch nie funktioniert."* Das glaube ich nicht. Warum forcieren so viele Menschen Blockaden im Kopf? Das bringt doch nichts! Ich weiß, allein der Titel *„Arbeiten im guten Rhythmus"* wird bei vielen eine Verwunderung auslösen. Ich bin der Meinung: Wir reden heute in unserer Gesellschaft so häufig vom Wohlfühlen, vom grünen Büro, von lebenswerten Arbeitsplätzen. Viele wollen also bewusst einen Wohlfühl-Arbeitsplatz gestalten. Warum sollten wir gerade beim Zusammenarbeiten auf diese Welle verzichten? Tun Sie es bitte nicht, sondern engagieren Sie sich dafür, dass *„Arbeiten im guten Rhythmus"* in Ihrer Firma Realität wird.

Wohlfühlen und gezielt arbeiten – es geht leichter, als Sie glauben

Viele Menschen bummeln gerne; ja ich kann es nicht anders sagen: Sie verplempern ganz bewusst Zeit. Sie wissen ganz genau, wenn sie zügig arbeiten würden, hätten sie mehr vom Leben. Da sagen dann viele Mitarbeiter: *„Nein, Herr Panhölzl, das stimmt nicht ganz. Wenn wir früher fertig sind, kommt der Chef schon mit der nächsten Arbeit."* Richtig! Man muss das Wohlfühlprogramm mit den Führungskräften abstimmen. Ich bin der Meinung, wenn Sie zügig, konsequent arbeiten, haben Sie sich auch Wohlfühl-Freiräume verdient. Die kann man – vertrauen Sie mir – auch mit den Führungskräften vereinbaren. Denn in Wirklichkeit erreichen die Führungskräfte dadurch ein schlagkräftiges Team. Teams, die zielorientiert arbeiten, die keine Zeit unnötig verplempern, erzielen auch bessere Ergebnisse. Viele Fehler werden vermieden; viele Probleme sind durch dieses *„Hand-in-Hand-Arbeiten"* von vornherein ausgeschlossen. Machen Sie es sich wirklich leichter, denn das ist einfacher, als Sie glauben.

Im Team die Spielregeln für den „maßgeschneiderten guten Rhythmus" entwickeln

Es ist kein Prozess, den Sie schnell starten und gleich wieder beenden können. Er wird mehrere Phasen benötigen, ja in manchen Firmen sogar mehrere Monate. Es lohnt sich jedoch, gemeinsam daran zu arbeiten: Was ist zu tun, damit wir alle in einem guten Rhythmus arbeiten können? Die Spielregeln werden dabei von allen Teammitspielern gemeinsam aufgestellt. Jeder Einzelne in der Firma weiß genau, wie er es gerne hätte, wie es für ihn optimal wäre. Diese Impulse gehören dann nur koordiniert, und schon entsteht der maßgeschneiderte, gute Rhythmus in Ihrer Firma, der von allen mit Begeisterung gelebt wird.

Herzlich willkommen an Bord – Der erfolgversprechende Oase-Check-In

Leitgedanke Führungskraft

Der Sprung ins kalte Wasser ist meistens sehr teuer

Wenn ich Firmen durchleuchte, stelle ich dort sehr oft **einen Fehlstart der neuen Mitarbeiter** fest. Die meisten Mitarbeiter sagen dann zu mir: *„Herr Panhölzl, als ich in der Firma angefangen habe, bin ich einfach ins kalte Wasser hineingeworfen worden. Ich wusste über die Abläufe wenig Bescheid, nicht, wer wofür zuständig ist, konnte mich sehr schwer orientieren. Gleichzeitig haben meine verantwortlichen Führungskräfte oder der Chef von mir verlangt, dass ich einwandfrei, wie ein Uhrwerk funktioniere. Also so, als wäre ich bereits ein etablierter, langjähriger Mitarbeiter. Das war mir natürlich unmöglich."* Eine der negativsten Begleiterscheinungen, die daraus resultiert, ist dann jene, dass die Mitarbeiter zu mir sagen: *„Herr Panhölzl, es hat mir dann schon richtig weh getan. Ich habe mich dann schon dafür geschämt, dass ich immer meine Kolleginnen und Kollegen bei der Arbeit aufhalten musste. Die haben das auch nicht gerne gesehen, weil ich sie natürlich ständig gestört habe. Es war für die schon langsam richtig nervig, dass sie mir immer wieder etwas erklären mussten, dafür zuständig waren, dass ich mich schön langsam in das Team integrieren konnte."*

Ziehen Sie hier bitte einen Schlussstrich. Denn **dieser Sprung ins kalte Wasser** ist für **Ihre Firma sehr, sehr teuer**. Der Mitarbeiter wird viele vermeidbare Fehler machen. Die anderen Kollegen werden ebenfalls ständig aus ihrer Arbeit herausgerissen. Auch nach Monaten wird es noch immer nicht so sein, dass Ihr Mitarbeiter optimal eingeschult ist, da diese Vorgehensweise sehr lückenhaft ist.

Die für mich einzige, richtige Antwort habe ich vor Jahren entwickelt, und diese ist bereits in vielen Firmen erfolgreich etabliert: die Festlegung eines **optimalen Oase-Check-In.**

Dazu gehört unter anderem das Herzstück: der *„Herzlich-willkommen-Check-In-Ordner"*. Dieser Ordner sollte vom gesamten Team zusammengetragen werden. Er sollte Folgendes beinhalten: Wie findet sich ein neuer Mitarbeiter in Ihrer Firma optimal zurecht? Wie kann er sich bestens in Ihr Team integrieren? Welche Abläufe muss er kennen, und wie verhält er sich am besten im Außenkontakt mit Lieferanten, Kunden usw.?

Warum sind hier die Mitarbeiter aufgerufen, emsig an diesem *„Herzlich-willkommen-Check-In-Ordner"* für neue Mitarbeiter mitzuwirken? Weil diese, liebe Führungskraft, genau wissen, was ihnen seinerzeit gefehlt hat, als sie in Ihrer Firma angefangen haben. Wenn Ihre Firma größer ist, dann sollten Sie auch die Führungskräfte in diesen Prozess integrieren. Sie wissen auch, was ihnen beim Firmeneintritt gefehlt hat.

D.h. auch, dass es nicht nur einen Ordner geben kann, sondern es macht ohne Weiteres Sinn, mehrere Varianten aufzulegen. Je nach Firmengröße für die Abteilung, für die jeweiligen Ebenen, Mitarbeiter, Führungskräfte, das Top-Management usw.

Mit der vom Start weg richtigen Integration gewährleisten Sie einerseits, dass der Mitarbeiter sein **vorhandenes Potential sofort optimal entfalten** kann. Auf der anderen Seite kann sich der Mitarbeiter **fast mühelos in das bestehende Team integrieren**.

Es gibt noch einen wunderbaren **Nebeneffekt** bei der Erstellung dieses *„Herzlich-willkommen-Check-In-Ordner"* für neue Mitarbeiter: Die mitwirkenden Mitarbeiter und je nach Firmengröße auch Führungskräfte durchleuchten bei der Zusammenstellung die Abläufe ihrer Firma. Werden diesbezüglich Schwachstellen entdeckt, so werden diese im gleichen Waschgang mit erledigt. D.h. es kommt gleichzeitig zu vorteilhaften Optimierungs-Maßnahmen, von denen das bestehende Team profitiert und natürlich auch der neue Mitarbeiter.

Wenn Führungskräfte auf diesen exzellenten *„Herzlich-willkommen-Check-In-Ordner"* verzichten, verzichten sie gleichzeitig auf erzielbare Erfolge sowie dass sich der neue Mitarbeiter motiviert in das Team integrieren kann.

Leitgedanke Mitarbeiter

Ertrinken lassen oder sich ans Herz fassen

Wenn Sie, liebe Mitarbeiter, den Leitgedanken Führungskraft durchlesen, dann wissen Sie umgehend, worum es in diesem *„erfolgsfitCode"*-Baustein geht. Dass Sie aktiv daran mitwirken, dass ein **optimaler Check-In für neue Mitarbeiter** gewährleistet ist.

Ich kann mir gut vorstellen, dass auch Sie aus eigener Erfahrung einiges aufzählen könnten, wie schwer es war, als Sie als neuer Mitarbeiter in dieser Firma angefangen haben. Wäre es nicht wunderschön gewesen, wenn das vorhandene Team Sie herzlich integriert hätte? Ihnen Check-In-Unterlagen an die Hand gegeben hätte, damit Sie sich bestens integrieren hätten können? Ich glaube, wenn Sie ehrlich sind, sagen Sie jetzt: *„JA."*

Die Vergangenheit kann man nicht mehr ändern. Die Zukunft schon! Engagieren Sie sich ab heute in Ihrer Firma für einen erstklassigen *„Herzlich-willkommen-Check-In"* für neue Mitarbeiter.

Sie werden davon selbst enorm profitieren, weil dadurch Folgendes gewährleistet ist: Dass der neue Mitarbeiter auch von Ihnen bestehende Aufgaben und Arbeiten übernehmen kann. Er wird Sie auch weniger mit Fragen stören, die Sie vielleicht schon gar nicht mehr hören können, weil sie Ihnen von vielen neuen Mitarbeitern so oft gestellt wurden. Sie werden auch nicht mehr unnötig aus der Arbeit herausgerissen, weil der neue Mitarbeiter über die notwendigen Unterlagen verfügt, die es ihm ermöglichen, wenn er sich nicht sicher ist, dort nachzusehen – und schon ist er im Bilde.

Probieren Sie es bitte einmal aus. Sie werden feststellen, es macht richtig Freude, am *„Herzlich-willkommen-Check-In-Ordner"* mitzuwirken. Sie machen dann wieder einmal einen Streifzug durch Ihre Firma. Sie werden Ihre Firma plötzlich mit ganz anderen Augen sehen, auch Schwachstellen entdecken und können diese gleich beseitigen. Es macht wirklich Freude, sich seine Oase wieder einmal aus der Vogelperspektive anzusehen, in der man täglich lebt und seine Aufgaben erfüllt.

Lassen Sie neue Mitarbeiter bitte nicht ertrinken. Ich weiß, auch das, sagen mir Mitarbeiter, kann Spaß machen. Denn es gibt eine Weisheit oder Regel, die besagt: *„So wie es mir nach meiner Einstellung gegangen ist, soll es auch dir gehen."* In so einem Fall sagen mir Mitarbeiter: *„Herr Panhölzl, ich verstehe schon, was Sie damit erreichen wollen. Doch ganz ehrlich: Eigentlich will ich nicht gerne mitmachen."* Ich frage dann wirklich oft erstaunt: *„Ja, warum denn nicht?"* – *„Naja, warum soll es den Neuen besser gehen?"*

Ich könnte jetzt noch einige solcher Bemerkungen aufzählen. Doch ich bin mir sicher, die eine reicht schon. Mehr Menschlichkeit und Verständnis schaden auf dieser Welt sicher nicht. Nur weil Sie auf solch einen optimalen Check-In verzichten mussten, er bei Ihnen nicht vorhanden war, sollte doch nicht ein anderer dafür büßen müssen. Denn bedenken Sie, was ich Ihnen vorher aufgezeigt habe: Auch Sie erleichtern sich das Leben enorm, wenn Sie dafür sorgen, dass neue Teammitspieler gewinnbringend an Bord gehen können.

Die Baustein-Herausforderung

Ein mangelhafter Check-in führt bei vielen im Team zu einem spürbaren Mehraufwand

Ich bin überzeugt, Sie können sich noch daran erinnern, wie es bei Ihnen war. Viele Mitarbeiter sagen zu mir: *„Ich wurde einfach ins kalte Wasser geworfen."* Genauso ist die Stimmung bei den Führungskräften. Viele sagen: *„Ich wurde nicht optimal auf meine Führungsrolle in der Firma vorbereitet."* Dieser **mangelhafte Check-in** führt bei dem bestehenden Team ausnahmslos zu einem spürbaren Mehraufwand. Der Neue muss natürlich ständig andere in ihren Arbeitsabläufen stören, um sich optimal in das Team eingliedern zu können. Alles, was ihm vorab an Wissen nicht übermittelt wurde, holt er sich nun im täglichen Alltagsablauf. Das sind Störfaktoren, die man leicht vermeiden könnte und – ich bin überzeugt – auch als betroffener Mitarbeiter vermeiden will.

Wollen wir das neue Teammitglied erfolgversprechend integrieren oder es gleich ab dem Start verlieren?

Viele Mitarbeiter, die ins kalte Wasser hüpfen müssen, gehen dabei auch unter. Sie sind nicht optimal in die Firma integriert. Viele Führungskräfte übersehen dabei gerne, dass sich eine mangelhafte Integrierung ab dem Start zu einem Dauerproblem entwickeln kann. Leider diagnostiziere ich dies bei meinen Firmentrainings sehr häufig. Natürlich sagen dann oft Mitarbeiter: *„Naja, nach fünf bis sechs Jahren habe ich mir vieles erarbeitet."* Können Sie sich liebe Führungskräfte, vorstellen, was das an Zeit und Geld gekostet hat? Sie haben sehr viele Erfolge liegen gelassen, nur weil die Mitarbeiter damit beschäftigt waren, sich optimal zu integrieren? Daher: Wer sich als Führungskraft mit den bestehenden Mitarbeitern für eine optimale Integration eines neuen Teammitglieds einsetzt, wird enorm davon profitieren.

Steigende Entlastung durch den Neuen im Team oder nicht enden wollende Belastung

Neue Mitarbeiter sollen auch das bestehende Team entlasten bzw. neue Aufgaben übernehmen. Das kann nur dann funktionieren, wenn die Integration optimal verlaufen ist. Sonst wird aus der Erwartung an steigender Entlastung eine nicht enden wollende Belastung. Das bestehende Team und seine Führungskräfte tun sich somit nichts Gutes, wenn sie das neue Teammitglied ab dem Start im Regen stehen lassen. Denn das auch hier vermeintlich Bequeme kommt als megabelastender Bumerang wieder zurück.

Wie gut hat die Führungskraft das Team auf den Neuen in der Firma vorbereitet?

Gerade Führungskräfte müssen besonders darauf achten, dass die bestehenden Mitarbeiter auch auf **das neue Teammitglied optimal vorbereitet** werden. Sehr häufig kommt es vor, dass nicht einmal die unmittelbar betroffenen Abteilungen in einer größeren Firma davon Bescheid wissen, dass ein Neuer kommt. Dass dieses Manko nicht gerade zielführend ist, versteht sich wohl von selbst.

So wie es mir ergangen ist, soll es dem Neuen nicht gehen

Sind Sie fair! Sagen Sie zu sich selbst: *„Nein, so wie es mir ergangen ist, soll es dem Neuen wirklich nicht gehen."* Ich weiß, es ist verlockend. Im Zuge meiner Firmentrainings ertappe ich manche Mitarbeiter und auch Führungskräfte immer wieder bei einer unfairen Vorgehensweise. Sie sagen zu mir: *„Herr Panhölzl, Sie haben ja Recht, aber ich habe mich so geärgert. Ich bin am Start so schlecht in diese Firma, in der ich heute arbeite, integriert worden. Das soll auch der Neue mitbekommen. Ich will nicht, dass er es leichter hat; der soll ruhig spüren, was das bedeutet!"* Ich weiß, das klingt reizvoll. Tun Sie es bitte nicht! Sind Sie fair zu sich selbst und vor allem zum Neuen. Er soll es nicht so schwer haben wie Sie. Denn letztendlich profitieren auch Sie davon, wenn die Integration dieses Mal optimal klappt.

Die Baustein-Aktivierung

Machen wir es uns und dem neuen Teammitglied so einfach wie möglich, erfolgreich an Bord zu kommen

Das Ziel des *„Herzlich-willkommen-Check-in-Ordners“* für ein neues Teammitglied und die damit verbundene optimale Integration ist, dass alle davon profitieren. Der Neue soll optimal an Bord gehen können. Die bestehenden Mitarbeiter und Führungskräfte profitieren von einer reibungslosen und zügigen Integration. Sind Sie bitte ab heute bereit, sich für diesen Weg zu engagieren – Sie selbst werden höchstpersönlich davon profitieren!

Der Führungskräfte-Beitrag

- ✈ Überlegen Sie genau, für welche Funktion und welchen Aufgabenbereich Sie den neuen Mitarbeiter integrieren wollen. Ich weiß, dass das natürlich auch in der Stellenbeschreibung stehen wird, aber mir geht es darum: Wie sieht aus Ihrer Sicht dann die Integration im Team aus? Wird der Neue ein Vorgesetzter von jemandem? Wird er jemandem unterstellt? Wie wird derjenige darauf reagieren usw.?
- ✈ Schreiben Sie alles nieder, was aus Ihrer Sicht wichtig und wissenswert ist. Was, glauben Sie, benötigt der neue Mitarbeiter, damit er sich optimal in das Team integrieren kann? Es ist in dieser Phase sehr hilfreich, dass Sie selbst einmal darüber nachdenken: Was hat Ihnen gefehlt, wie Sie in dieser Firma, in der Sie heute arbeiten, an Bord gekommen sind? Wie war es vielleicht bei Firmen, wo Sie vorher tätig waren?
- ✈ Verfassen Sie anschließend eine aussagekräftige Niederschrift, wie Sie sich den *„Herzlich-willkommen-Check-in-Ordner“* für neue Mitarbeiter vorstellen.

Der Mitarbeiter-Beitrag

- ✈ Schreiben Sie alles nieder, was Ihnen gefehlt hat, als Sie in diese Firma gekommen sind. Was hätten Sie gerne gewusst? Was wäre sinnvoll gewesen? Was hätte man Ihnen an Wichtigem und Wissenswertem übermitteln sollen?
- ✈ Auf Basis dieser Niederschrift schreiben Sie dann zusammen, welche Infos Sie dem neuen Mitarbeiter übergeben wollen. Überfordern und unterfordern Sie ihn nicht! Er soll einen optimalen Überblick bekommen, was in der Firma Sache ist, wie etwas abläuft, wie seine Rolle aussehen wird. Fehlen Ihnen dazu Informationen, holen Sie diese bitte von den Führungskräften ein.

- ✈ Entwickeln Sie nun mit den Kollegen den *„Herzlich-willkommen-Check-in-Ordner" für neue Mitarbeiter*. Schreiben Sie also – immer, wenn Sie Zeit haben – alles nieder, was hinein gehört. Versuchen Sie den Ordner optisch ansprechend zu gestalten bzw. übergeben Sie ihn der zuständigen Person; bei größeren Firmen der zuständigen Abteilung.

Der erste Entwurf im TEAM-Dialog

- ✈ Setzen Sie nun eine Besprechung an, bei der das Thema *„Herzlich willkommen an Bord"* behandelt wird.
- ✈ Im ersten Teil der Besprechung präsentieren die Führungskräfte und die Mitarbeiter ihre Vorstellungen vom *„Herzlich-willkommen-Check-in-Ordner"* und von den damit verbundenen Aktivitäten, wie Sie das neue Teammitglied in das Team optimal integrieren.
- ✈ Nach der Präsentation kommt es zur Gruppeneinteilung. Jede Gruppe besteht aus einem Mix an Führungskräften und Mitarbeitern. Das Ziel ist nun: Sprechen Sie in der Gruppe über die ersten Entwürfe nochmals intensiver und arbeiten Sie bereits Optimierungsvorschläge aus.
- ✈ Am Ende der Besprechung sollten alle die Aufgabe erhalten, sich in den nächsten Wochen noch einmal Gedanken darüber zu machen, wie ein optimaler *„Herzlich-willkommen-Check-in-Ordner"* aussieht und wie eine damit verbundene flüssige Integration ins Team durchgeführt werden kann.

Der Feinschliff im TEAM

- ✈ Arbeiten Sie nun im Alltag an der Entwicklung des *„Herzlich-willkommen-Check-in-Ordners"* weiter.
- ✈ Alle Impulse, alle Vorschläge sollen noch einmal integriert werden.
- ✈ In einer weiteren Besprechung soll die Feinabstimmung zwischen allen Beteiligten erfolgen.
- ✈ In dieser Besprechung wird auch die endgültige Fassung des *„Herzlich-willkommen-Check-in-Ordners"* abgesegnet.

Der *„Herzlich-willkommen-Check-in-Ordner"* – Boarding vom Feinsten

- ✈ Wenn der neue Mitarbeiter an Bord kommt, übergeben Sie ihm den *„Herzlich-willkommen-Check-in-Ordner"*.
- ✈ Zeigen Sie ihm auf, wo er alles im Ordner findet und wie man ihn optimal anwendet bzw. an wen er sich wenden kann, wenn es doch noch Fragen gibt.

- ✈ Sollten offene Fragen auftauchen, werden diese in der nächsten Version des *„Herzlich-willkommen-Check-in-Ordners“* berücksichtigt.

Das war's! So gelingt es Ihnen, dass neue Team-Mitspieler erfolgreich an Bord kommen können.

Projektteilnehmer – die zukunftsorientierten Firmen

Folgende zukunftsorientierte Firmen haben am einzigartigen länderübergreifenden Projekt *„Wie sieht sie aus, die erfolgreiche Firma in der Zukunft?!“* teilgenommen:

- A&B Elektrotechnik GmbH, Traithenstraße 1, 83080 Oberaudorf, www.ab-elektrotechnik.com
- ALUMATI Aluminiumservice GmbH, Gewerbestrasse 2, 5201 Seekirchen am Wallersee, www.alumati.eu
- Ammboss – Holzspalter, Martinshaun 104a, 84061 Ergoldsbach, www.ammboss.de
- Anton Wittenzellner KG, Im Gewerbegebiet 2, 94265 Patersdorf, www.wittenzellner-kg.de
- Aqua Gas-Wasser-Heizungs Installations GMBH., Grazerstraße 5, 2604 Theresienfeld, www.aqua.at
- ATP Antriebstechnik Peissl GmbH, Carl-Auer-von-Welsbach-Straße 6a, 4614 Marchtrenk, www.atp-antriebstechnik.at
- Autohaus Badinger GmbH, Salzburgerstraße 10, 5204 Straßwalchen, www.badinger.at
- Bäckerei & Konditorei Moser GmbH, Schaunbergstraße 2, 4081 Hartkirchen, www.moser-baecker.at
- Baumeister Ing. Jürgen Höller GmbH, Hauptstraße 63, 2440 Moosbrunn, www.baumeisterhoeller.at
- Baumanagement – Kühbauch GmbH, Grabenweg 3a, 6020 Innsbruck, www.kuehbauch.at
- Bella Casa / Anna Götz, Marktrichterstraße 36, 94065 Waldkirchen, www.bellacasa-goetz.de
- Bosch Service Kornprobst Ges.m.b.H. & Co. KG, Salzburger Straße 29, 5204 Straßwalchen, www.kornprobst.at
- Datex GmbH, Italiener Straße 33, 9500 Villach, www.datex.at
- Doppelbauer Manfred, Burggasse 11, 4600 Wels
- Elektro Lang GmbH & Co KG, Hauptplatz 34A, 8454 Arnfels, www.elektro-lang.at
- Frisörsalon Andrea Murauer, Bahnstraße 2, 4755 Zell/Pram, www.murauerfuershaar.com
- GEFRA Technik GmbH, Freiling 26, 4942 Gurten, www.gefra.at

- Hansel Metallbau GesmbH & Co KG, Salzburger Straße 8, 5204 Straßwalchen, www.hansel.co.at
- Hechl Hotelbetriebsges.m.b.H., Nr. 64, 8982 Taublitz, www.hotel-hechl.at
- Hermann Schuler KG, Am Bach 27, 6334 Schwoich, www.schuler.at
- Hotel Restaurant Schwaiger, Tauplitz 89, 8982 Tauplitz, www.hotel-schwaiger.at
- INGEBORG HOFMANN DIENSTLEISTUNGEN, Industriestraße 14a, 94036 Passau
- ITC-KAPFENBERG, Wiener Straße 80a, 8605 Kapfenberg, www.itc-kapfenberg.at
- Josef Polehnia & Co, Kleinengersdorfer Straße 62, 2100 Korneuburg, www.polehnia.at
- KATZBECK Fenster GmbH Austria, Teichweg 6, 7571 Rudersdorf, www.katzbeck.at
- KrauHan OG, Parkstraße 4, 5212 Schneegattern, www.krauhan.at
- Leibetseder Gas-Wasser-Heizung GmbH & Co. KG., Böhmerwaldstr. 15, 4121 Altenfelden, www.leibetseder.com
- LESAL Reinigung-Service GmbH, Grazer Str. 30, 8200 Gleisdorf, www.lesal.at
- Maschinen Gailer, Kötschach 56, 9640 Kötschach-Mauthen, www.maschinen-gailer.at
- Medical Beauty – Sylvia Jodl, Stadtplatz 36/2, 4840 Vöcklabruck, www.kosmetik-jodl.at
- Melange Konditorei Neumeister GmbH, Markt 27, 4284 Tragwein, www.melange.cc
- Niedermayer Maximilian – Tischlereiwerkstätte, Parzweg 2, 4072 Alkoven, www.max-niedermayr.at
- Ortner Spültechnik e.U., Schattseite 11, 9545 Radenthein, www.ortner-spueltechnik.at
- Pretzler Werner, Oberaich 8, 8600 Oberaich
- Pro-Bike Kreidl - Hassler OG, Tannenberggasse 13, 6130 Schwaz, www.radpuls.at/probike
- RAMSAUER Auto & Technik, Obermühlham 47, 4891 Pöndorf, www.auto-ramsauer.at
- Renato Zambelli Spengler-Meisterbetrieb, Birkenstraße 5, 4653 Eberstalzell, www.zambelli.cc
- Schulthess Maschinen GmbH, Hetzendorferstrasse 191, 1130 Wien, www.schulthess.at
- Schwanner GmbH, Bergham 89, 84508 Burgkirchen, www.schwanner.com

- ✈ Seidl Fleischerhandwerk, Rohrbacherstraße 54, 2620 Neunkirchen, www.seidl-fleischerhandwerk.at
- ✈ Siegfried Reiner - Design + Holz, Dorfstraße 4, 9721 Weißenstein, www.reiner-s.at
- ✈ STEP-FOUR GmbH, Bayernstraße 77, 5071 Wals-Siezenheim, www.step-four.at
- ✈ Stoffenspektakel KSL KG, Kopernikusstr 4, 4840 Vöcklabruck, www.modestoff.at
- ✈ Tischlerei Ing. Klaus Gassner, Kletzenberg 70, 8913 Weng im Gesäuse, http://gassner.stadtausstellung.at
- ✈ Wimmer Maschinenhandel GmbH, Halleiner Landesstraße 47, 5411 Oberalm, www.tischlerbedarf.at

Ein besonderer Dank für die Unterstützung der Initiative gilt:

- ✈ Frau Dr. Angelika Aubrunner, Spartengeschäftsführerin der Sparte Gewerbe und Handwerk der Wirtschaftskammer Niederösterreich
- ✈ Herrn Mag. Ronald Bleykolm, Obmann der Werbegemeinschaft Einkaufsstadt Weiz, Südtiroler Platz 2 in 8160 Weiz
- ✈ Herrn Maximilian Ertl, Referent für Wirtschaftsförderung des Landkreises Deggendorf, Kreisentwicklung – Wirtschaftsförderung, Herrenstraße 18 in 94469 Deggendorf
- ✈ Herrn Ralph Heinrich, Wirtschaftsreferent des Landkreises Freyung-Grafenau, Wolfkerstraße 3 in 94078 Freyung
- ✈ Frau Alexandra Neuhold, Geschäftsführerin der Werbegemeinschaft Einkaufsstadt Weiz, Südtiroler Platz 2 in 8160 Weiz
- ✈ Herrn Thomas Pfaffinger, Netzwerker und Finanzierungs-Experte in der Postgasse 11 in 94121 Salzweg
- ✈ Frau Manuela Schramm, Fachagentur für Dialogmarketing, Industriestr. 2 in 94116 Hutthurm, www.ms-kommunikation.de
- ✈ Herrn Karl Stadler, Fachgruppengeschäftsführer der Berufsfotografen; der Friseure; der Fußpfleger, Kosmetiker und Masseure; der Gärtner und Floristen und der Gesundheitsberufe der Wirtschaftskammer Oberösterreich
- ✈ Herrn Heinz Traub, Innovationsberatung der IHK für Niederbayern in Passau, Nibelungenstraße 15 in Passau

Günther Panhölzl – Ihr Erfolgscoach

Maßgeschneiderte Firmentrainings

- Die sich ständig ändernden Rahmenbedingungen
- der erhöhte Konkurrenzdruck
- anspruchsvollere Kunden
- innerbetriebliche Situationen
- verschiedene Sichtweisen

erhöhen die Anforderungen an jedes Unternehmen und erfordern vom gesamten Team (= Unternehmer, Führungskräfte und Mitarbeiter) ein ständiges Weiterentwickeln und Anpassen, um die Firmenerfolge von Morgen gewährleisten zu können.

Jede Firma sogar innerhalb der gleichen Branche ist **einzigartig** und kann nicht verglichen werden. Diese Tatsache erfordert auch **einzigartige, maßgeschneiderte und auf die Bedürfnisse & Struktur der Firma abgestimmte Trainings & Seminare.**

Herr Günther Panhölzl wird von einem top eingespielten Team vom Alltag freigespielt. Er konzentriert sich somit zu **100 % auf die Bedürfnisse, Wünsche und Anforderungen seiner Kunden,** was die Voraussetzung für ein Training auf **höchstem Qualitätsniveau** ist.

Profitieren auch Sie von maßgeschneiderten auf Ihre Wünsche, Anforderungen, Ziele & Schwerpunkte abgestimmten Firmentrainings für eine bestimmte Gruppe (vom Vorstand bis zum Lehrling), bestimmte Personen oder das gesamte Team.

Seine Schwerpunkte:

- **Motivation** – Erlebniswelt Motivation – die unerschöpfliche Energiequelle des Erfolges!
- Alles rund um die **Firma & die strategische Ausrichtung:** das können folgende z.B. Themen sein: Firmenkonzept & Strategie aktuell und zukünftig, Firmenziele & Planung, Marktchancen, Marke & Image, Regio-global-Strategie, Visionen, Positionierung, etc.
- Alles rund um den **Kunden & das Thema Verkauf:** das können z.B. folgende Themen sein: Verkauf, Kundengewinnung und Kundenbindung,

Zielgruppe, Kundenberatung, Service & After-Sales-Service, Kunden-Mehrwertnutzen-Magneten, Zusatzverkäufe, Verkaufsgespräch, etc.

- Alles rund um das **Team – Führungskräfte- und Mitarbeitertraining**: das können z.B. folgende Themen sein: Miteinander an einem Strang ziehen, aktiv mitarbeiten, Einstellung zum Beruf und zur Firma, Verantwortung und optimale Hürdenbewältigung, das Umgehen mit Veränderungen, etc.

Die verschiedenen Arten der maßgeschneiderten Firmentrainings

- Trainings/Seminare mit Ergebnissicherungs-Workshops
- Mehrtägig aufeinander abgestimmte Trainingseinheiten
- Lehrgänge
- Eintägiges Firmentraining
- Firmenbegleitung auf Zeit
- Trainings-Packages

Maßgeschneiderte Coachings

Die maßgeschneiderten Coachings werden wie bei den maßgeschneiderten Firmentrainings auf die jeweilige Person/die jeweiligen Personen abgestimmt. D.h. es werden gemeinsam mit dem Coaching-Teilnehmer(n) die vorhandenen Hürden, Herausforderungen, Schwerpunkte erarbeitet und durchgegangen. Im nächsten Schritt geht es in die Umsetzung. Erarbeitung der wirkungsvollen und nachhaltigen Lösungen, um die Hürden und Herausforderungen erfolgreich zu bewältigen und das vorhandene Potential zu aktivieren bzw. zu heben.

Der einzigartige „SPIRIT" Ihres Unternehmens

Damit Ihr einzigartiger SPIRIT entstehen kann, bedarf es einer **richtigen Anleitung**, die **langfristig alle zum Einsatz motiviert.** Der SPIRIT macht Ihre Firma zur **unverwechselbaren Marke**, der von **allen mitgetragen** wird und zu **Höchstleistungen ansporn**t. Mit dem SPIRIT Ihres Unternehmens legen Sie den Grundstein für außergewöhnliche, zukünftige Erfolge.

Panhölzl wird auch gerne gebucht für ...

- Moderationen
- Firmen-Events / Kunden-Events mit AHA Erlebnis!
- Konzeptentwicklungen
- Maßgeschneiderte Vorträge

Bücher & Co – sein Know-how – Ihr Wettbewerbsvorsprung

- Der **mehrfache Erfolgsbestseller „Die 7 emotionalen Energiequellen des Erfolges"** – *Wie Sie das erreichen, was Sie schon immer erreichen wollten* – (175 Seiten), ISBN 978-3-9501482-0-6 – jetzt auch als ebook
- Der **Verkaufsbestseller „Die Hollywood-Verkaufsgesprächs-Methode"** – *Wie Sie Ihre Kunden in Zukunft begeistern, verblüffen, verzaubern & gewinnbringende Verkaufsabschlüsse erzielen* (360 Seiten), ISBN 978-3-9501482-4-4
- **„Unsere Firma – Unsere Zukunfts-Oase"** – *Der Erfolgslotse für Klein- & Mittelbetriebe, die im 21. Jahrhundert erfolgreich werden, sein und bleiben wollen* – geschrieben aus der Sicht der
  - der Führungskraft (392 Seiten) ISBN 978-3-9501482-5-1 und
  - der MitarbeiterInnen (404 Seiten) ISBN 978-3-9501482-6-8
- Als USB Stick und Download: **„O-Business©" Die wirkungsvollsten On- & Offline-Marketing-Spielregeln im 21. Jahrhundert!** –Wie Sie Kunden unter den sich ständig ändernden Rahmenbedingungen effektiv gewinnen, binden und zum umsatzfördernden Empfehlungsbotschafter machen! –, 304 Seiten in PDF-Format
- Als USB Stick: **Ihr Web-Winner-Wissen:** Gewinnen & binden Sie Kunden durch die neuen Web-Business-Spielregeln und genießen Sie Ihren profitablen Internet-Auftritt! 285 Seiten in PDF-Format
- Weitere Produkte und Downloads unter: www.simulationsmanagement.com